Introduction to Molecular Orbital Theory
The Orbital Interaction Paradigm

分子軌道法
定性的MO法で化学を考える

TOMODA Shuji
友田修司 [著]

東京大学出版会

Introduction to Molecular Orbital Theory:
The Orbital Interaction Paradigm
Shuji TOMODA
University of Tokyo Press, 2017
ISBN978-4-13-062511-1

はじめに

　近年，理学分野のみならず，工学・農学・医学・生命科学などの理系諸分野において，化学，とりわけ量子化学が，重要な教育科目として位置付けられるようになった．分子分光学の飛躍的進歩により，分子の構造や性質が高精度で測定されるようになり，量子化学，とりわけ，分子軌道法（molecular orbital method; MO 法）の有用性が実証されつつあり，物質科学のみならず生命科学の研究分野においても，分子科学計算や量子化学計算が多用されている．便利な量子化学計算ソフトの発達，そしてコンピュータの計算速度の飛躍的進歩がそれを後押ししている．Spartan（スパルタン）や Gaussian（ガウシアン）などのような，分子軌道計算が簡単にできる計算ソフトが，研究者だけでなく，化学を学ぶ学部生・大学院生たちにも手軽な価格で容易にアクセスできるようになった．これらのソフトを使い，分子の3次元座標をインプットすると，ソフトが自動的に分子構造の最適化を行い，分子軌道（molecular orbital; MO）の形とエネルギーを瞬時に計算してくれる時代となった．

　なぜ，このような MO の形と準位が出てきたのだろうか？　MO 法が貴重な研究手段として日常的に誰でも研究室で使えるようになったが，計算結果の解釈にとまどうことが多い．MO 法の基礎教育が叫ばれる所以である．

　本書のテーマは「**定性的分子軌道法**（qualitative MO method; 以下，**定性的 MO 法**）」である．なるべく複雑な計算をせずに分子軌道（MO）の形とエネルギー準位を予測するという，軌道相互作用の原理を基盤とする簡便な分子軌道法である．計算をせずに MO の形を予測する？　そんな方法があるのだろうか？　計算精度良く計算したほうが研究には役立つだろう，など，いろいろな意見がある．しかし，**未知のさまざまな化学現象を説明し，化学界に驚きと賞賛の感動を与えた主要な研究成果は，定性的 MO 法を使った研究であったという事実を考えれば，化学の歴史における定性的 MO 法の顕著な功績を認めないわけにはいかない．**

　1930 年代，ドイツの E. Hückel が単純ヒュッケル法（simple Hückel MO medhod; SHMO または HMO 法）を用いて芳香族性の理論（ヒュッケル則）を発表し，ベンゼンの異常な安定性の秘密を解き明かした．その 20 年後，

1952年には，わが国の福井謙一（当時京都大学教授）が，フロンティア軌道理論を発表した．有機化学反応の速度と選択性が分子表面に広がる MO に支配されているという新概念を提案し，有機化学界を震撼させた．そして，その約10年後に，Harvard 大学の博士研究員であった R. Hoffmann が拡張ヒュッケル法（extended Hückel MO medhod; EHMO 法）を使って Woodward-Hoffmann 則を発表し，有機反応の立体化学が MO の位相に支配されていることを明らかにした．注目すべきは，これらの発見に至る道程においては，すべて，**定性的 MO 法が駆使されたという事実である．化学教育における定性的 MO 法の重要性がここにある．**

本書は分子軌道論の初学者のための教科書・参考書であり，化学の実験研究・教育に携わる方々のための分子軌道法の啓蒙書でもある．量子化学の概要を履修した方々を対象として，分子軌道法の基礎を解説した入門書である．MO 法の教科書と言えば，高度な数学的知識を必要とし，多くの数式が出てくるのが通例である．この種の教科書・参考書類は，これまで多数の優れた成書が出版されている．本書では，MO 法のエッセンスを理解するために，必要最小限の数式だけを使って議論を進めた．福井と Hoffmann の教えに従って「**計算しないで MO を組み立てる**」ことが目標である．化学現象の本質を理解するためには，定性的 MO 法から導かれる「軌道相互作用の原理」が基礎になる．

第 1 章では，MO 法を学ぶ必要性を説いた．現代化学における MO 法の重要性は，最先端の化学・生命科学関連分野において MO 計算が頻用されている現状を知れば理解できよう．近年，原子と原子をつなぐ「ボンド（結合手）」を使って考える原子価結合論（valence bond method; VB 法）のパラダイム（学問の枠組み）において，矛盾が浮き彫りになってきた．分子分光学の未曾有の発展による高精度の分子データが集積され，化学反応論の分野においても共鳴理論・VSEPR モデル（原子価殻電子対反発モデル）・有機電子論などの基礎化学の柱に赤信号が灯り，VB 法から MO 法へのパラダイムの大転換を余儀なくされている．ボンドを使って考えるこれらの理論やモデルの限界を知り，**MO を使って化学現象を考える．定性的 MO 法を学ぶ必要がここにある．**福井は，1940 年代に Ingold-Robinson 流の有機電子論に疑問をもち，フロンティア軌道理論にたどり着いた[†]．70 年以上前の話である．

第 2 章は，定性的 MO 法を利用するための基礎知識となる原子軌道（atom-

[†] 『哲学の創造——21 世紀の新しい人間観を求めて』，梅原 猛，福井謙一，PHP 研究所（1996）．

ic orbital; AO) のエネルギー準位と空間的広がりに関する議論である．第3章・第4章では，それぞれ，定性的 MO 法と軌道相互作用の原理について数式を用いて詳しく解説した．複雑な数式が出てくるのはこの2つの章だけである．第5章から第10章までは，さまざまな簡単な分子の MO を組立てながら，それらの性質と構造を MO 法で考えるための章である．第11章では，有機反応の統一的理解のためのフロンティア軌道理論の基礎事項を整理し，その応用例を紹介した．最終章では，化学現象（イオン結合・共有結合・分子の三次元構造など）を軌道相互作用モデルに基づいて，どのように理解するかについて，最新の分子科学データを用いて，軌道概念による新しい考え方を紹介した．この章の冒頭では，**定性的 MO 法から導かれる軌道相互作用の原理（軌道概念）が，あらゆる化学現象を俯瞰的に理解するための化学の基礎概念となりうること**を述べた．この章の冒頭を読めば，目から鱗が落ちるように，これまで，共鳴理論や有機電子論に悩まされて，もやもやしていた化学という学問の視界がすっきりするに違いない．

　最後に，かつて温かい励ましをいただいた故福井謙一教授，大学院時代に量子化学をご指導いただいた米国 Cornell 大学 R. Hoffmann 教授に深く感謝申し上げたい．出版に際してお世話になった東京大学出版会編集部の岸純青氏に謝意を表する．

　　　平成28年7月

　　　　　　　　　　　　　　　　　　　　　　　　　　　　友田修司

目次

はじめに

第1章　定性的分子軌道法のすすめ　1

1.1　分子軌道法の有用性　1

　　1.1.1　分子軌道法は表面現象予測のための理論／1.1.2　MO法で何を学ぶか？——化学的相互作用力

1.2　分子軌道法のすすめ　4

　　1.2.1　原子価結合法と分子軌道法／1.2.2　MOの実在性／1.2.3　共鳴理論の限界／1.2.4　VB法からMO法へ——古典的化学理論は限界

　　【参考1.1】　N_2 分子のHOMOの直接観測　5

1.3　定性的MO法のすすめ　8

　　1.3.1　現代化学は定性的MO法で創られた／1.3.2　MOとは何か？

参考文献　10

第2章　原子軌道の準位と広がり　13

2.1　原子軌道関数　13

　　2.1.1　多電子系の原子軌道関数／2.1.2　球面調和関数は角度依存関数／2.1.3　動径関数はクーロン場に由来

　　【参考2.1】　ガウス型軌道（GTO）　18

2.2　多電子原子の電子配置　19

2.3　典型元素の外殻軌道のエネルギー準位　22

　　2.3.1　エネルギー準位の周期性／2.3.2　外殻軌道のエネルギー準位の特徴／2.3.3　外殻軌道準位とイオン化エネルギーの関係

2.4　外殻軌道準位は電気陰性度に関係する　27

　　2.4.1　Mullikenの電気陰性度／2.4.2　Allenの電気陰性度／2.4.3

電気陰性度から MO 法へ

2.5 原子軌道の広がりと原子の大きさ　30

2.5.1 軌道の広がりと原子半径／2.5.2 軌道半径 (r_s, r_p) の周期性／2.5.3 共有結合半径 (r_c) とファンデアワールズ半径 (r_{VDW})／2.5.4 原子の大きさは最高被占軌道半径で決まる

参考文献　34

第3章　定性的分子軌道法　35

3.1 定性的分子軌道法　35

3.1.1 ヒュッケル近似（1 電子近似）／3.1.2 定性的 MO 法

3.2 重なり積分・クーロン積分・共鳴積分の意味　39

3.2.1 重なり積分／3.2.2 共鳴積分 (β_{ij})／3.2.3 クーロン積分 α_i の評価

3.3 分子軌道の呼称と特徴　46

3.3.1 MO の一般的特徴／3.3.2 MO の呼称とフロンティア軌道

参考文献　48

第4章　軌道相互作用の原理　49

4.1 軌道相互作用の 2 つの機構　49

4.2 1 対 1 軌道相互作用の原理　51

4.2.1 縮重がある場合 ($\alpha_1=\alpha_2=\alpha_3$)／4.2.2 縮重がない場合 ($\alpha_1 \neq \alpha_2$)

4.3 1 対 1 軌道相互作用の原理のまとめ　60

4.4 2 対 1 軌道相互作用の原理　62

4.4.1 相互作用機構／4.4.2 エネルギー変化則／4.4.3 軌道混合則／4.4.4 摂動論による上記議論の確認／4.4.5 2 対 1 軌道相互作用の応用例

Biography　Roald Hoffmann（1937-）　福井謙一教授の良き友　73

参考文献　73

第5章　共役π電子系の分子軌道——芳香族性を考える　75

- 5.1　π電子は分子表面に広がる　75
  - 5.1.1　共役π電子系が分子の機能を決める
- 5.2　ヒュッケル分子軌道法　78
  - 5.2.1　ヒュッケル近似／5.2.2　HMO法
- 5.3　鎖式共役ポリエンのMO　81
  - 5.3.1　エテン（エチレン）／5.3.2　アリル系／5.3.3　ブタジエン／5.3.4　ペンタジエニル／5.3.5　1,3,5-ヘキサトリエン／5.3.6　共役ポリエンのHMOの特徴
- 5.4　環式共役π電子系　97
  - 5.4.1　シクロプロペニル系／5.4.2　シクロブタジエン／5.4.3　シクロペンタジエニル系／5.4.4　ベンゼンのMO
  - 【発展学習5.1】最大ハードネスの原理（Principle of Maximum Hardness; PMH）　98
- 5.5　芳香族性とは？　113
  - 5.5.1　ヒュッケル則（$4n+2$ 則）／5.5.2　非ベンゼン系芳香族
  - 【発展学習5.2】ビシクロ芳香族性　118
  - 【発展学習5.3】芳香族分子の共鳴エネルギーと最大ハードネスの原理　119
- 参考文献　121
  - **Biography**　Erich Armand Arthur Joseph Hückel（1896.2.16-1980.8.9）　121

第6章　AH型分子の分子軌道——結合距離・結合強度を考える　123

- 6.1　拡張ヒュッケル法　123
  - 6.1.1　EHMO法の近似法の概要
- 6.2　AH分子の構造と性質　126
- 6.3　AH型分子の軌道相互作用モード　129
- 6.4　AH型分子のMOの組立て　130

6.4.1 水素化リチウム（LiH）のMO／6.4.2 CH分子のMO／6.4.3 HF分子の結合が強いのはなぜか？

　　【基礎事項6.1】化学結合の本質　137

参考文献　142

第7章　2原子分子の分子軌道——共有結合を考える　143

7.1　水素の2原子分子　143
　　7.1.1 水素分子（H_2）と水素分子カチオン（H_2^+）／7.1.2　水素分子アニオン（H_2^-）

7.2　等核2原子分子のMOの組み立て　146
　　7.2.1　第一段階／7.2.2　第二段階

7.3　酸素分子（O_2）のMOと性質　150

7.4　等核2原子分子の電子配置・構造・性質　153
　　【発展学習7.1】希ガスの2原子分子の結合力　157

7.5　AB型分子　158
　　7.5.1　一酸化炭素（CO）のMO／7.5.2　AB型2原子分子の構造と性質

第8章　AH_2型分子の分子軌道——水分子はなぜ屈曲構造か？　161

8.1　H_3^+分子のMO　161
　　8.1.1　H_3^+分子のMO組立て戦略／8.1.2　直線構造のH_3^+分子／8.1.3　正三角形構造／8.1.4　2つの構造の比較

8.2　AH_2型分子のMO　166
　　8.2.1　MOの組立て戦略／8.2.2　直線型構造のMO／8.2.3　屈曲型構造のMO／8.2.4　Walshダイヤグラム／8.2.5　水分子の構造——非共有電子対の役割
　　【発展学習8.1】水分子の非共有電子対は非等価である　175

8.3　AH_2型分子の構造と性質　176

8.4　VSEPRモデルの問題点——分子構造は最大安定化で決まる　179

8.4.1 VSEPR モデル／8.4.2 不安定化を最小にする因子は副因子

【発展学習 8.2】 カルベンの構造と VSEPR モデル　180

参考文献　181

第 9 章　AH_3 型分子の分子軌道
——アンモニア分子の構造を考える　183

9.1　メチル基（CH_3）の MO の組立て戦略　183

9.2　CH_3 の構造異性　188

9.3　アンモニア分子（NH_3）の MO と構造　197

【発展学習 9.1】 窒素の非共有電子対の非局在化傾向　195

9.4　AH_3 型分子の構造と性質　196

【発展学習 9.2】 高周期元素の二重結合　198

参考文献　198

第 10 章　AH_4 型分子の分子軌道——メタンの構造を考える　199

10.1　メタンの分子軌道　199

10.1.1 組立て戦略／10.1.2 第一段階／10.1.3 第二段階

10.2　Walsh ダイヤグラム　203

10.3　AH_4 分子の構造と性質　205

参考文献　206

第 11 章　フロンティア軌道と化学反応　207

11.1　フロンティア軌道理論　207

11.1.1 フロンティア軌道の定義と特徴／11.1.2 フロンティア軌道の実在性

11.2　化学反応推進力の起源　213

11.2.1 化学反応の本質は電子移動／11.2.2 Klopman-Salem の式

11.3　福井のフロンティア軌道理論　219

11.3.1 化学反応生起条件／11.3.2 希ガスの反応性

【発展学習 11.1】 希ガスの安定な化合物　222

11.4 有機化合物の反応性とフロンティア軌道　223
11.5 芳香族化合物の反応　225
11.6 アルケンの反応　226
 11.6.1 臭素化反応／11.6.2 エポキシ化反応
11.7 ハロゲン化アルキルの反応　229
 11.7.1 2分子求核置換反応／11.7.2 2分子脱離反応
11.8 アルコール・エーテル・アミンの反応　233
11.9 カルボニル化合物の反応　234
 11.9.1 求核反応性（求電子試薬との反応性）／11.9.2 求電子反応性（求核試薬との反応性）
11.10 Diels-Alder 反応　237
 11.10.1 ブタジエンとエチレンの付加環化反応／11.10.2 Diels-Alder 反応の速度論／11.10.3 ジエンの反応性／11.10.4 求ジエン試薬の反応性／11.10.5 Diels-Alder 反応の立体化学／11.10.6 配向選択性
 Biography　福井謙一（ken'ichi Fukui 1918.10.4-1998.1.9）　245
参考文献　246

第12章　軌道概念で化学現象を俯瞰する　247

12.1 軌道相互作用モデルで化学現象を俯瞰する　247
 12.1.1 相互作用系の安定化エネルギー／12.1.2 軌道相互作用モデルで化学を考える
12.2 イオン結合を MO 法で考える　251
 12.2.1 ハロゲン化アルカリは共有結合性を保持している／12.2.2 イオン結合性分子で MO が形成されにくい理由
 【発展学習 12.1】ハロゲン化アルカリ（MX）の光吸収に見る共有結合性　254
12.3 共有結合強度の支配因子を考える　258
 12.3.1 結合解離エネルギーの定義と測定／12.3.2 結合解離エネルギーのデータ／12.3.3 C−H 結合は C−C 結合より強い／12.3.4

X−H 結合は X-C 結合より強い／12.3.5　X−X 結合はなぜ弱いか？／12.3.6　C−F 結合はなぜ強いのか？

12.4　エタンの立体配座　270

12.4.1　エタンの回転障壁の起源はアンチペリプラナー効果／12.4.2　パウリ反発は重なり配座よりねじれ配座のほうが大きい／12.4.3　エタンの安定配座を支配するフロンティア軌道／12.4.4　エタン型分子の回転障壁

【発展学習 12.2】　アンチペリプラナー効果　272

12.5　過酸化水素（H_2O_2）の立体構造　278

12.6　ブタンの立体配座とゴーシュ効果　280

12.6.1　ブタンの回転異性／12.6.2　ブタンの配座変換／12.6.3　ゴーシュ効果の例

12.7　幾何異性　283

12.7.1　トランス効果とシス効果／12.7.2　ジアゼンの幾何異性

参考文献　285

あとがき――電子論から軌道論へ　287

Biography　喜多源逸（Gen'itsu Kita 1883-1952）京都学派を築いた不撓の研究者　289

索引　293

第1章 定性的分子軌道法のすすめ

　定性的分子軌道法（Qualitative Molecular Orbital Theory; 定性的MO法）を学ぶに際して，現代化学におけるMO法の重要性をまとめておこう．最先端の化学の研究分野では，MO法が必要不可欠な理論として多用されている．分子や分子集団に起こるさまざまな現象を説明するためだけではなく，予測理論としての有効性が多様な研究例で確認されている．MO法なくして化学の研究は不可能な時代になっている．

1.1　分子軌道法の有用性

1.1.1　分子軌道法は表面現象予測のための理論

　分子軌道法（以下，MO法）は，あらゆる化学現象——分子の構造・性質・反応性など——を理解し，予測するための有用な方法論として最先端の理系分野で頻用されている．なぜだろうか？　その答えは化学現象の本質にある．

　化学現象は電子によって引き起こされる．化学が「電子の振舞いを研究するための学問」と言われる所以である．といっても，原子や分子の中のすべての電子が等しく現象に関与するわけではない．電子には動きやすい電子と動きにくい電子がある．現象に関与する電子は動きやすい電子，すなわち，非局在化（delocalize）しやすい電子である．動きやすい電子は原子核からのクーロン引力による束縛をそれほど強く受けていないので，比較的自由に動くことができる．このような電子はエネルギー準位が高い軌道（orbital）に入っている．エネルギー準位が高い軌道は空間的広がりが大きく，原子や分子の表面付近に広がって運動しており，化学現象の生起に大きな影響を与えている．すなわち，分子の形成過程や構造・性質・反応性などは原子や分子の表面で起こる現象（**表面現象**; surface phenomenon）である．

　表面現象の本質（セントラルドグマ）は「相互作用（interaction）」である．たとえば，

化学結合：原子の外殻軌道にある電子（価電子）の軌道相互作用で生じる．
分子構造：原子や分子の表面軌道の相互作用が最安定になって決まる．
物質の色：光と表面軌道にある電子との相互作用による電子遷移にともなう光吸収が原因．
化学反応：表面の分子軌道（フロンティア軌道）の相互作用が重要である．

このように，原子や分子の表面に広がる軌道に入っている電子の性質が原子・分子の基本的性質を支配している．このような軌道を**表面軌道**（surface orbital）と呼ぼう．**表面軌道の性質に関する情報を抽出して議論できる唯一の方法論がMO法である**．これが，MO法が現代化学において特別に重要な地位を占めている理由である．

1.1.2 MO法で何を学ぶか？――化学的相互作用力

このように，化学現象は分子の表面電子により起こるのだが，どのような原因で引き起こされるのだろうか？　分子形成の基本となる化学結合，分子内の電子の動き，分子間相互作用，融点（mp），沸点（bp）などの分子の性質はすべて相互作用に伴う弱い力（weak interactive forces）が原因となって起こっている．この力は，波動関数（軌道; orbital）の支配下にある電子の空間分布と動きが作り出す．

電子は原子核の陽電荷が作り出すクーロン場の中で運動している．すなわち，化学現象はクーロン場で起こっている．電子と原子核の間のクーロン引力と，電子間と原子核間のクーロン反発力（斥力）の2つが大きいが，電子相関（electron correlation; 電子間の相互認識）などの微小な力も作用して，化学結合が形成され，ある一定の形（構造）をもった分子ができる．さらに分子が集合して液体，結晶などの多様な物質が形成される．分子同士の相互作用で複雑な化学反応も起こる．化学結合の開裂や分子集団の崩壊を起こすもとになる斥力もクーロン場で生じる．

このような化学現象の原因となる力を**化学的相互作用力**（forces of chemical interaction）という．主な化学的相互作用力は次のA〜Eの5つに分類され，引力だけではなく斥力も含まれる．

A. 化学結合力（chemical bonding forces; 引力）

この力は，電子の波動関数の重なり領域（相互作用領域）における電子の交換（非局在化）によって生じる引力である．原子間の**共有結合**（covalent bond）やイオン結合（ionic bond）を生む力となる．イオン結合は，NaCl などの正負イオン間に生じるクーロン力による結合であるが，原子間の波動関数の相互作用がほとんど無い特殊な結合であり，共有結合と同じ形成機構で生じる．

B. **ドナー・アクセプター相互作用**（donor-acceptor interaction；引力）

ドナー・アクセプター相互作用（略して D-A 相互作用）は，配位結合，電荷移動相互作用（charge-transfer interaction；CT 相互作用），酸と塩基の相互作用，分子内の結合間の安定化相互作用（超共役）など，分子の世界では普遍的に見られる安定化相互作用（引力）である．この力は化学結合力と比較すると弱いが，機構的には同じで，電子の波動関数の重なり領域（相互作用領域）における電子の交換（非局在化）によって生じる引力である．

C. **交換斥力**（exchange repulsion；斥力）

電子の波動関数のうち，電子で完全に満たされた軌道（被占軌道；occupied (filled) orbital）どうしの相互作用によって生じる不安定化相互作用であり，近距離ですべての原子・分子に共通して作用する斥力である．この力は電子間のクーロン斥力とは機構的にまったく異なる力であり，波動関数の相互作用において，電子の（波動関数の間における）交換によって生まれる斥力なので交換斥力と呼ばれる．この力は，別名，交換反発（exchange repulsion），パウリ斥力（Pauli repulsion）とも呼ばれ，物理化学ではファンデアワールズ反発（van der Waals repulsion），有機化学では立体反発（steric repulsion）などさまざまな呼び名で呼ばれている．

D. **ファンデアワールズ力**（van der Waals forces；引力）

分子間において比較的近距離で生じる双極子間の静電的な弱い引力である．電子相関（電子の間の相互認識）によって生じ，純粋に量子力学的な力である．電子の相関（相互認識）が関係するので，量子力学的な力（電子の波動関数が関係する力）であるが，波動関数の重なり領域での電子交換とは無関係に生じる力である（原子軌道の間の相互作用によって生じる力ではない）．ポテンシャルは距離の 6 乗に反比例し，配向力（orientation force），誘起力（induction force），分散力（dispersion force）の 3 つに分類される．このうち，通常，分散力がもっとも大きいのでファンデアワールズ力といえば分散力を意味することが多い．

E. **静電相互作用**（electrostatic interaction；引力と斥力）

化学結合に関与する原子上の部分電荷（$\delta+$，または $\delta-$）の間またはイオン（+ または −）の間に作用するクーロン引力（異符号電荷間の場合）またはク

ーロン斥力（同符号電荷間の場合）である．部分電荷の間の力は弱い．イオン間の力はかなり強く，異符号電荷のイオンの間では，強いクーロン引力が作用し，通常，共有結合より強い．

以上のA～Eの5種類の力がもとになって化学のさまざまな現象が起こるが，本書の目的は，これらの力のうち，A～Cの3種類の量子力学的な力が生まれる原因と機構を理解し，分子や分子集団の構造・性質・反応性など，さまざまな化学現象を，分子軌道法を使って統一的な視点で理解することである．

1.2 分子軌道法のすすめ

1.2.1 原子価結合法と分子軌道法

現代化学の柱は原子価結合法（valence Bond Method; VB法）と分子軌道法（MO法）の2つで成り立っている．しかし，現在，VB法はMO法ほど使われなくなった．Lewis式の化学結合論，Paulingの共鳴理論（resonance theory），VSEPRモデル（原子価殻電子対反発モデル; valence shell electron pair repulsion model）など，ボンド（結合手）を使って化学現象を理解し，予測するVB法には，それなりの正当性と有効性はあるが，大きな限界があることをわきまえなければならない．

VB法では，分子構造を単結合や多重結合で書き表し，電子の動きを屈曲矢印で表現する．共鳴理論が「電子論」として現代化学に大きな実りをもたらしたことは高く評価しなければならない．しかし，それを利用するときには，その限界もしっかりわきまえる必要がある．この論理体系は分子構造の表現方法としては非常に優れているが，電子の性質や挙動を表現する体系としてはきわめて不十分である．「ボンド」という「記号」に過大な意味を持たせてしまったことによって，現代化学には，特に共鳴理論や有機電子論の利用法に関して，大きな限界や矛盾が噴出している．

1.2.2 MOの実在性

MO法では，「MOは原子軌道（atomic orbital; AO）の集合によって生まれる」と仮定し，集合体のエネルギーが最も安定になるようにAO間の相互作用を考える．もちろん，MO法は近似だから仮定であることに異論はないが，現代化学において，MO法が化学現象の説明に成功している事実から，MOは，

仮説であるにしても，実在するとみなしてよいだろう．

【参考 1.1】に示すように，MO の実在性は，分光学やフロンティア軌道論，Woodward-Hoffmann 則，そのほか種々の実験により証明されている．共鳴理論に基礎を置く電子説（電子論）から決別し，「**実在する MO を使って議論する**」．これが最先端の研究・教育を担う化学者の哲学でなければならない．

【参考 1.1】 N_2 分子の HOMO の直接観測

分子の全電子密度の実測は X 線回折法や電子線回折法などで古くから行われているが，MO の位相情報を含んだ 3 次元画像を得る方法は技術的に非常に困難とされてきた．最近，レーザー光学技術の発展により，電子の波動関数の直接観測が可能となった．分子に高強度レーザーを照射すると，トンネルイオン化過程により，MO の一部がもぎ取られてイオン化したような状態になるが，レーザー電場の方向を変えると加速されて，もとの分子のほうに広がりながら戻って再衝突する．再衝突時に戻ってくる電子が，残っている MO と相互作用すると高次高調波（軟 X 線の一種）の光が放出される．この高次高調波のフェムト秒（fs; 10^{-1} s）レベルの時間分解スペクトルが MO の位相情報を含んでいる．

図 1.1 は，この方法で得られた窒素分子の HOMO（σ_p）の 3D イメージである．左に示す実測の MO のトモグラフィー（3D 画像）は計算で得られた MO の形と同じである．この実験により，MO が実在することが証明された．

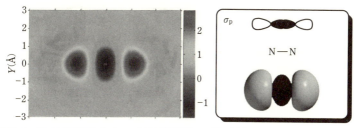

図 1.1 N_2 の HOMO（σ_p）の 2 次元断面図の画像（左）と計算による MO（右）

1.2.3 共鳴理論の限界

ボンドを使った化学現象の説明，たとえば共鳴理論（resonance theory）には大きな限界がある．原子の位置を変えてはならない，一度に 2 個の電子を動かす，長い結合の共鳴構造は存在率が小さい，などの「公理＝仮定」に従って，屈曲矢印を動かせば，手軽で便利なので，有機化学では「有機電子論」として，

反応機構を考えたり，予測したりするときによく使われる．無機化学でも化学種の安定性について，電子の非局在化をベースに議論するには共鳴理論は使えるが，しばしば予期せぬ落とし穴にはまって思考停止に追い込まれることがある．共鳴構造は「極限構造（ultimate structure）」と呼ばれ，現実には存在しない構造とみなされる．量子化学が未発達な時代に考え出された概念だから仕方がないとはいえ，適用限界があまりにも狭く，しばしば判断に迷い，途方に暮れてしまうことがある．私たちは，このような「化学の理論」の限界を仕方のないものと考え，おとなしくあきらめてしまいがちだ．しかし，量子化学が発達した現在，その盲点や限界をしっかり認識しながら利用する必要がある．

共鳴理論の限界の一例を示しておこう．この例は，我々が，化学の学習において，全幅の信頼を置いている共鳴理論の「普遍性」を見事に裏切る例である．1965年にまとめられたWoodward-Hoffmann則の周辺環状反応（pericyclic reaction）の1つにDiels-Alder反応がある．1-シアノ-1,3-ブタジエン（**1**）とアクリル酸（**2**）のDiels-Alder反応の主生成物はオルト体である．共鳴理論でこの反応の配向選択性を予測してみよう．

次式に示すように，共鳴理論で予測すると，メタ体が主生成物となるはずである．**1**と**2**の共鳴構造では末端の炭素上にプラスの電荷が来る共鳴構造式（**1b, 2b**）が描けるのでオルト体は生成不可能であると予想される．この反応例では完全に共鳴理論が破綻する．

このように共鳴理論を使って何かを予測しようとすると，とんでもない予測に導かれることがしばしばある．共鳴理論の公理（仮定）に，それほど根拠が

ないからである.この反応の配向選択性はフロンティア軌道論で矛盾なく説明できることがわかっている(第11章11.10節参照).

共鳴理論は,量子化学が未発達な状況の下で緊急避難的に編み出された概念である.これまで共鳴理論の問題点は理論化学者によりしばしば指摘されてきたが,現在に至るまで,特に有機化学の分野では,必要不可欠な考察手段(有機電子論)としてその威力を発揮してきた.しかし,残念ながら,化学現象の解析には使えないことが,さまざまな例で明らかにされている.ベンゼンが安定なのは,等価なKekulé構造が2つ書けるからではない(第5章参照).Woodward-Hoffmann則に登場する有機化学反応の立体選択性の説明には共鳴理論はまったく役に立たない.共鳴理論は,量子化学が未発達な状況下で,実験結果から帰納的に提案された概念であり,適用範囲に大きな限界があることに注意しなければならない.共鳴理論は量子論的正当性があるといわれているが,Paulingも,その著(*The Nature of the Chemical Bond*, Cornell Univ. Press, 1939)で告白しているように,自然の真相ではないのである.

1.2.4 VB法からMO法へ——古典的化学理論は限界

共鳴理論の化学教育における役割は大きかった.VB法によって,化学は格段に学びやすくなったという意味で,現代化学の発展に重要な役割を果たしたと言える.しかしその限界は明瞭である.VB法は基礎化学教育には,いまだ不可欠の概念であり,将来的にも一定の教育的役割を担うであろう.しかし,ここまで量子化学が発達した今日,VB法だけで話を済ませるわけにはいかない.分子構造の表現など,VB法の長所をうまく活かしながら,MO法を中心に化学現象を理解するというのが最も賢明な選択であろう.

MO法は複雑で難しいと思われている.それは,原子と原子をボンド(線)でつないで化学結合を表す原子価結合法(VB法)に私たちが慣れきっているからである.私たちは,単結合にボンドを1本,多重結合に2本とか3本のボンドを引いて分子構造を表す.L. Paulingが1932年に発表した共鳴理論をベースにした化学結合論(*The Nature of the Chemical Bond*, Cornell University Press, 1939)や分子構造を考えるためのVSEPRモデル,そしてIngold-Robinson方式の有機電子論などの「化学の理論」が常識となっているからである.

確かに,VSEPRモデルも共鳴理論も有機電子論も,分子の構造や反応を考えるには,私たちの頭脳感覚にフィットし,分子にあたかも手があると考えて,けっこう複雑な化学現象でも,分子模型を利用して考えることができるので,

とても便利である．MO 法の計算で出てくる分子軌道（MO）に比べれば，共鳴理論をベースとする電子論は感覚的に理解しやすく，しかも，分子模型を使えば化学現象を格段に考えやすくなるというとっておきの利点がある．VSEPR モデルが主張するボンド間反発による不安定化を最小化するだけで分子の最安定構造は決まらない（第 8 章・第 9 章・第 12 章参照）．共鳴理論や有機電子論は自然の真相を記述するための理論としては，あまりにも不完全である．分子に実在するのは，分子を構成する原子の原子軌道（AO）の集合体であり，その集合体が作る分子軌道（MO）である．

VB 法の長所を活かしながら，MO 法を学ぶ．これが本書の哲学である．

1.3 定性的 MO 法のすすめ

1.3.1 現代化学は定性的 MO 法で創られた

現代化学における分子軌道法（MO 法）の重要性は，MO 法の歴史に見ることができる．MO 法は，量子力学の発祥地であった欧米で生まれ，欧米と日本で量子化学として開花した理論である．わが国では，福井謙一を中心とする京都学派（京都大学工学部）が先駆的役割を果たした．化学の歴史において，MO 法は現代化学発展の強力な駆動力の役割を担ってきた．その主役が**定性的 MO 法**（qalitative Mo theory）である．

MO 法がドイツの E. Hückel（1896-1980）によって化学の分野で使われ始めたのは，今から 1 世紀前の 1920 年代である．MO 法を使って，π 電子共役系の理論を提唱し，かの有名なヒュッケル則でベンゼンの安定性（芳香族性）を見事に説明した．当時の化学の分野を震撼させた画期的な成果であり，以来，世界中の多くの化学者・物理学者がヒュッケル MO 法（HMO 法）や芳香族性（aromaticity; 第 5 章）の問題に注目するようになり，わが国でも HMO 法に関する多くの専門書が書かれている．現代化学の基礎教育において HMO 法は必須のテーマとなり続けるであろう．

MO 法が化学の分野で本格的に威力を発揮し始めたのは，わが国のノーベル化学賞受賞者福井謙一（1918-1998; 当時京都大学工学部教授）が 1952 年にフロンティア軌道理論（第 11 章）を発表してからである．化学反応の経路が，分子表面の MO であるフロンティア軌道のエネルギー準位と空間的広がりによって決まっているというのである．化学者たちは，ますます MO 法の魅力にとりつかれた．それからかなり経って 1964 年に Cornel 大学の Roald Hoffmann（1937-）が，化学反応の経路が分子表面のMOの位相で決まっていることを発見し，Woodward-Hoffmann則としてまとめた．Hoffmannは，福井と同時に1981年ノーベル化学賞を受けている．分子表面のMOの形と広がりが化学反応性まで支配していることがわかり，さらに多くの化学者たちがMO法に興味を示し始めた．現在では，MO法なしでは最先端の化学研究が不可能なまでにMO法の利用が浸透し，新しい定量的なMO法が開発され，MO法の全盛期を迎えている．注目すべきは，このような輝かしい化学の歴史を，本書の副題にある**定性的MO法**が担ってきたという事実である．定性的MO法を知ることが，基礎化学の学習において，きわめて重要であると考える所以である．

MOは実在すると考えてよい．化学現象の本質をつかむには，共鳴理論などより，実在すると考えられるMOをベースに考えるほうが近道である．MOを理解するには定性的MO法の学習が最適である．

1.3.2 MOとは何か？

定性的MO法の有効性を理解するため，MOとは何かについてまとめておこう．分子はAOの集合体である．AOの集合がMOを作っている．一言で言うと，「**MOは分子の場（電子と原子核がつくるクーロン場）の中で，それぞれのAOが他のAOと相互作用することによって変形したものである**」といえる．だから，AOの数と出来上がったMOの数は同じである[1]．分子にあるいろいろなAOが，分子構造（対称性）が課する条件（分子場; molecular field）の中で別のAOと相互作用して変形したものがMOに他ならない．AOは波動関数（wave function）であるから，原子が分子になって複数のAOが集合すれば，集合体の関数は一次結合（波の重ね合わせ）で表現（近似）できる．この集合体の関数がMOである．それぞれのMOの形（AOの変形の仕方）は軌道相互作用の原理（principle of orbital interaction; 第4章）で決まる．

MOの正しいイメージをまとめておこう．

---

[1] このことは，ガウス型関数（GTO;【参考2.1】参照）を用いて精度を高める非経験的分子軌道法（*ab initio*法）などでも正しい．ただし，*ab initio*法では，分極関数などを含む複雑なGTOを使うため，ほとんどの場合，軌道相互作用の解析が困難である．定性的MO法では，たとえば，水素原子に1s，炭素原子に1s, 2s, 2p軌道などの原子軌道関数（AO）を用いるので，軌道相互作用の解析が可能となり，どのAOが分子形成後にどのようなMOに変形するかが予測できる．

① 原子の集合体としての分子は AO の集合体である．
② MO を AO の線形結合で表現するのは，波動力学の重ね合わせの原理に基づいている．
③ それぞれの AO は分子の場の中で，相互作用可能な AO が他にあれば（距離的に遠くにあっても），その AO と相互作用して形を変える（変形する）．この変形した AO が MO に他ならない．
④ 変形に際して，分子全体のエネルギーが最低になるように各 AO の変形の様相とその程度が決まる．
⑤ したがって分子中にできる MO の数は分子中の AO の総数に等しい．
⑥ AO どうしの相互作用が可能かどうかは，AO の重なりが可能かどうかによって決まる．それを決めるのは分子の対称性である．つまり分子構造が MO の形と性質を決める．
⑦ 分子中の電子間反発は MO の形にはあまり影響を与えない．これは，電子間反発を考慮しなくても，現象の本質を正しく記述できることを意味する．

分子軌道論の話に入る前に，第 2 章では，原子軌道（atomic orbital; AO）について基礎事項をまとめる．AO の軌道エネルギー準位と空間的広がりに関する定量的知識は，第 4 章の軌道相互作用の原理を応用する際に必要となる．

参考文献

基礎量子化学
- 『量子物理化学』，大野公一，東京大学出版会（1989）
- 『基礎量子化学』，友田修司，東京大学出版会（2007）

量子化学
- 『量子化学』，上下，原田義也，裳華房（2007）
- 『量子化学』，上下 第 3 版，米澤貞次郎・永田親義・加藤博史・今村詮・諸熊奎治共著，化学同人（1983）

分子軌道法
- 『分子軌道法』，廣田穣，裳華房（1999）
- 『入門分子軌道法』，藤永茂，講談社サイエンティフィク（1990）
- 『分子軌道法』，藤永茂，岩波書店（1980）

定性的分子軌道法
- 『はじめての分子軌道法』，友田修司，講談社サイエンティフィク（2008）

- 『化学反応と電子の軌道』, 福井謙一, 丸善 (1976)
- 『有機反応と軌道概念』, 藤本博・山辺信一・稲垣都士, 化学同人 (1986)
- "*Orbital Mixing Rule*", S. Inagaki, H. Fujimoto, K. Fukui, *J. Am. Chem. Soc.*, **1976**, *98*, 4054-4061.
- "*Interaction of Orbitals through Space and through Bonds*", R. Hoffmann, *Accounts Chem. Res.*, **1971**, *4*, 1-9.
- "*Toward a Detailed Orbital Theory of Substituent Effects. Charge Transfer, Polarization, and the Methyl Group*", L. Libit, R. Hoffmann, **1974**, *96*, 1370-1383.
- "*Interaction of Orbitals through Space and through Bonds*", R. Hoffmann, *Accounts Chem. Res.*, **1971**, *4*, 1-9.
- "*General Perturbation theory for the Extended Hückel Method*", A. Imamura, *Mol. Phys.*, **1968**, *90*, 225-238.

第2章 原子軌道の準位と広がり

　分子の構造・性質・反応性は分子表面に広がる分子軌道（Molecular Orbital; MO）に強い影響を受ける．表面付近のMOの形と性質は，分子の構成要素となる原子軌道（Atomic Orbital; AO），特に外殻原子軌道の性質と相互作用の様式で決まる．本章では，MOが形成されるときの，原子軌道間相互作用の大きさと様式に大きな影響を与える原子の基本的性質——**原子軌道のエネルギー準位と空間的広がり**——について要点をまとめておこう．原子の基本的物理量（準位と広がり）の周期表上での変化の傾向を，種々の実験データと関連して考察する．これらのデータは，第4章で説明する軌道相互作用の原理に基づく**定性的MO法**（qualitative MO method）を使ってMOを構築する際の重要な基礎知識となる．

2.1　原子軌道関数

2.1.1　多電子系の原子軌道関数

　原子軌道関数（atomic orbital function; AO）の形（式（2.1））には，福井やHoffmannが定性的MO法の重要性を認識し，彼らが敢えて定性的MO法を使って化学反応の選択性の説明に成功し，ノーベル賞まで受賞した秘密が隠されている．

　一般に多電子原子の原子軌道AO（$\phi(r, \theta, \phi)$）は，**動径関数** $R_{nl}(r)$（radial function）と**球面調和関数** $Y_{lm}(\theta, \phi)$（spherical harmonics）の2つの関数の積で表される．(r, θ, ϕ) の3つの変数は，電子の位置を極座標で表した3次元座標系の変数である．このうち，球面調和関数 $Y_{lm}(\theta, \phi)$ は水素原子の場合と同じものを用いる．したがって動径関数がそれぞれの原子固有の関数となり，これには近似関数が使われる．

$$\phi(r, \theta, \phi) = R_{nl}(r) \cdot Y_{lm}(\theta, \phi) \tag{2.1}$$

n, l, m は，水素原子の軌道関数と同じであり，それぞれ主量子数（n），方位量子数（l），磁気量子数（m）と呼ばれる整数または自然数である．簡単に復習しておこう．

【復習】量子数 n, l, m について

① $n=$ 主量子数（$n=1, 2, 3, 4, \cdots\cdots$）
動径関数 $R_{nl}(r)$ の空間的広がりとエネルギー準位を支配する．元素の周期表では周期を表す（第1周期では $n=1$，第2周期では $n=2$……など）．
$n=1, 2, 3, 4, 5, 6, 7, \cdots\cdots$ に属す AO のグループをそれぞれ K 殻，L 殻，M 殻，N 殻，O 殻，P 殻，Q 殻……と呼ぶ．

② $l=$ 方位量子数（$l=0, 1, 2, 3, 4, \cdots\cdots, n-1$）
n 通りある．球面調和関数 $Y_{lm}(\theta, \phi)$ の形と動径関数 $R_{nl}(r)$ の空間的広がりを決める．
$l=0$（s 軌道），$l=1$（p 軌道），$l=2$（d 軌道），$l=3$（f 軌道）

③ $m=$ 磁気量子数（$-l, -l+1, -l+2, \cdots\cdots l-1, l$）
球面調和関数 $Y_{lm}(\theta, \phi)$ の磁気的性質を決めるが，動径関数とは無関係の量子数．
$(2l+1)$ 通りある．それぞれの軌道（s, p, d）の縮重度を表す．縮重度とは同じエネルギー準位にある関数の数である．
磁場の中では軌道の準位が $(2l+1)$ 個に分裂する．

  s 軌道；$l=0, m=0$ 縮重度 $=0$
  p 軌道；$l=1, m=-1, 0, 1$ 縮重度 $=3$
  d 軌道；$l=2, m=-2, -1, 0, 1, 2$ 縮重度 $=5$

④ **AO のエネルギー準位（E）**
AO のエネルギーの順序は；

$$1s < 2s < 2p < 3s < 3p < (3d, 4s) < 4p$$

である．カッコ内の順序 (3d, 4s) は元素によって準位が入れ替わることがある．

福井や Hoffmann は「化学現象は主として球面調和関数 $Y_{lm}(\theta, \phi)$ の位相に支配される」と考えていた（位相とは関数の符号（プラス（+）またはマイナス

(−))である).原子軌道関数 $\phi(r, \theta, \phi)$(式(2.1))の位相は球面調和関数 $Y_{lm}(\theta, \phi)$ の位相に由来する.この位相が分子軌道形成に際して重要な役割をする.したがって動径関数の精度が高くなくても,分子軌道の位相さえわかれば現象の本質はきれいに説明できるので,定性的MO法で十分正しい結論を導いて,化学現象を理解することができた.ヒュッケル法(第5章)や拡張ヒュッケル法(第6章)のレベルのあまり精度が高くない計算結果を使った議論が有効なのは,このような理由による.

ここで,簡単に動径関数 $R_{nl}(r)$ と球面調和関数 $Y_{lm}(\theta, \phi)$ について基礎事項を整理しておこう.この2つの関数のうち,球面調和関数 $Y_{lm}(\theta, \phi)$ は原子軌道関数 $\phi(r, \theta, \phi)$ の位相を決める重要な関数である.

2.1.2 球面調和関数は角度依存関数

球面調和関数 $Y_{lm}(\theta, \phi)$ は角度依存関数であり,s, p, d などの軌道の形と波動関数 $\phi(r, \theta, \phi)$ の位相を支配している.表2.1にその典型例を示す.AO が集合して形成される MO の位相は球面調和関数の位相で決まっている.数式は動径関数よりシンプルであるが,もちろん覚える必要はない.大切なのは,この数式の意味と関数の形(図2.1)である.

表2.1 球面調和関数 $Y_{lm}(\theta, \phi)$

関数	l	m	$Y_{lm}(\theta, \phi)$
s	0	0	$\dfrac{1}{\sqrt{4\pi}}$
p_x	1	± 1	$\sqrt{\dfrac{3}{4\pi}}\,\sin\theta\cos\phi$
p_y	1	± 1	$\sqrt{\dfrac{3}{4\pi}}\,\sin\theta\sin\phi$
p_z	1	0	$\sqrt{\dfrac{3}{4\pi}}\,\cos\theta$
d_{xy}	2	± 2	$\sqrt{\dfrac{5}{16\pi}}\,\sin^2\theta\sin 2\phi$
d_{yz}	2	± 1	$\sqrt{\dfrac{5}{16\pi}}\,\sin 2\theta\sin\phi$
d_{zx}	2	± 1	$\sqrt{\dfrac{5}{16\pi}}\,\sin 2\theta\cos\phi$
$d_{x^2-y^2}$	2	± 2	$\sqrt{\dfrac{15}{16\pi}}\,\sin^2\theta\cos 2\phi$
d_{z^2}	2	0	$\sqrt{\dfrac{5}{16\pi}}\,(3\cos^2\theta-1)$

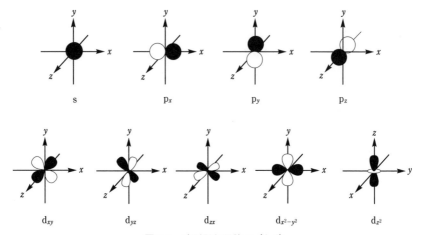

図 2.1 球面調和関数 $Y_{lm}(\theta, \phi)$
黒は位相がプラス,白は位相がマイナス.

　球面調和関数は,動径関数に比べて,あらゆる化学現象に大きな影響を与えるので,非常に重要な関数である.この関数は粒子の運動において,ポテンシャル場が球対称な場合に普遍的に現れる関数である.原子の場合,着目した電子は原子核と他の電子が作り出すクーロン場で運動している.このクーロン場は角度依存性がなく,電子と原子核の引力はクーロンの法則によって生まれるから,球対称の場として作用する.一般に,粒子系の運動のポテンシャル場が球対称な場合,たとえば,一定の距離の硬い棒で結ばれた 2 個の粒子(剛体回転子)がゼロのポテンシャル場で相対運動する場合,3 次元調和振動子などの場合にも球面調和関数が粒子の運動を支配する関数となる.原子の世界は,クーロン場であるということを除いて,特殊な世界ではないのである.

　球面調和関数は化学現象の本質に決定的な影響を与えている.**福井と Hoffmann は MO の位相の性質を知れば,多くの化学現象の本質がわかることを直観的に見抜いていたので球面調和関数に着目し,定性的 MO 法を使って化学現象を説明した**.彼らとは逆に,動径関数 $R_{nl}(r)$(基底関数)の改良に関心を持ち,計算精度の向上に努力を注いだ理論化学者もいた.今となっては,どちらの方向の研究も重要であったと言える.しかし,**MO 法の本質を理解するには球面調和関数に着目しなければならない**.MO の位相は球面調和関数の位相に由来するからである.

2.1.3 動径関数はクーロン場に由来

一方,動径関数 $R_{nl}(r)$ は原子核のクーロン場に由来する関数であり球対称であって,原子軌道 $\phi(r, \theta, \phi)$ のエネルギー準位と広がりを支配する関数である(表 2.2).原子核の陽電荷がつくるクーロン場は球対称であり,原子核からの距離(r)が同じであれば,クーロン場の強さ(ポテンシャル)も等しい.球対称であるということは,原子核からの距離 r が同じであれば動径関数 $R_{nl}(r)$ の符号も値も同じであることを意味し,その符号や値に角度依存性がないことを意味する.この関数は r だけに依存するので,AO である $\phi(r, \theta, \phi)$ のエネルギー準位と空間的広がりを支配している.

表 2.2 に,例として水素原子の動径関数を示す($a_0=$ ボーア半径).どの関数も角度 (θ, ϕ) に依存せず距離 r だけが変数として入っていることがわかる.動径関数について重要なことは,

① クーロンポテンシャル場に由来する関数であること.
② 動径(r)だけに依存し,角度 (θ, ϕ) に依存しない関数であること.

の 2 つである.

表 2.2 の動径関数 $R_{nl}(r)$ は水素原子のものであるが,多電子系の原子の動径関数は,厳密に Schrödinger 方程式が解けないので,分子軌道計算に際して近似関数を用いる.歴史的にさまざまな近似関数が使われてきたが,現代化学に

表 2.2 水素原子の波動関数の動径部分($R_{nl}(r)$)($a_0=\hbar^2/\mu e^2$).

関数	n	l	$R_{nl}(r)$
1s	1	0	$R_{10}(r)=2\left(\dfrac{1}{a_0}\right)^{3/2} e^{-\frac{r}{a_0}}$
2s	2	0	$R_{20}(r)=\dfrac{1}{2\sqrt{2}}\left(\dfrac{1}{a_0}\right)^{3/2}\left(2-\dfrac{r}{a_0}\right) e^{-r/2a_0}$
2p	2	1	$R_{21}(r)=\dfrac{1}{2\sqrt{6}}\left(\dfrac{1}{a_0}\right)^{5/2} r e^{-r/a_0}$
3s	3	0	$R_{30}(r)=\dfrac{2}{81\sqrt{3}}\left(\dfrac{1}{a_0}\right)^{3/2}\left\{27-18\dfrac{r}{a_0}+2\left(\dfrac{r}{a_0}\right)^2\right\} e^{-r/3a_0}$
3p	3	1	$R_{31}(r)=\dfrac{8}{81\sqrt{6}}\left(\dfrac{1}{a_0}\right)^{5/2}\left(3r-\dfrac{1}{2}\dfrac{r^2}{a_0}\right) e^{-r/3a_0}$
3d	3	2	$R_{32}(r)=\dfrac{4}{81\sqrt{30}}\left(\dfrac{1}{a_0}\right)^{7/2} r^2 e^{-r/3a_0}$

$\mu=$ 換算質量 $=1/(1/M+1/m_e)$(M と m_e は,それぞれ原子核と電子の質量).

おいて頻用される関数は**ガウス型関数**（Gaussian type Orbital; GTO）であり，さまざまな高精度の GTO が開発され，最先端の研究に用いられている（参考 2.1 を参照）．近似関数としての AO（$\phi(r, \theta, \phi)$）の精度を高めるためには，原子核の中心から離れた位置（つまり分子表面）において高精度の動径関数 $R_{nl}(r)$ が必要である．そのための研究も現代理論化学の重要な分野を形成している．

【参考 2.1】ガウス型軌道（GTO）

分子の挙動を支配しているのは主に球面調和関数 $Y_{lm}(\theta, \phi)$ だから，動径関数 $R_{nl}(r)$ は近似関数を使っても現象の本質にはあまり大きな影響を与えない．そこで，最先端の非経験的分子軌道計算（*ab initio* 法）では関数として近似式が使われている．分子軌道法の歴史は関数の改良の歴史といってもよい．分子軌道計算で頻繁に使われる有名な近似関数としてガウス型軌道（Gaussian Type Orbital; GTO）がある．

GTO は Boys（1950 年）により提案された近似原子関数である．GTO（χ_{nlm}）を使えば，分子軌道計算の途中で現れる分子積分の計算を高速で行うことができ，現代の高精度分子軌道計算で欠かせない重要な関数である（式（2.2））．水素原子の動径関数とは式の形もかなり違う．

$$\chi_{nlm} = N x^l y^m z^n e^{-\alpha r^2} \tag{2.2}$$

α は**軌道指数**（orbital exponent）と呼ばれ，l, m, n は量子数である．N は式（2.3）の形を持つ規格化定数である．

$$N = \left\{ \frac{2^{2(l+m+n)+3/2} \alpha^{l+m+n+3/2}}{\pi^{3/2}(2l-1)!!(2m-1)!!(2n-1)!!} \right\}^{1/2} \tag{2.3}$$

ただし，$(2p-1)!! = 1 \cdot 3 \cdot 5 \cdot 7 \cdots (2p-1)$（奇数の階乗; $p = l, m, n$）．

非経験的分子軌道計算（*ab initio* MO 計算）では，原子軌道（ϕ_i）は一般に一組の GTO（χ_k^i）の線形結合で表され，式（2.4）のようになる．

$$\phi_i = \sum_{k=1}^{j} d_k^i \chi_k^i \tag{2.4}$$

ここで，d_k^i は係数（coefficient）である．ϕ_i は**縮約 GTO**（contracted GTO）と呼ばれ，一般には**基底関数**（basis set）と呼ばれているものであり，α（軌道指数）と d_k^i（縮約係数）によって与えられる．基底関数の精度は α と d_k^i の値と縮約のレベル（式（2.4）の自然数 k の値）に依存する．縮約 GTO（ϕ_i）の一次結合が分子軌道となる．

GTOは分子軌道計算のプログラムには必ず使われている関数なので，数式にはこだわらないで，こんなものだという概要だけ確認しておこう．近年，高速コンピューターの発展とともに，いろいろな高精度の基底関数が開発されており，目的に応じて基底関数の特徴を活かした非常に精度の高い分子軌道計算が可能になっている．

下表に非経験的 MO 計算で標準的に使われる 6-31G(d) 基底関数の水素原子（H）と炭素原子（C）の軌道指数 α と縮約係数 d_k^i を示す．

H		C		
α	d_k^i	α	d_k^i(s or d)	d_k^i(p)
S		S		
18.731136960	0.0334946043	3047.524880	0.0018347371	
2.8253943650	0.2347269535	457.3695180	0.0140373228	
0.6401216923	0.8137573262	103.9486850	0.0688426222	
S		29.21015530	0.2321844430	
0.1612777588	1.0000000000	9.286662960	0.4679413480	
		3.163926960	0.3623119850	
		SP		
		7.868272350	−0.1193324200	0.0689990666
		1.881288540	−0.1608541520	0.3164239610
		0.544249258	1.1434564400	0.7443082910
		SP		
		0.168714478	1.000000000	1.0000000000
		D		
		0.800000000	1.000000000	

注：S＝s 型 GTO，SP＝s および p 型 GTO，D＝d 型 GTO．

2.2 多電子原子の電子配置

定性的 MO 法（第 3 章）から導かれる軌道相互作用の原理（第 4 章）では，AO のエネルギー準位と広がりに関する定量概念が必要である．そこで，まず，原子の電子配置について整理しておこう．表 2.3 に第 5 周期までの元素の電子配置を示す．

多電子原子系では，他の電子が原子核の陽電荷を遮蔽（screening）しながら運動しているので，純粋な球対称のクーロン場にはならない．したがって，同じ主量子数の軌道でも s, p, d で運動の平均距離が異なるため，多電子原子

表2.3 原子の電子配置

周期	原子	電子配置	周期	原子	電子配置	周期	原子	電子配置
1	$_1$H	$1s^1$	4	$_{19}$K	$[Ar]3d^04s^1$	5	$_{37}$Rb	$[Kr]4d^05s^1$
1	$_2$He	$1s^2$	4	$_{20}$Ca	$[Ar]3d^04s^2$	5	$_{38}$Sr	$[Kr]4d^05s^2$
2	$_3$Li	$[He]2s^1$	4	$_{21}$Sc	$[Ar]3d^14s^2$	5	$_{39}$Y	$[Kr]4d^15s^2$
2	$_4$Be	$[He]2s^2$	4	$_{22}$Ti	$[Ar]3d^24s^2$	5	$_{40}$Zr	$[Kr]4d^25s^2$
2	$_5$B	$[He]2s^22p^1$	4	$_{23}$V	$[Ar]3d^34s^2$	5	$_{41}$Nb	$[Kr]4d^45s^1$
2	$_6$C	$[He]2s^22p^2$	4	$_{24}$Cr	$[Ar]3d^54s^1$	5	$_{42}$Mo	$[Kr]4d^55s^1$
2	$_7$N	$[He]2s^22p^3$	4	$_{25}$Mn	$[Ar]3d^54s^2$	5	$_{43}$Tc	$[Kr]4d^65s^1$
2	$_8$O	$[He]2s^22p^4$	4	$_{26}$Fe	$[Ar]3d^64s^2$	5	$_{44}$Ru	$[Kr]4d^75s^1$
2	$_9$F	$[He]2s^22p^5$	4	$_{27}$Co	$[Ar]3d^74s^2$	5	$_{45}$Rh	$[Kr]4d^85s^1$
2	$_{10}$Ne	$[He]2s^22p^6$	4	$_{28}$Ni	$[Ar]3d^84s^2$	5	$_{46}$Pd	$[Kr]4d^{10}5s^0$
3	$_{11}$Na	$[Ne]3s^1$	4	$_{29}$Cu	$[Ar]3d^{10}4s^1$	5	$_{47}$Ag	$[Kr]4d^{10}5s^1$
3	$_{12}$Mg	$[Ne]3s^2$	4	$_{30}$Zn	$[Ar]3d^{10}4s^2$	5	$_{48}$Cd	$[Kr]4d^{10}5s^2$
3	$_{13}$Al	$[Ne]3s^23p^1$	4	$_{31}$Ga	$[Ar]3d^{10}4s^24p^1$	5	$_{49}$In	$[Kr]4d^{10}5s^25p^1$
3	$_{14}$Si	$[Ne]3s^23p^2$	4	$_{32}$Ge	$[Ar]3d^{10}4s^24p^2$	5	$_{50}$Sn	$[Kr]4d^{10}5s^25p^2$
3	$_{15}$P	$[Ne]3s^23p^3$	4	$_{33}$As	$[Ar]3d^{10}4s^24p^3$	5	$_{51}$Sb	$[Kr]4d^{10}5s^25p^3$
3	$_{16}$S	$[Ne]3s^23p^4$	4	$_{34}$Se	$[Ar]3d^{10}4s^24p^4$	5	$_{52}$Te	$[Kr]4d^{10}5s^25p^4$
3	$_{17}$Cl	$[Ne]3s^23p^5$	4	$_{35}$Br	$[Ar]3d^{10}4s^24p^5$	5	$_{53}$I	$[Kr]4d^{10}5s^25p^5$
3	$_{18}$Ar	$[Ne]3s^23p^6$	4	$_{36}$Kr	$[Ar]3d^{10}4s^24p^6$	5	$_{54}$Xe	$[Kr]4d^{10}5s^25p^6$

$[He]=1s^2$; $[Ne]=1s^22s^22p^6$; $[Ar]=1s^22s^22p^63s^23p^6$; $[Kr]=1s^22s^22p^63s^23p^63d^{10}4s^24p^6$
網掛けは遷移金属元素. なお, 遷移金属元素に12族・13族を含めない場合もある.

系では, 同じ主量子数 n の軌道エネルギー準位に s, p, d で差が生まれる. すなわち, 軌道エネルギー準位が2つの量子数 n と l に依存することになる.

これらの原子軌道 (atomic orbital; AO) に電子が一定の規則に従って収容 (配置) されて種々の原子が構成される. その規則は構成原理と呼ばれ, 次のような4つの条件にまとめられる.

① 電子はエネルギーの低いAOから順に収容される.
AOのエネルギーの順序は;

$$1s<2s<2p<3s<3p<(3d, 4s)<4p$$

である. カッコ内の順序は元素によって準位が入れ替わることがある. この順

序の逆転は電子配置後，原子全体のエネルギー的安定性で決まる．つまり電子が入った後，原子全体がエネルギー的に安定になるため，電子配置の再構成を行うことが原因とされている．

② ns(l=0), np(l=1), nd(l=2) 軌道に収容される最大電子数は，主量子数 n の値にかかわらず，それぞれ 2, 6, 10 個（$2\times(2l+1)$）である．

③ 1個の AO にはパウリの排他原理によって，スピンが異なる電子が1個ずつしか収容されない．すなわち，1個の AO に電子が入るパターンは次の3種類しかない．

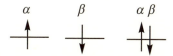

④ エネルギーが縮重した AO に複数の電子が収容される場合には，フント則に従って入ってゆき，それぞれの原子の電子配置 (electronic configuration) が決まる．電子はスピンをなるべく揃えてなるべく別々の AO に分かれて配置される．縮重系に2個の電子が入る系では，2個の軌道に同じスピンの電子が1個ずつ入ったほうが安定である．三重の縮重系に3つの電子が入る系では，各軌道に1個ずつ同じスピンで入ると（電子間クーロン反発が最小になり）最もエネルギー的に安定になる．

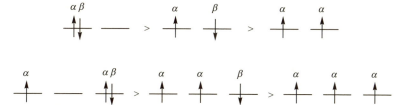

$_{18}$Ar までは電子は $1s^2 \to 2s^2 \to 2p^6 \to 3s^2 \to 3p^6$ の順に入っていくが，$_{19}$K では 19 個目の電子が 3d 軌道に入らずにエネルギー的に高い 4s に入り電子配置は $[\mathrm{Ar}]3d^04s^1$（$[\mathrm{Ar}]=1s^22s^22p^63s^23p^6$）となる．次の $_{20}$Ca でも 20 番目の電子は 4s に入って $[\mathrm{Ar}]3d^04s^2$ となる．これは 3d と 4s のエネルギー差が小さく，3d に電子が入った場合に比較して，4s 軌道に入ったほうが原子核のクーロン力によってより強く引かれてエネルギー的に全体として安定化するためである（s 軌道は球対称であり節がなく，原子核の陽電荷を等方的に感じる軌道であるが，d 軌道は節面があり，節面上では原子核からのクーロン力がゼロになるので電子としてはエネルギー的に不利になる）．同様のことが第5周期の $_{37}$Rb

と $_{38}$Sr でも起こっている.

第4周期の $_{21}$Sc から $_{30}$Zn までと第5周期の $_{39}$Y から $_{48}$Cd までの元素は，遷移金属（transition metal）である（網掛けした元素）[1]．これらの元素でも $(n-1)$d 軌道と ns 軌道 $(n=4, 5)$ への電子の入り方は変則的である．電子は $(n-1)$d 軌道に入りたがらず，エネルギー的には少し上の ns 軌道に入って全体として安定化する．

2.3 典型元素の外殻軌道のエネルギー準位

電子は原子核から常にクーロン引力による束縛を受けながら運動しているので，中性原子のエネルギー準位は原子核から無限遠をゼロとして常に負である．

表 2.4 に第5周期までの典型元素の外殻軌道のエネルギー準位，第一イオン化エネルギー（I），電子親和力（A）のデータを eV 単位で示す（これらの物理量の定義については，式 (2.5), (2.6) 参照）．網掛けは生体分子を構成する元素である．

2.3.1 エネルギー準位の周期性

まず，各元素の外殻軌道のエネルギー準位の周期性を眺めてみよう．図 2.2 は表 2.4 のデータをグラフ化したものである（○は外殻 s 軌道，●は外殻 p 軌道を示す）．この図の曲線の特徴あるパターンを見ながら周期性を整理してみよう．

① 同一周期での比較
  a. 各周期において，原子番号とともに s 軌道，p 軌道ともに軌道準位が低下する．
  b. 第2周期以降の各周期において，原子番号の増大とともに，p 軌道より s 軌道の低下が相対的に大きくなって，s 軌道と p 軌道のエネルギー差が広がる．これは，s 軌道は球対称なので s 軌道に入った電子は原子核の陽電荷の増大効果を p 軌道（節面を持ち球対称でない）より受けやすいことによる．

② 同族での比較
  a. 同族元素の比較では，高周期になると s 軌道，p 軌道ともに上昇する．

---

[1] 参考書によっては，11族（Cu, Ag）・12族（Zn, Cd）元素を遷移金属元素に分類せず，典型元素とみなす場合もある．

2.3 典型元素の外殻軌道のエネルギー準位

表 2.4 典型元素の外殻軌道準位, 第一イオン化エネルギー (I), 電子親和力 (A)

(単位：eV)

n	原子	軌道準位[a]		I[b]	A[c]	n	原子	軌道準位[a]		I[b]	A[c]
		1s						4s	4p		
1	$_1$H	−13.61	—	13.598	0.754		$_{19}$K	−4.01	—	4.341	0.501
	$_2$He	−24.98	—	24.587	−0.560		$_{20}$Ca	−5.32	—	6.113	0.025
		2s	2p				$_{31}$Ga	−11.55	−5.67	5.999	0.430
	$_3$Li	−5.34	—	5.392	0.618	4	$_{32}$Ge	−15.06	−7.82	7.899	1.233
	$_4$Be	−8.41	—	9.323	—		$_{33}$As	−18.66	−10.06	9.789	0.814
	$_5$B	−13.46	−8.43	8.298	0.280		$_{34}$Se	−22.79	−10.97	9.752	2.021
2	$_6$C	−19.20	−11.79	11.260	1.262		$_{35}$Br	−27.01	−12.40	11.814	3.364
	$_7$N	−25.72	−15.45	14.534	−0.07		$_{36}$Kr	−31.37	−14.26	14.000	−0.400
	$_8$O	−33.86	−17.20	13.618	1.461			5s	5p		
	$_9$F	−42.79	−19.87	17.423	3.401		$_{37}$Rb	−3.75	—	4.177	0.486
	$_{10}$Ne	−52.53	−23.14	21.565	−1.030		$_{38}$Sr	−4.85	—	5.695	0.048
		3s	3p				$_{49}$In	−10.14	−5.36	5.786	0.300
	$_{11}$Na	−4.95	—	5.139	0.548	5	$_{50}$Sn	−12.96	−7.21	7.344	1.112
	$_{12}$Mg	−6.88	—	7.646	0		$_{51}$Sb	−15.83	−9.11	8.608	1.046
	$_{13}$Al	−10.71	−5.71	5.986	0.433		$_{52}$Te	−19.06	−9.79	9.010	1.971
3	$_{14}$Si	−14.69	−8.08	8.152	1.390		$_{53}$I	−22.34	−10.97	10.451	3.059
	$_{15}$P	−18.95	−10.66	10.487	0.747		$_{54}$Xe	−25.70	−12.44	12.130	−0.420
	$_{16}$S	−23.92	−11.90	10.360	2.077						
	$_{17}$Cl	−29.20	−13.78	12.968	3.613						
	$_{18}$Ar	−34.76	−16.08	15.760	−0.534						

n＝主量子数（周期）. [a] 藤永茂『入門分子軌道法』講談社 (1990), p. 71, 表 6.2 より換算. 外殻軌道のみを表示. [b] 第一イオン化エネルギー (eV). [c] 電子親和力 (eV). [b,c] *Handbook of Chemistry and Physics*, 87th Ed., Ed. by D. R. Lide, CRC Press, 2007.

これは高周期元素ほど反応性に富むことを示唆している.

b. 第2周期と第3周期の差が最も大きい. この事実は, 元素としての性質が第2周期と第3周期で最も大きく変化することを示唆している. すなわち, 第3周期以降の同族元素の性質には大きな変化がないことを示している.

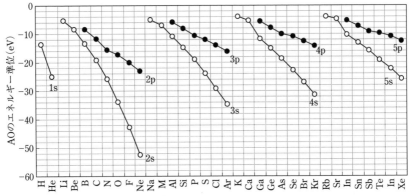

図 2.2 典型元素の外殻 AO のエネルギー準位の周期性（単位：eV）（表 2.4 より）
白丸は s 軌道；黒丸は p 軌道を示す．

2.3.2 外殻軌道のエネルギー準位の特徴

表 2.4 に示された，外殻軌道のエネルギー準位の具体的な数値とその特徴をまとめてみよう．この数値は，第 4 章で述べる「軌道相互作用の原理」を応用する際に必要となる大切な知識である．

① 水素原子（$_1$H）の 1s 軌道準位が -13.61 eV（0.5 au）であることは，基礎事項として覚えておこう．この値は水素様原子の Schrödinger 方程式を解いて得られ，エネルギーの原子単位（au）の定義のもとになった．すなわち，この値の絶対値の 2 倍がエネルギーの 1 au（au=atomic unit＝原子単位；27.2114 eV）と定義された．実験でも，この値は水素原子の第一イオン化エネルギー（I=13.59844 eV）として確認されている．この軌道の準位は同族のアルカリ金属元素（Li, Na, K, Rb）の s 軌道の値に比べてかなり低い．アルカリ金属元素の s 軌道準位は非常に高く（-5.34〜-3.75 eV），他の原子・分子に電子を与えやすく反応性が非常に高いが（アルカリ金属原子自身は酸化されやすく相手を還元しやすい），水素の 1s 軌道準位はあまり高くないので種々の元素と比較的安定な化合物をつくる．かつて水素は 1 族でなく 17 族（ハロゲン）に分類されたこともあったほどアルカリ金属元素族としては低いエネルギー準位である．

② 第 2 周期（$_3$Li〜$_{10}$Ne）に着目すると，炭素（$_6$C; 外殻電子配置 $2s^22p^2$）の軌道準位が水素原子の 1s 準位の上下に存在する．炭素の 2s 軌道は約 -20 eV（-19.20 eV），2p 軌道は約 -12 eV（-11.79 eV）であり（炭

素の軌道準位の概略値は覚えておこう），水素原子の1s準位は，炭素の2つの外殻軌道準位に挟まれている．**これが有機化学という豊穣な学問分野が成立する根源的理由になっている．**

③ 炭素と水素という2つの元素を基本に成立する有機化学分野を豊かにしているもう1つの理由は，窒素（$_7$N）と酸素（$_8$O）の外殻軌道準位が炭素や水素の軌道準位に比較的近いことである（-15.45 から -33.86 eV）．

④ ハロゲン原子も同様である（-10.97 から -42.79 eV）．

⑤ リン（$_{15}$P），硫黄（$_{16}$S），セレン（$_{34}$Se）の軌道準位も -10.97 から -23.92 eV の間にあり炭素の軌道準位にかなり近い．

リンは核酸やATP（アデノシン三リン酸）などのエネルギー代謝を行う分子に含まれ，生命に必須の元素である．

硫黄はシステイン，メチオニンなどのアミノ酸に含まれる．特にシステインはグルタチオン（glutathione; GSH；3個のアミノ酸からなるペプチド）に含まれ，細胞内の酸化還元代謝に必須の重要な役割をしているだけでなく，グルタチオンレダクターゼ（glutathione reductase）などの酵素の活性中心にあり，代謝に重要な役割をしている．

セレンはグルタチオンペルオキシダーゼ（glutathione peroxidase; GP$_X$）という酸化還元酵素の活性中心に含まれ，酸素の代謝で生じる有毒物質（過酸化水素）を水に還元無毒化している．GP$_X$は動物の体全体の細胞に普遍的に含まれるきわめて重要な酵素であり，セレンの高い軌道準位（$-10.97, -22.79$ eV）を利用して生命体の存亡にかかわる重要な生体反応に関与している．

⑥ ヨウ素は甲状腺ホルモン（チロキシン）に含まれる元素で，生物の成長や調節にかかわる重要な役割をしている．ヨウ素の軌道準位（$-10.97, -22.34$ eV）が，セレンのそれとほぼ同じであることは興味深い．

2.3.3 外殻軌道準位とイオン化エネルギーの関係

イオン化エネルギー（I；イオン化ポテンシャルとも呼ばれる）は，原子または分子Mから電子1個を放出して1価のカチオンM$^+$が生成するとき必要なエネルギーである（式 (2.5)）．

$$M \longrightarrow M^+ + e^- \tag{2.5}$$

放出される電子は，最もエネルギー準位が高い軌道（**最高被占軌道**）を占有

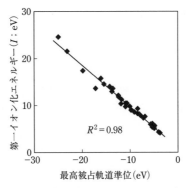

図 2.3 典型元素の最高被占軌道準位と第一イオン化エネルギー (I) の相関（表 2.4 より）

する電子であり，このときのイオン化エネルギーが**第一イオン化エネルギー** (I) である．表 2.4 の第一イオン化エネルギー (I) の値を見ると，それぞれの原子のフロンティア原子軌道（電子が入っているエネルギーが最高の軌道）のエネルギー準位の絶対値にほぼ等しいことがわかる．たとえば，炭素原子 $_6$C のイオン化エネルギー（11.260 eV）の値は，2p 軌道のエネルギー準位の絶対値（11.79 eV）にほぼ等しい．このことを確認したのが図 2.3 である．I と最高被占軌道準位との相関は非常に高い（相関係数 $R^2 = 0.98$）．

一方，M に電子を 1 個付加して出来る 1 価のアニオン（M$^-$）から電子 1 個が放出されて中性の M に戻る過程で必要とされるエネルギーを，M の**電子親和力**（electron affinity; A）と定義する（式 (2.6)）．

$$\mathrm{M}^- \longrightarrow \mathrm{M} + \mathrm{e}^- \tag{2.6}$$

水素原子の電子親和力の値は 0.754 eV であり，炭素原子では 1.262 eV である．これは水素原子より炭素原子のほうが電子を受け取りやすい（すなわち電気陰性度が高い）ことを意味している．

図 2.4 は表 2.4 の第一イオン化エネルギー (I) と電子親和力 (A) のデータをグラフ化したものである（遷移金属を含む）．2 つのグラフは，原子番号 1 つの差を除けば変化のパターンは相似形である．つまり，A のグラフを原子番号を 1 つ大きい方向にずらせば，I のグラフの変化とまったく同じである．原子 M に電子を 1 個付加して M$^-$ をつくっても，そのイオン化エネルギーの変化の傾向は同じであるという事実は非常に興味深い．

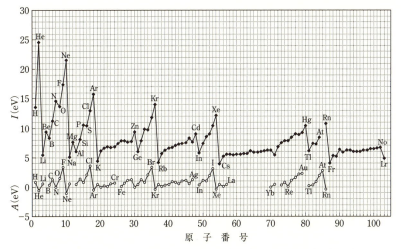

図 2.4　原子の第一イオン化エネルギー（I; 上）と電子親和力（A; 下）

2.4　外殻軌道準位は電気陰性度に関係する

電気陰性度は，原子が電子を引く性質を表すと考えられている．Pauling の電気陰性度が有名だが，電気陰性度と外殻軌道準位の間には密接な関係があることが，Mulliken と Allen によって示されている．3つの電気陰性度の値を表 2.5 に示す．上段が Pauling (χ_P)，中段が Allen (χ_A)，下段が Mulliken (χ_M) の値である．ほとんどの元素で3者の値はよく似ている．電気陰性度が原子の外殻軌道のエネルギー準位に関係しているという報告が Mulliken と Allen の2人の物理化学者によって報告されているので，彼らの提出した電気陰性度を見ていくなかで，その本質を考えてみよう．電気陰性度と外殻軌道準位の間には密接な関係があることがわかる．

2.4.1　Mulliken の電気陰性度

Mulliken の電気陰性度 (χ_M) は**電子の失いにくさ**（酸化されにくさ；イオン化エネルギー I が大きいほど電子を放出しにくい）と**受け入れやすさ**（還元されやすさ；電子親和力 A が大きいほど電子を受け入れやすい）の平均値に比例する量を電子を引く性質の尺度として定義したものである（式 (2.7)；表 2.5 下段の数値）．比例定数 k_m は 0.4264 である．この定義はフロンティア軌道を

表 2.5 Pauling (χ_P), Allen (χ_A), Mulliken (χ_M) の電気陰性度

周期＼族	1	2	13	14	15	16	17	18
1	H 2.1 2.3 3.06							He — — 5.5
2	Li 1.0 0.9 1.3	Be 1.5 1.6 2.0	B 2.0 2.0 1.8	C 2.5 2.5 2.7	N 3.0 3.1 3.1	O 3.5 3.6 3.2	F 4.0 4.2 4.4	Ne — 4.8 4.6
3	Na 0.9 0.9 1.2	Mg 1.2 1.3 1.6	Al 1.5 1.6 1.4	Si 1.8 1.9 2.0	P 2.1 2.3 2.4	S 2.5 2.6 2.6	Cl 3.0 2.9 3.5	Ar — 3.2 3.4
4	K 0.8 0.7 1.0	Ca 1.0 1.0 1.3	Ga 1.8 1.8 1.3	Ge 2.0 2.0 1.9	As 2.2 2.2 2.3	Se 2.5 2.4 2.5	Br 3.0 2.7 2.5	Kr — 3.0 3.2

第3周期まで；上段 = χ_P (L. Pauling. "*The Nature of the Chemical Bond*", 3rd Ed., Cornell University Press, 1960)；中段 = χ_A (Allen, L. C., *J. Am. Chem. Soc., 111*, **1989**, 9003)；下段 = χ_M (Mulliken, R. S., *J. Phys. Chem., 2*, **1934**, 782).

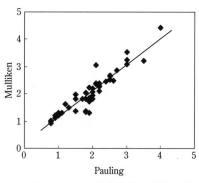

図 2.5 Pauling と Mulliken の電気陰性度の相関（表 2.5 より）

意識した定義である．表 2.5 の下段の値に示すように，水素の χ_M がかなり大きく χ_P の値とややかけ離れているが，それ以外はどの元素も χ_P とかなり近い値を示しており相関も高い（図 2.5；相関係数 = 0.87）．

$$\chi_\mathrm{M} = k_m\left(\frac{I+A}{2}\right) \tag{2.7}$$

　以上のように原子の軌道準位や電子親和力は電気陰性度ときわめて深い関係にあり，軌道準位の低下とともに，また電子親和力の増大とともに電子を引く（受け入れる）傾向が高くなり電気陰性度が増大する．**電気陰性度が原子の外殻軌道のエネルギー準位に支配され，多くの化学現象が電気陰性度でこれまで説明されてきたことは非常に興味深い．電気陰性度は化学現象が表面現象であることを強く示唆している．**

2.4.2　Allen の電気陰性度

　最近，L. C. Allen は，Pauling らの典型元素の電気陰性度（χ_P）が，外殻原子軌道のエネルギー準位の占有電子数を考慮した相加平均に比例する量であることを報告している（χ_A；式 (2.8)）．

$$\chi_\mathrm{A} = k_\mathrm{s}\left(\frac{m\varepsilon_\mathrm{s} + n\varepsilon_\mathrm{p}}{m+n}\right) \tag{2.8}$$

　この式で，k_s は第 4 周期までの典型元素に共通の比例定数（$k_\mathrm{s} = -0.167$），m, n はそれぞれ外殻 s 軌道，外殻 p 軌道の占有電子数（$m=1, 2; n=0 \sim 6$），$\varepsilon_\mathrm{s}, \varepsilon_\mathrm{p}$ はそれぞれ外殻 s 軌道，外殻 p 軌道のエネルギー準位（eV）である．表 2.5 より，この式から求めた電気陰性度の値は Pauling の値にほぼ一致していることが確認できる．この事実は，電気陰性度が原子の外殻被占軌道のエネルギー準位と深く関係していることを示す．

2.4.3　電気陰性度から MO 法へ

　以上の考察から，電気陰性度は外殻軌道準位と関係する物理量であるから，電気陰性度は「原子が電子を引く性質を表している」と結論できる．当然といえば当然である．注意して欲しいのは，「」内の文の主語が「分子でない」ということである．私たちは共有結合 A−B において A より B の電気陰性度が大きければ，$A^{\delta+} - B^{\delta-}$ と分極していると考え，電気陰性度を便利に使っている．しかし，一酸化炭素（CO）やフッ化ホウ素（BF）などのように，分子を形成すると分子軌道が生まれ，分子によっては，それを構成する原子軌道が大きな摂動（軌道の変化）を受けて電子分布が大きく変化し，電気陰性度による電子分布が予測と正反対の場合がある．事実，これらの分子では分極が電気陰性度から予測される極性と逆になることが実験で確かめられている（$C^{\delta-}-$

$O^{\delta+}$ $B^{\delta-}$ $-F^{\delta+}$). 分子軌道論はこんな場合でもすっきりした説明を与えてくれる（第7章, 7.5節参照）.

電気陰性度は基礎化学を学ぶ際には重要な物理量であるが，現代化学においては，それだけで議論を済ませるわけにはいかない時代になった．分子において原子が電子を引く強さを予測する場合，MO法が威力を発揮する．**MO法学習の基礎となるのは，電気陰性度ではなく，電気陰性度の基盤となった外殻軌道のエネルギー準位である**．

2.5 原子軌道の広がりと原子の大きさ

2.5.1 軌道の広がりと原子半径

第4章で述べる軌道相互作用の大きさは，軌道準位だけではなく，軌道の空間的広がりに依存する．軌道の空間的な広がりが軌道間の重なりの大きさを支配するからである．したがって，外殻原子軌道の広がり（軌道半径）に関する知識が必要となる．

表2.6に軌道半径（r_s, r_p）を共有結合半径（r_c），ファンデアワールス半径（r_{VDW}）とともに示す．軌道の広がりを表す軌道半径の定義は式 (2.9) である．原子軌道の空間的広がりは，動径変数の演算子（r）を状態関数 Ψ に作用させて得られる期待値（=平均値=r_{AO}）として定義される．r_{AO} は，電子が原子核から平均してどのあたりを運動しているかを表す量である．r_s, r_p はそれぞれs軌道，p軌道の広がりを表す（Å単位）.

$$r_{AO} = \int_0^\infty \Psi^* r \Psi d\tau \tag{2.9}$$

2.5.2 軌道半径（r_s, r_p）の周期性

表2.6を見ると，r_s, r_p は化学結合の長さの1/2より少し大きい程度であることがわかる．水素原子の1s軌道半径は0.794 Åであり，水素分子の結合距離（0.7414 Å）に近い．炭素の2s軌道と2p軌道は，それぞれ0.841 Åおよび0.907 Åであり，水素の1s軌道よりわずかに大きい程度である．

図2.6に軌道半径の周期性を示す．軌道準位の周期性（図2.2）と異なるところは，同一周期の同じ元素のs軌道とp軌道の広がりの差は，p軌道のほうがs軌道よりわずかに大きいことである．同族元素の比較では，高周期になるとs軌道，p軌道ともに広がりが大きくなり，その差も大きくなる．

表2.6 典型元素の外殻軌道半径 (r_s, r_p),共有結合半径 (r_c),ファンデアワールズ半径 (r_{VDW})

(単位:Å)

n	原子	r_s^a	r_p^a	r_c^b	r_{VDW}^b	n	原子	r_s^a	r_p^a	r_c^b	r_{VDW}^b
1	$_1$H	0.794	—	0.37	1.20	4	$_{19}$K	2.775	—	1.96	2.75
	$_2$He	0.491	—	0.32	1.4		$_{20}$Ca	2.232	—	—	—
2	$_3$Li	2.050	—	1.34	1.82		$_{31}$Ga	1.317	1.812	1.20	1.87
	$_4$Be	1.402	—	1.25	—		$_{32}$Ge	1.178	1.517	1.22	2.10
	$_5$B	1.047	1.167	0.90	—		$_{33}$As	1.074	1.329	1.22	1.85
	$_6$C	0.841	0.907	0.77	1.70		$_{34}$Se	0.989	1.217	1.17	1.90
	$_7$N	0.704	0.746	0.75	1.55		$_{35}$Br	0.920	1.118	1.14	1.85
	$_8$O	0.604	0.652	0.73	1.52		$_{36}$Kr	0.862	1.033	1.10	2.02
	$_9$F	0.530	0.574	0.71	1.47		$_{37}$Rb	2.980	—	—	—
	$_{10}$Ne	0.472	0.511	0.69	1.54		$_{38}$Sr	2.452	—	—	—
3	$_{11}$Na	2.227	—	1.54	2.27	5	$_{49}$In	1.505	2.000	—	1.93
	$_{12}$Mg	1.721	—	1.45	1.73		$_{50}$Sn	1.368	1.719	1.40	2.17
	$_{13}$Al	1.375	1.817	1.30	—		$_{51}$Sb	1.265	1.535	1.43	2.2
	$_{14}$Si	1.168	1.456	1.18	2.10		$_{52}$Te	1.179	1.423	1.35	2.06
	$_{15}$P	1.023	1.229	1.10	1.80		$_{53}$I	1.108	1.324	1.33	1.98
	$_{16}$S	0.911	1.091	1.02	1.80		$_{54}$Xe	1.048	1.237	1.30	2.16
	$_{17}$Cl	0.823	0.975	0.99	1.75						
	$_{18}$Ar	0.752	0.880	0.97	1.88						

n=主量子数(周期).[a] 藤永茂『入門分子軌道法』講談社 (1990),p. 72,表6.3 より換算.r_s=外殻s軌道の軌道半径;r_p=外殻p軌道の軌道半径.[b] *Handbook of Chemistry and Physics*, 87th Ed. by D. R. Lide, CRC Press, 2007.

2.5.3 共有結合半径 (r_c) とファンデアワールズ半径 (r_{VDW})

原子のサイズは原子軌道の広がりを反映している.共有結合半径 (covalent radius; r_c) は,同じ元素 (X) の単結合 (X–X) の結合距離の1/2として定義される原子半径である.たとえば,水素の共有結合半径は,水素分子の結合距離 (0.7414 Å) の半分0.37 Å である.炭素の共有結合半径はC–C単結合距離 (1.54 Å) の平均値の半分 (0.77 Å) である.共有結合半径を用いて異なる2元素の単結合距離をかなりの精度で予測することができる.

単体結晶における最近接原子間の平均中心距離の1/2として算出される原子半径をファンデアワールズ半径 (van der Waals radius; r_{VDW}) と呼ぶ.たとえば,結晶状態のアルゴンではアルゴン原子が立方最密充填格子を作り,3.76Å

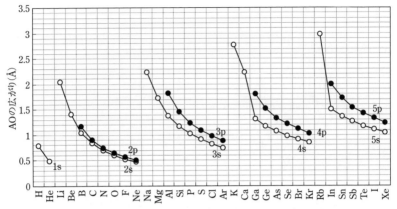

図2.6 典型元素の外殻原子軌道の軌道半径（r_s, r_p）の周期性（表2.6）
○はs軌道；●はp軌道を示す．

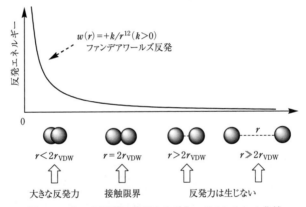

図2.7 2個の原子間に作用する斥力のポテンシャル曲線

の間隔で規則正しく並んでいるのでアルゴンのファンデアワールス半径はその半分の1.88 Åと定義する．結晶が金属元素であれば，結晶内の最近接原子間の最短中心距離の半分が**金属結合半径**（metallic atom radius; r_M）として定義される．r_Mは，平均中心距離で定義されるr_{VDW}とは少し異なる値をもつ．

　最小のファンデアワールス半径を持つ元素は水素原子（$r_{VDW}=1.2$ Å）であり，炭素，窒素，酸素，フッ素がそれぞれ1.7, 1.55, 1.52, 1.47 Åである．これらの値は化学の議論で頻繁に使うので，だいたいの値を覚えておくと便利である．

ファンデアワールズ半径は，結合していない原子が反発力を生じることなく接近可能な限界距離と考えられている（図2.7）．すなわち，原子どうしが接触し始めると，急激に反発力（ファンデアワールズ反発＝立体反発；steric repulsion；交換反発で生じる斥力で，そのポテンシャルは $+1/r^{12}$ で近似される；図2.7）が作用し始める限界半径が，ファンデアワールズ半径である．分子内に化学結合や水素結合がある場合は，原子間にファンデアワールズ斥力を凌駕する結合力が生じて，それらの結合が形成されている．

ファンデアワールズ半径 r_{VDW} の周期表上での変化の傾向は，一般に（例外はあるが），同一周期の原子では右に行くほど小さくなり，同族原子では高周期になるほど大きくなり，共有結合半径 r_c の変化の傾向と一致する．ファンデアワールズ半径は，有機分子の構造と反応における立体効果を考察する上で非常に重要な概念である．この半径に基づいた分子構造を表現する模型が空間充塡模型（space-filling model）であり，分子や物質の空孔の大きさ，酵素の活性中心の立体的環境を評価する際に用いられる．

2.5.4 原子の大きさは最高被占軌道半径で決まる

図2.8に原子の最高被占軌道半径（r_{FAO}）と各種原子半径（r_c, r_{VDW}）との相関を示す．原子の最高被占軌道とは，それぞれの原子について，電子に占有されたエネルギー準位が最も高い原子軌道（highest occupied atomic orbital），すなわち**フロンティア原子軌道**（frontier atomic orbital; FAO）である．最高被占軌道半径 r_{FAO} は，軌道半径のうちエネルギー準位が高い被占軌道の軌道半径に相当し，共有結合半径（r_c）およびファンデアワールズ半径（r_{VDW}）とかなり良い相関を示す．この事実は，当然であるが，原子軌道のうちでエネルギー準位が高く，広がりが大きい原子軌道がその原子の大きさを支配していることを強く示唆している．

現代化学においては，原子のサイズについても，各種原子半径（r_c, r_{VDW} など）の実験データだけでなく，より定量性の高い原子軌道関数 $\phi(r, \theta, \phi)$ の軌道半径（r_s, r_p, r_{FAO}）も議論の対象として考慮する必要がある．

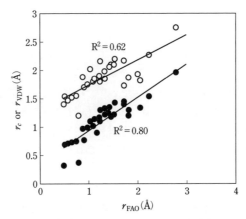

図 2.8　最高被占軌道半径 (r_{FAO}) と共有結合半径
(r_c; ○) またはファンデアワールズ半径
(r_{VDW}; ●) の相関 (単位：Å) (表 2.6)

参考文献

原子軌道のデータ
- 『分子軌道法』，藤永茂，岩波書店 (1980)

ファンデアワールズ半径
- "*van der Waals Volumes and Radii*", A. Bondi, *J. Phys. Chem.*, **1964**, *68*, 441-451.

電気陰性度
- L. Pauling, "*The Nature of the Chemical Bond*", 3rd Ed., Cornell University Press (1960).
- "*Electronegativity is the average one-electron energy of the valence-shell electrons in ground-state free atoms*", L. C. Allen, *J. Am. Chem. Soc.*, **1990**, *111*, 9003.

イオン化エネルギー・電子親和力のデータ
- *Handbook of Chemistry and Physics*, 87th Edition, D. R. Lide Ed., CRC Press, 2006-2007.
- "*A New Electron Affinity Scale; Together with Data on Valence States and on Valence Ionization Potentials and Electron Affinities*", R. S. Mulliken, *J. Chem. Phys.*, **1934**, *2*, 782-793.

第3章 定性的分子軌道法

　前章では原子軌道（AO）の定量概念として，エネルギー準位と広がりについて周期表上の変化を見てきた．原子から分子が形成されるとき，AOが分子構造の幾何学配置をとって集合する．集合系の中でAOの相互作用が生まれ，分子軌道（MO）が形成される．AOの相互作用のパターンが分子の3次元構造（原子の幾何学配置）によって変わってくる．本章では，分子軌道法（MO法）の基礎となる定性的MO法の論理を整理する．少し複雑な数式が出てくるが，すべてを厳密に理解する必要はない．定性的MO法がどのような仮定のもとに展開されるか，おおまかにその流れを把握して欲しい．

3.1 定性的分子軌道法

3.1.1 ヒュッケル近似（1電子近似）
　定性的MO法の背景となる理論の骨子を辿ってみる．定性的MO法と非経験的MO法（$ab\ initio$ MO method）の違いは，前者がAOの精度が低いことと，電子間反発をあらわに含まないこと，の2つである．定性的MO法でも，量子力学の基本仮定であるSchrödinger方程式が基礎になる．その論理をたどってみよう．

　N個の電子からなる多電子系の波動関数ΨのSchrödinger方程式は，m_eを電子の質量，$\hbar = h/2\pi$（h=Planck定数），∇=ラプラス演算子とすると，

$$\left[-\frac{\hbar^2}{2m_e}\sum_{i=1}^{N}\nabla_i^2 + V\right]\Psi = E\Psi \tag{3.1}$$

で表される．かぎ括弧内の式は，多電子系のエネルギーを記述するハミルトニアン演算子（Hamiltonian）であり，その第1項は電子の運動エネルギー演算子，第2項Vは電子のポテンシャルエネルギー演算子である．

　多電子系のクーロンポテンシャル場Vは，式（3.2）に示すように，電子－核間クーロン引力（第1項）のほかに電子間反発相互作用（第2項）を考慮し

て，

$$V=\sum_{i=1}^{N}\left(-\frac{Ze^2}{r_i}\right)+\sum_{i=1}^{N}\sum_{j>i}^{N}\frac{e^2}{r_{ij}} \tag{3.2}$$

と書ける．第2項の和の条件を $j>i$ としたのは電子間反発項の重複を避けるためである．

上記2つの式を合わせると，多電子原子系のSchrödinger方程式は，

$$\left[\sum_{i=1}^{N}\left(-\frac{\hbar^2}{2m_e}\nabla_i^2-\frac{Ze^2}{r_i}\right)+\sum_{i=1}^{N}\sum_{j>i}^{N}\frac{e^2}{r_{ij}}\right]\Psi=E\Psi \tag{3.3}$$

となる．第2項の電子間反発項は，電子 i のほかに他の電子 j の座標を含むので話は複雑になってくる．

もちろん，このままでは微分方程式が解けないので，第2項の電子相互のクーロン反発項について**平均ポテンシャル近似**を行う．**平均ポテンシャル近似**とは，多電子間のクーロン反発によるポテンシャル場の摂動を，個々の電子 i だけの平均ポテンシャル場 $v(r_i)$ の和で代用するという，かなり思い切った近似である．この近似を採用して，式（3.3）のハミルトン演算子を H とすると，

$$H=\sum_{i=1}^{N}\left(-\frac{\hbar^2}{2m_e}\nabla_i^2-\frac{Ze^2}{r_i}\right)+\sum_{i=1}^{N}v(r_i)=\sum_{i=1}^{N}\left(-\frac{\hbar^2}{2m_e}\nabla_i^2-\frac{Ze^2}{r_i}+v(r_i)\right)$$

と変形される．

この演算子 H は電子 i のみに関する演算子 H_i の総和で表され，H_i を **1電子ハミルトニアン**（one-electron Hamiltonian）という．すなわち，平均ポテンシャル近似 $v(r_i)$ によって，多電子系の複雑なハミルトニアン演算子は電子 i の座標だけしか含まない1電子ハミルトニアン H_i に還元された（式（3.4））．

$$H_i=\left(-\frac{\hbar^2}{2m_e}\nabla_i^2-\frac{Ze^2}{r_i}+v(r_i)\right) \tag{3.4}$$

これを**ヒュッケル近似（1電子近似）**という．定性的MO法では，1電子近似がベースになり，全電子のハミルトニアン H は1電子ハミルトニアン H_i の和になる．

$$H=H_1+H_2+\cdots\cdots+H_N=\sum_{i=1}^{N}H_i \tag{3.5}$$

H_i の固有関数を ϕ_i，固有値を ε_i とすると，電子 i のSchrödinger方程式は，

$$H_i\phi_i=\varepsilon_i\phi_i \tag{3.6}$$

となる．

式 (3.6) において，$i=1, 2, 3 \cdots\cdots N$ であり，この式は，N 個すべての電子 i に対して成立するので，これを解けば，すべての電子 i について，分子軌道と軌道エネルギーが求まる．系全体の波動関数 Ψ（全電子波動関数）は，各電子の固有関数 ϕ_i の積で表され（$\Psi = \phi_1 \phi_2 \phi_3 \cdots \phi_N$）[1]，基底状態における全電子エネルギー ε_0 は，

$$\varepsilon_0 = n_1\varepsilon_1 + n_2\varepsilon_2 + n_3\varepsilon_3 + \cdots + n_N\varepsilon_N \quad (n_i = 0, 1, \text{ or } 2) \tag{3.7}$$

となる．ここで，n_i は，MO ϕ_i（$i=1, 2, 3, \cdots, N$）における占有電子数であり，0～2 の整数である．

したがって，定性的 MO 法では，式 (3.6) の ϕ_i を求めればよい．

3.1.2 定性的 MO 法

MO 法では，原子の集合系（分子軌道；MO；ϕ）の波動関数を，光学の重ね合わせの原理に基づいて，原子軌道関数（χ_i）の一次結合（linear combination of atomic orbital；LCAO）で表す．すなわち，式 (3.8) に示すように，分子の波動関数（MO）ϕ を，分子が n 個の原子軌道（χ_i）の集合で成り立つと仮定して，その集合 $\{\chi_i\}$ で一次展開する．一次結合の展開係数を C_i とすると，

$$\phi = \sum_{i=1}^{n} C_i \chi_i \tag{3.8}$$

この波動関数（ϕ）に対し，集合系の全エネルギーの期待値が最小になるように波動関数の係数（C_i）を選べば，それは真の波動関数に近いことが保証されているので（これを変分原理；variation principle という；証明は他書にゆずる[2]），n 個の展開係数の集合 $\{C_i\}$ の変化に対し，式 (3.1) の関数 Ψ（MO）のエネルギー ε が最小になるように係数の集合 $\{C_i\}$ を決定してやればよい．MO のエネルギーと形（係数）を決定する手続きを以下に示す．

式 (3.8) で表される MO も波動関数なので規格化 (normalization) されていなければならない．規格化とは，電子のある空間点における存在確率を表わす波動関数の 2 乗（ϕ^2）を空間積分した場合（全空間（τ）で足し合わせた場

---

[1] 正確には，Ψ（全電子波動関数）は，パウリの原理（電子スピン）を考慮した多電子の電子配置関数（スレーター行列式）で表される．スレーター行列式については，『量子化学』上巻，原田義也，裳華房，2007，p. 158 を参照されたい．

[2] たとえば，『量子化学』上・下巻，原田義也，裳華房，2007，p. 175.

合), 1にならなければならないという条件である. すなわち, 式 (3.8) を $\int \phi^2 d\tau = 1$ に代入して,

$$\int_{-\infty}^{+\infty} \phi^2 d\tau = \sum_{i=1}^{n}\sum_{j=1}^{n} C_i C_j \int \phi_i \phi_j d\tau = \sum_{i=1}^{n}\sum_{j=1}^{n} C_i C_j S_{ij} = 1 \tag{3.9}$$

ただし, $S_{ij} = \int \chi_i \chi_j d\tau$ と定義される量は χ_i と χ_j の重なり積分 (overlap integral) である (式 (3.11)). この式 (3.9) が分子軌道の係数の集合 $\{C_i\}$ を決める際の条件の1つになる.

系のエネルギーを記述するハミルトン演算子を H とすると, 分子系のエネルギーの期待値 ε は,

$$\varepsilon = \frac{\int \Psi H \Psi d\tau}{\int \Psi \Psi d\tau} = \frac{\sum_{i=1}^{n}\sum_{j=1}^{n} C_i C_j \int \chi_i H \chi_j d\tau}{\sum_{i=1}^{n}\sum_{j=1}^{n} C_i C_j \int \chi_i \chi_j d\tau} = \frac{\sum_{i=1}^{n}\sum_{j=1}^{n} C_i C_j H_{ij}}{\sum_{i=1}^{n}\sum_{j=1}^{n} C_i C_j S_{ij}} \tag{3.10}$$

と表される. ここで,

$$S_{ij} = \int \chi_i \chi_j d\tau \tag{3.11}$$

と定義され, 重なり積分 (overlap integral) と呼ばれる.

$H_{ij} = \int \chi_i H \chi_j d\tau$ と定義される量である. この積分 H_{ij} には, 次のような特別の名称がついている. i と j が等しい場合,

$$H_{ij} = \int \chi_i H \chi_i d\tau = \alpha_i = クーロン積分 \text{ (Coulombic integral)} \tag{3.12}$$

i と j が異なる場合,

$$H_{ij} = \int \chi_i H \chi_j d\tau = \beta_{ij} = 共鳴積分 \text{ (resonance integral)}[3] \tag{3.13}$$

などと呼ばれる. これらの積分の意味は次節でまとめる.

式 (3.10) を変形して,

$$\sum_{i=1}^{n}\sum_{j=1}^{n} C_i C_j H_{ij} - \varepsilon \sum_{i=1}^{n}\sum_{j=1}^{n} C_i C_j S_{ij} = 0 \tag{3.14}$$

エネルギー ε (式 (3.10)) を最小にする条件を求める. すなわち, 係数 C_i の変化に対して, 集合体のエネルギー ε が極小になる条件を求める.

---

[3] 共鳴積分 β_{ij} は 交換積分 (exchange integral) とも呼ばれる.

$$\frac{\partial \varepsilon}{\partial C_i} = 0 \quad (0 = 1, 2, \cdots, n) \tag{3.15}$$

とすると（偏微分では C_i 以外の項すなわち，C_j の項はすべて定数とみなされるので）集合 $\{C_j\}$ を未知数とする n 個の連立方程式，

$$\sum_{j=1}^{n}(H_{ij} - \varepsilon S_{ij})C_j = 0 \quad (i = 1, 2, \cdots, n) \tag{3.16}$$

が得られる．式 (3.16) が意味のある解を持つためには，つぎの永年行列式がゼロでなければならない．

$$\det|H_{ij} - \varepsilon S_{ij}| = 0 \tag{3.17}$$

すなわち，

$$\begin{vmatrix} \alpha_1 - \varepsilon & \beta_{12} - \varepsilon S_{12} & \cdots\cdots & \beta_{1n} - \varepsilon_{1n} \\ \beta_{21} - \varepsilon S_{21} & \alpha_2 - \varepsilon & \cdots\cdots & \beta_{2n} - \varepsilon S_{2n} \\ \cdot & \cdot & \cdots\cdots & \cdot \\ \cdot & \cdot & \cdots\cdots & \cdot \\ \cdot & \cdot & \cdots\cdots & \cdot \\ \beta_{n1} - \varepsilon S_{n1} & \beta_{n2} - \varepsilon S_{n2} & \cdots\cdots & \alpha_n - \varepsilon \end{vmatrix} = 0 \tag{3.18}$$

この行列式を解いて ε の n 個の値 $\{\varepsilon_i\}$ $(i=1, 2, \cdots, n)$ を得る．それぞれの ε_i について，式 (3.16) および規格化条件 (3.9) を用いて連立方程式を解いて，係数の集合 $\{C_i\}$ の要素をすべて決定し，対応する n 個の分子軌道関数 $\phi = \sum_{i=1}^{n} C_i \chi_i$ を求める．以上の手続きで，分子軌道のエネルギー ε_i と係数 C_i がすべて決まる．

3.2 重なり積分・クーロン積分・共鳴積分の意味

3.2.1 重なり積分

重なり積分は $S_{ij} = \int \chi_i \chi_j d\tau$ で定義され（式 (3.11))，2 つの原子軌道 χ_i と χ_j が一定の距離を隔てて重なるときの重なりの程度を表す量である．重なりの種類には σ 型，π 型，δ 型の 3 つのタイプがある（図 3.1)．p 軌道は本来は 2 連球の形であるが，s 軌道と区別するために下図に示す杵のような細長い形で描く．本書では，原子軌道を描くに際して，黒をプラスの位相，白をマイナスの位相と約束する．

p軌道の形と位相の約束

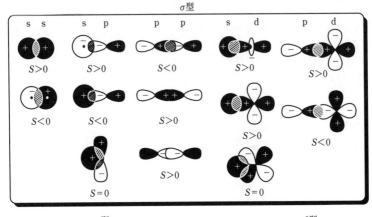

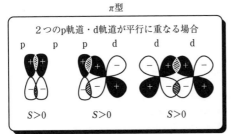

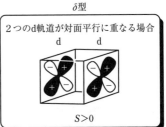

図3.1 種々の重なり積分の型

重なり積分 S の特徴をまとめてみよう（図3.1）.

① 重なり積分 S の符号は2つの原子軌道（AO）の積になるので，位相が同じ符号の2つのAOのローブ（lobe; 軌道の膨らみ）の重なり積分 S の符号は正（＋）になる．異符号の位相の2つのAOのローブが重なるとき，重なり積分は負（－）になる．

② σ型の重なりは，s軌道やp軌道またはd軌道が1ヵ所で重なるモードである．通常のσ結合に見られる重なりである．

③ π型の重なりは，p軌道やd軌道が並列に並んで2ヵ所で重なるモードである．π型の重なりはアルケンのπ結合（p-p重なり），遷移金属錯

体の金属と配位子間の π 結合（d-p 重なり）などに見られる．
④ δ 型は 2 つの d 軌道が対面型に 4 ヵ所で π 型重なりを生じるモードである．δ 型は 2 核金属錯体，金属錯体ポリマーなどの比較的弱い結合（d-d 重なり）に見られる重なりである．
⑤ 大きさは一般に，σ 型＞π 型＞δ 型の順に小さくなる．
⑥ 重なり積分 S は原子軌道の種類と結合距離によって異なる値を持つが，多くの場合，通常の結合距離（1.0～2.5 Å）において ±0.3 程度の大きさを持つ．

MO の組み立て相関図によく使われる拡張ヒュッケル法（extended Hückel MO method; EHMO 法）で使われるスレーター軌道（第 6 章）を用いて計算した水素および炭素の軌道の重なり積分の例を，図 3.2 と図 3.3 に示す．図 3.2 は一方の水素原子の 1s 軌道を原点に固定し，もう 1 つの水素原子の 1s 軌道が x 軸上を 4 Å の距離から接近してくるときの重なり積分 S の変化である．曲線は逆シグモイド曲線を描き，4 Å の距離で，ほとんどゼロの値から単調増加し，最後に 2 つの 1s 軌道が一致したところで値が 1 になる．水素分子の結合距離 0.7414 Å における S は 0.636 であり，この値は共有結合としては例外的に大きな値である．

図 3.3 は 2 個の炭素（1 つの炭素を原点に固定）の外殻原子軌道（2s, 2p$_x$,

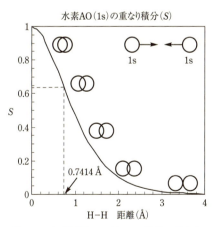

図 3.2 水素原子の 2 個の 1s 軌道の重なり積分の距離依存性

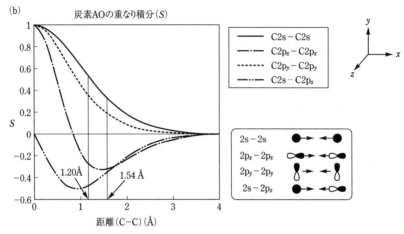

図 3.3 炭素のスレーター軌道の重なり積分の距離依存性

$2p_y, 2p_z$)が 4 Å の距離から x 軸上を接近してくるときの重なり積分 S の変化を示す.

重なり積分 S が常にゼロにならない独立の組合せは図 3.3 に示したように,4 つしかない.2s-2s(σ 型),$2p_x$-$2p_x$(σ 型),$2p_y$-$2p_y$(π 型),2s-$2p_x$(σ 型)である.他の組合せ,たとえば 2s-$2p_y$,2s-$2p_z$,$2p_x$-$2p_y$,$2p_x$-$2p_z$ などは,すべてどの距離でも S がゼロになり軌道相互作用が生じない.重なりがゼロにならない 4 つの組合せのうち,$2p_y$-$2p_y$ の相互作用だけが π 型の重なりである.C–C 結合距離 1.54 Å におけるこれらの 4 つの S の絶対値は,それぞれ 0.340,0.329,0.192,0.365 であり,2s-$2p_x$(σ 型)が最大で(0.365),π 型が最も小さい(0.192).1.34 Å(エチレンの C=C),1.20 Å(アセチレンの C≡C)の π 型重なり積分 S の値は,それぞれ 0.270,0.338 であり,結合が短くなると,かなり σ 型の S の値に近くなる.C–C 結合距離の範囲(1.20〜1.54 Å)において,炭素の重なり積分の絶対値は必ずしも最大値をとっていないことに注意しよう.化学結合の形成において,重なり積分の絶対値は諸々の条件で決まり,必ずしも最大になっていないことがわかる.

定性的 MO 法を利用する際に,重なり積分の重なりパターンと変化の様子に関する知識は重要なので,これら 4 つのケースについて図 3.3 の重なり積分 S の曲線変化の様子を確認しておこう.

① 2s-2s(σ 型)(実線で示す):水素の 1s 軌道の場合と同様,常に正の値

をとり，逆シグモイド型曲線を描く．2 Å 付近で 0.2 となり，単調増加して最後に 1 に落ち着く．

2s-2s $S=0$ $S>0$ $S\to 1$

② $2p_x$-$2p_x$（σ型）（一点鎖線で示す）：はじめのうちは負の値を示すが，1.4 Å 付近で極小点を生じ（$S=-0.331$），ゼロを経て正の値になり最終的に 1 に落ち着く．

$2p_x$-$2p_x$ $S=0$ $S<0$ $S\to 1$

③ $2p_y$-$2p_y$（π型）（点線で示す）：2s-2s（σ型）と同様正の逆シグモイド曲線を描く．

$2p_y$-$2p_y$ $S=0$ $S>0$ $S\to 1$

④ 2s-$2p_x$（σ型）（二点鎖線で示す）：常に負の値を示し，途中 0.9 Å 付近で極小点を生じ（$S=-0.504$），最後に 2 つの軌道が一致したところでゼロになる．

2s-$2p_x$ $S=0$ $S<0$ $S\to 0$

図 3.4 に窒素，酸素，ケイ素，イオウの各原子軌道の重なり積分の距離依存性を示す．炭素の場合（図 3.3）と同様に，N–N（1.449 Å），O–O（1.475 Å），Si–Si（2.33 Å），S–S（2.07 Å）結合距離において，重なり積分の絶対値は必ずしも最大値を取っていないことに注目しよう．化学結合の形成において，重なり積分は諸々の条件で必ずしも後に述べる最大重なり積分の原理を実現していない．N–N，O–O 結合は弱いが，重なり積分の値も 0.2〜0.3 の範囲でかなり小さい．これに対して，ケイ素 Si–Si とイオウ S–S の場合は，原子軌道の広がりが大きいので曲線が右方向に膨れ上がったような形になり，結合距離付近では 0.2〜0.4 の値の範囲の重なり積分をもつ．

3.2.2 共鳴積分（β_{ij}）

共鳴積分（resonance integral; β_{ij}）は交換積分（exchange integral）とも呼ばれる．β_{ij} は 2 つの軌道関数の重なり領域における電子の量に関係し，化学

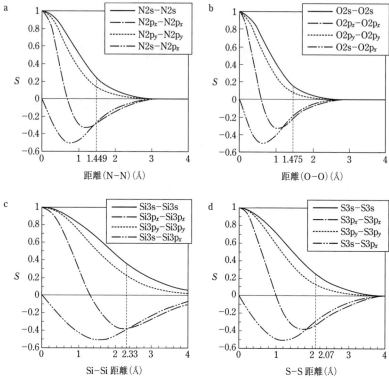

図 3.4 窒素 (a), 酸素 (b), ケイ素 (c), 硫黄 (d) の外殻原子軌道の重なり積分の距離依存性

結合の強さの指標となる重要なパラメータである. 通常, 負の値をとり, しばしば Wolfsburg-Helmholz の近似式 (3.19) で評価される.

$$\beta_{ij} = \frac{1}{2} K S_{ij} (\alpha_i + \alpha_j) \quad (K=1.75) \tag{3.19}$$

この式の証明は次のようである.

$$\beta_{ij} = \int \chi_i H \chi_j \mathrm{d}\tau = \int \chi_i \alpha_j^0 \chi_j \mathrm{d}\tau = \alpha_j^0 \int \chi_i \chi_j \mathrm{d}\tau \cong \alpha_j S_{ij} \tag{3.20a}$$

$$\beta_{ji} = \int \chi_j H \chi_i \mathrm{d}\tau = \int \chi_j \alpha_i^0 \chi_i \mathrm{d}\tau = \alpha_i^0 \int \chi_j \chi_i \mathrm{d}\tau \cong \alpha_i S_{ji} \tag{3.20b}$$

$$(\because H\chi_j = \alpha_j^0 \chi_j \,; \alpha_j^0 \cong \alpha_j \,; \alpha_i^0 \cong \alpha_i)$$

上記 2 式（β_{ij} と β_{ji} の式）は近似式なので，正の比例定数 K を導入して，$\beta_{ij} \cong K\alpha_i S_{ij}$ および $\beta_{ji} \cong K\alpha_j S_{ij}$ として，$\beta_{ij}=\beta_{ji}$ および $S_{ij}=S_{ji}$ を考慮して足し合わせると，

$$\beta_{ij}+\beta_{ji}=2\beta_{ij}=K\alpha_i S_{ij}+K\alpha_j S_{ji}=KS_{ij}(\alpha_i+\alpha_j)$$

$$\therefore \ \beta_{ij}=\frac{1}{2}KS_{ij}(\alpha_i+\alpha_j) \quad (K=1.75) \tag{3.19}$$

Wolfsburg-Helmholz の近似式（3.19）によると，共鳴積分 β は重なり積分 S とクーロン積分 $\alpha_i \alpha_j$ の平均値に比例する．その比例定数は経験的に $K=1.75$ とされている．共鳴積分 β_{ij} は重なり積分 S_{ij} が大きいほど，また関与する 2 つの軌道の準位（α_i, α_j）が低いほど，その絶対値が大きくなり軌道間相互作用が強くなる．式（3.19）は共鳴積分 β とクーロン積分 α を近似的に結び付ける重要な式である．

したがって，重なり積分とクーロン積分（次節）がわかれば，Wolfsberg-Helmholz の式によって共鳴積分 β_{ij} の近似値が計算できる．

水素分子の共鳴積分とエチレンの π 結合の共鳴積分を求めてみよう．

水素原子の 1s 軌道のクーロン積分 $\alpha_{H1s}=-13.6$ (eV)，重なり積分 $S(1s, 1s)=0.636$，エチレンの π 結合の共鳴積分は，$S(\text{C-2p, C-2p})=0.270$，$\alpha_{\text{C-2p}}=-11.42$ eV として Wolfsburg-Helmholz の近似式（3.19）を使うと，

$$\beta_H (\text{水素分子の共鳴積分})=(1/2)\times 1.75 \times 0.636 \times [(-13.6)+(-13.6)]$$
$$=-15.14 \ (\text{eV})$$

$$\beta_\pi (\text{エチレンの共鳴積分})=(1/2)\times 1.75 \times 0.270 \times [(-11.42)+(-11.42)]$$
$$=-5.39 \ (\text{eV})$$

となり，強い結合をもつ水素分子（436 kJ mol^{-1}）の共鳴積分の絶対値（15.14 eV）は，エチレンの π 結合（298 kJ mol^{-1}）のそれ（5.39 eV）に比べてかなり大きいことがわかる．水素分子の結合が強い原因は，重なり積分 S の大きさだけでなく，クーロン積分（軌道準位に近似的に等しい）の大きさも効いている．**共鳴積分は化学結合の強さを示す重要な指標である．**

3.2.3 クーロン積分 α_i の評価

$\alpha_i=\int \Phi_i H \Phi_i d\tau$ で定義されるクーロン積分（Coulombic integral）は原子軌道 Φ_i を含む原子への電子の集まりやすさを示し，対応する原子軌道のエネルギー準位に近似的に等しい．この積分は負の値を持ち，その絶対値が大きいほ

ど，その原子に電子が集まりやすい．これは電気陰性度の大きな原子ほど電子が流れ込みやすいことに対応している．すなわち，$\alpha_i = -I_i$（電子のイオン化エネルギー）と考えて，表3.1のイオン化エネルギーの実験値を用いることができる．

表3.1　クーロン積分 α の値

原子	軌道	α (eV)	軌道	α (eV)	原子	軌道	α (eV)	軌道	α (eV)
H	1s	−13.6			F	2s	−40.0	2p	−18.0
Li	2s	−5.34			Si	3s	−17.3	3p	−9.2
C	2s	−21.43	2p	−11.42	P	3s	−18.6	3p	−14.0
N	2s	−26.0	2p	−13.4	S	3s	−20.0	3p	−13.3
O	2s	−32.3	2p	−14.8	Cl	3s	−30.0	3p	−15.0

これらのクーロン積分の値はHoffmannが拡張ヒュッケル法（第6章）に用いた値であり，第2章で議論した軌道エネルギー準位や第一イオン化エネルギーの値とは少し異なっている．本書で使った拡張ヒュッケル法の計算結果は，この表のクーロン積分を使った．

以上が定性的MO法の理論の骨子である．

3.3　分子軌道の呼称と特徴

定性的分子軌道計算で算出される分子軌道（MO）の数は，分子を構成する原子の原子軌道（AO）の総数に等しい．計算で出てきたMOは，さまざまな特徴を持つ．その特徴と名称をまとめておこう．

3.3.1　MOの一般的特徴

分子軌道計算で算出されるMOは次のような特徴を持つ．

① どのMOも分子全体に広がる傾向がある．
　電子はどんな準位のMOに入ってもなるべく分子全体に非局在化しようとする．電子のこのような非局在化傾向によって，軌道相互作用が可能な限り，MOは分子全体に広がろうとする．

② 出来上がったMOは内殻MOと外殻MOに分離している．軌道相互作用はほとんど外殻AOで起こり，外殻MOが出来る．一方，内殻原子軌道（AO）は軌道相互作用にほとんど関与しない．したがって近似的には，

外殻 AO の相互作用だけを考えればよい．
③ 出来上がった **MO は準位別に分離されて出てくる**．MO のこの性質は重要である．なぜなら表面 MO と内面 MO が分離して算出されるからである． MO 法は，フロンティア軌道理論に代表されるように，**表面 MO の情報を抽出して議論できる貴重な方法論である**．化学現象は主として分子表面の MO の相互作用で起こるので，MO 法の際立った有用性がここにある．

3.3.2 MO の呼称とフロンティア軌道

炭化水素（C_nH_{2n+2}）を例に MO の成り立ちを追ってみよう（図 3.5）．H の電子配置は $(1s)^1$，C は $(1s)^2(2s)^2(2p_x2p_y2p_z)^2$ なので，この炭化水素の AO 数は，水素が $(2n+2)$ 個，炭素が $5n$ 個で合計で $(7n+2)$ 個となる．これらの一次結合をとり，MO の解を求めると，$(7n+2)$ 個の MO が出来る．これらは 3 種類のバンドに分かれる．

① 1 つは炭素の 1s 軌道間相互作用で出来る n 個の被占軌道（occupied (filled) orbital）の MO からなる低準位バンド（-300 eV 付近；**内殻分子軌道**）．
② もう 1 つは水素の 1s と炭素の外殻 AO（2s, 2p）との相互作用の結果出来上がる $(3n+1)$ 個の被占軌道の MO からなる高準位バンド（$-30\sim-10$ eV）である（**外殻分子軌道**）．
③ 第 3 バンドは**空軌道**（vacant (unoccupied) orbital）の集合である．空軌道とは，電子が入っていない空の MO である．

被占軌道とは電子が 2 個占有されている MO である．電子数は全部で $(8n+2)$ 個なので各被占軌道に 2 個ずつ電子が入るとして，被占軌道の数は $(4n+1)$ 個であり，空軌道の数は $(3n+1)$ 個となる．

1 個の分子について，エネルギーが最も高い被占軌道（highest occupied molecular orbital; HOMO と略称する）と，エネルギーが最も低い空軌道（lowest unoccupied molecular orbital; LUMO と略称する）が，1 個ずつある．この 2 つを**フロンティア軌道**（frontier orbital; しばしば略して FMO）と呼ぶ．HOMO の 1 つ下の準位の MO はしばしば n-HOMO（ネクスト HOMO）と呼ばれる．n-HOMO を含め，HOMO より下のエネルギー準位の被占軌道をまと

48　第3章　定性的分子軌道法

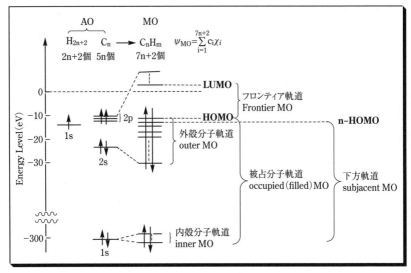

図3.5　MOの呼称

めて下方軌道（subjacent MO）と呼ぶ．

参考文献

重なり積分
- "*Formulas and Numerical Tables for Overlap Integrals*", R. S. Mulliken, C. A. Rieke, D. Orloff, H. Orloff, *J. Chem. Phys.*, **1949**, *17*, 1248-1267.

Wolfsberg-Helmholzの式
- "*The Spectra and Electronic Structure of the Tetrahedral Ions MnO_4^-, CrO_4^-, and ClO_4^-*", M. Wolfsberg, L. Helmholz, *J. Chem. Phys.*, **1952**, *20*, 837-843.
- "*Counterintuitive Orbital Mixing in Semiempirical and ab initio Molecular Orbital Calculations*", J. H. Ammeter, H.-B. Burgl, J. C. Thibeault, and R. Hoffmann, *J. Am. Chem. Soc.*, **1978**, *100*, 3686-3692.

量子化学
- 『量子化学』上下 第3版，米澤貞次郎・永田親義・加藤博史・今村詮・諸熊奎治共著，化学同人（1983）
- 『量子化学』上下，原田義也，裳華房（2007）

分子軌道法
- 『入門分子軌道法』，藤永茂，講談社サイエンティフィク（1990）
- 『分子軌道法』，藤永茂，岩波書店（1980）

第4章 軌道相互作用の原理

　原子から分子が形成されるとき，複数の原子軌道（AO）が分子構造に対応する幾何学配置をとって集合する．集合系の中でAOの相互作用が生まれ，分子軌道（MO）が形成される．AOの相互作用のパターンは分子の対称性（3次元構造，原子の幾何学配置）によって変わってくる．この章では，AOが集合系内部でどのような変形を受けて新しい分子軌道に生まれ変わるか，そのルール（軌道相互作用の原理）を詳しく見ていく．本章で述べる軌道相互作用の原理はMO組立ての基礎となる重要な技法である．**軌道相互作用の原理については，多くの解説書で，重なり積分を無視して議論しているが，このような議論では化学現象の本質は見えてこない**．以下の議論は少し複雑になるが，重なり積分を含めた議論を展開した．数式が多数出てくるが，数式の"いかめしさ"に惑わされず，論理の流れをつかんで欲しい．本章は定性的分子軌道法の「かなめ」となる大切な基礎知識である．

4.1 軌道相互作用の2つの機構

　原子（分子）Aと原子（分子）Bが接近して相互作用するとき，集合系に含まれるそれぞれの軌道（原子軌道（AO）または分子軌道（MO））はどのような変形を受けるだろうか．この軌道の変形は，他の軌道の混合（相互作用）によって，わずかな軌道の形の変形とエネルギー変化を伴い，これらのわずかな変化は摂動（perturbation）とも呼ばれる．

　図4.1にAとBが相互作用している様子を示す．それぞれの原子（分子）の複数のAOが相互作用するので話は複雑になり，モデル化が必要になる．以下の議論では原子を分子と読み替えてもよい．

　原子Aのi番目の軌道Ψ_i^0に着目して，この軌道（Ψ_i^0）が他の軌道との相互作用によってどのような変形を受けるかを考えてみよう．Ψ_i^0の上付き添え字のゼロ（0）は，分子Bの接近による摂動を受けていないときの軌道である

50　第 4 章　軌道相互作用の原理

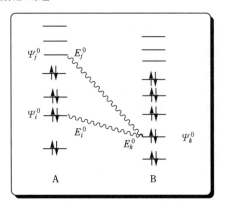

図 4.1　原子（分子）A と原子（分子）B の間の軌道相互作用

ことを示す．そのときの Ψ_i^0 のエネルギーを E_i^0 とする．相互作用する相手の原子 B の軌道の 1 つを Ψ_k^0 とする．原子 A の軌道 Ψ_i^0 と異なる原子 A の軌道を Ψ_j^0 とする．Ψ_j^0 は Ψ_i^0 の兄弟軌道（brother orbital; 原子 A の原子内軌道）であるから，互いに直交している．

　原子 A の Ψ_i^0 による摂動後（相互作用後）の波動関数 Ψ_i は式 (4.1) で表される．この式で，原子 A の兄弟軌道による原子内混合（変形）が第 2 項であり，原子 B による原子間混合（変形）が第 3 項である．c は混合の程度を示す係数（混合係数; mixing coefficient）であり，同位相混合では正の値，逆位相混合では負の値になる．

$$\Psi_i = \Psi_i^0 + \sum_{j \neq i}^{A} c_{ji} \Psi_j^0 + \sum_{k \neq i}^{B} c_{ki} \Psi_k^0 \tag{4.1}$$

　図 4.2(a) に示すように，第 3 項 $\sum_{k \neq i}^{B} c_{ki} \Psi_k^0$ の原子間相互作用による Ψ_i^0 の変形は，1 対 1 軌道相互作用をモデルとして考察することができる．

　それに対して，第 2 項 $\sum_{j \neq i}^{A} c_{ji} \Psi_j^0$ の原子内相互作用による Ψ_i^0 の変形は少し複雑である．この項は，同じ原子 A の中の軌道 Ψ_j^0 が Ψ_i^0 に混合して Ψ_i^0 が変形する場合に対応する項である．この場合，Ψ_j^0 は Ψ_i^0 と直交しているので直接混合することができない．そこで，図 4.2(b) に 2 対 1 軌道相互作用として示すように，相互作用の相手の原子 B の軌道 Ψ_k^0 を通じて Ψ_j^0 が Ψ_i^0 に混合することができる．すなわち，原子 A と B の相互作用において，Ψ_k^0 が，Ψ_j^0 の Ψ_k^0 への混合による変形を受けながら，Ψ_i^0 に混合してくるので，Ψ_j^0 と Ψ_i^0 は

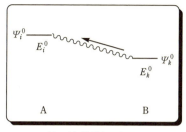
(a) 1対1軌道相互作用

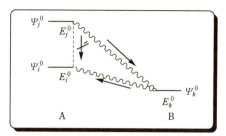
(b) 2対1軌道相互作用

図 4.2　軌道相互作用の2つのモデル

直交していても，互いに原子Bの軌道 Ψ_k^0 を通じて混合しあうことができる．大切なところなので，もう一度繰り返そう．原子Aの Ψ_j^0 は Ψ_i^0 に直接混合できないが，原子Bの軌道 Ψ_k^0 と相互作用しながら Ψ_i^0 の形に影響を与えるのである．このタイプの軌道相互作用を **2対1軌道相互作用** と呼ぶ．

以上の2種類の軌道相互作用モデルについて，どのような基本原理が潜んでいるか検討してみよう．

4.2　1対1軌道相互作用の原理

定性的MO法の技法として，もっとも基本的であり重要なのが，1対1軌道相互作用の原理である．2個の原子軌道（AO）が近づいて集合体を形成するときの，各原子軌道のエネルギー準位と関数形の変形（すなわち原子軌道が分子軌道に生まれ変わるときの軌道の変形）に関する重要な原理である．

2個の原子軌道 χ_1 と χ_2 が，一定の距離を隔てて相互作用しているものとする．χ_1 と χ_2 のクーロン積分をそれぞれ α_1 および α_2 とし，$\alpha_1 \leq \alpha_2$ （すなわち，近似的に χ_1 のエネルギー準位は χ_2 のそれより低いか等しい）と仮定する．相互作用している2個の原子軌道 χ_1 と χ_2 の重なり積分を S（$S>0$ と仮定する；$S \leq 1$），共鳴積分を β とする．相互作用系の波動関数 Ψ（分子軌道）は，分子軌道法の仮定に従って，C_1, C_2 を係数として，χ_1 と χ_2 の1次結合（(4.2)式）で近似する．

$$\Psi = C_1 \chi_1 + C_2 \chi_2 \tag{4.2}$$

Ψ のエネルギーの期待値 ε は，

$$\varepsilon = \frac{\int \Psi^* H \Psi \mathrm{d}\tau}{\int \Psi^* \Psi \mathrm{d}\tau} = \frac{C_1^2 \int \chi_1 H \chi_1 \mathrm{d}\tau + 2C_1 C_2 \int \chi_1 H \chi_2 \mathrm{d}\tau + C_2^2 \int \chi_2 H \chi_2 \mathrm{d}\tau}{C_1^2 \int \chi_1 \chi_1 \mathrm{d}\tau + 2C_1 C_2 \int \chi_1 \chi_2 \mathrm{d}\tau + C_2^2 \int \chi_2 \chi_2 \mathrm{d}\tau}$$

$$= \frac{C_1^2 \alpha_1 + 2C_1 C_2 \beta + C_2^2 \alpha_2}{C_1^2 + 2C_1 C_2 S + C_2^2} \tag{4.3}$$

$$\therefore \varepsilon(C_1^2 + 2C_1 C_2 S + C_2^2) = C_1^2 \alpha_1 + 2C_1 C_2 \beta + C_2^2 \alpha_2 \tag{4.4}$$

ただし,$S = \int \chi_1 \chi_2 \mathrm{d}\tau = \int \chi_2 \chi_1 \mathrm{d}\tau$

$\alpha_i = \int \chi_i H \chi_i \mathrm{d}\tau$(クーロン積分;$i = 1, 2$)

$\beta_{12} = \int \chi_1 H \chi_2 \mathrm{d}\tau = \int \chi_2 H \chi_1 \mathrm{d}\tau = \beta_{21} = \beta$(共鳴積分)

ε を C_1,C_2 の変化(偏微分)に対して最小(極小)にする条件は,

$\frac{\partial \varepsilon}{\partial C_1} = 0$ → (C_2 を一定とみなして両辺を C_1 で微分して $\frac{\partial \varepsilon}{\partial C_1} = 0$ とおく)

$$\varepsilon \left(\frac{\partial (C_1^2 + 2C_1 C_2 S + C_2^2)}{\partial C_1} \right) = \frac{\partial (C_1^2 \alpha_1 + 2C_1 C_2 \beta + C_2^2 \alpha_2)}{\partial C_1} \tag{4.5}$$

これより,$\varepsilon(2C_1 + 2C_2 S) = 2C_1 \alpha_1 + 2C_2 \beta$

$$\therefore (\alpha_1 - \varepsilon)C_1 + (\beta - S\varepsilon)C_2 = 0 \tag{4.6}$$

同様に $\frac{\partial \varepsilon}{\partial C_2} = 0$ として,$\varepsilon(2C_2 + 2C_1 S) = 2C_1 \beta + 2C_2 \alpha_2$

$$\therefore (\beta - S\varepsilon)C_1 + (\alpha_2 - \varepsilon)C_2 = 0 \tag{4.7}$$

この 2 つの連立方程式((4.6),(4.7))が意味のある C_1,C_2 の解をもつためには,永年行列式=0,すなわち,

$$\begin{vmatrix} \alpha_1 - \varepsilon & \beta - S\varepsilon \\ \beta - S\varepsilon & \alpha_2 - \varepsilon \end{vmatrix} = 0 \tag{4.8}$$

これより,ε に関する次の 2 次方程式を得る.

$$(\alpha_1 - \varepsilon)(\alpha_2 - \varepsilon) - (\beta - S\varepsilon)^2 = 0 \tag{4.9}$$

この式を ε の 2 次式の形に書き換えると,

$$(1 - S^2)\varepsilon^2 - (\alpha_1 + \alpha_2 - 2S\beta)\varepsilon + (\alpha_1 \alpha_2 - \beta^2) = 0 \tag{4.10}$$

ε を求めるに際して,縮重がある場合とない場合に分けてその解を求めてみよう.

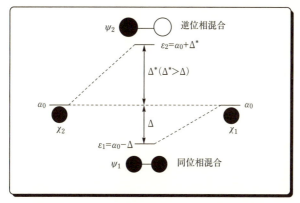

図 4.3 縮重系の軌道相互作用（2つの s 軌道の場合）

4.2.1 縮重がある場合（$\alpha_1=\alpha_2=\alpha_0$）（図 4.3）
A. 縮重系のエネルギー変化則

2次方程式（4.9）で $\alpha_1=\alpha_2=\alpha_0$ として，$(\alpha_0-\varepsilon)^2-(\beta-S\varepsilon)^2=0$ を得る．その解を ε_2 および ε_1（$\varepsilon_1\leqq\varepsilon_2$）とすると，

$$\varepsilon_1=\frac{(\alpha_0+\beta)}{1+S}=\alpha_0-\frac{S\alpha_0-\beta}{1+S}=\alpha_0-\Delta \tag{4.11}$$

$$\varepsilon_2=\frac{(\alpha_0+\beta)}{1-S}=\alpha_0-\frac{S\alpha_0-\beta}{1-S}=\alpha_0+\Delta^* \tag{4.12}$$

ただし，

$$\Delta=\alpha_0-\varepsilon_1=\frac{S\alpha_0-\beta}{1+S} \tag{4.13}$$

$$\Delta^*=\varepsilon_2-\alpha_0=\frac{S\alpha_0-\beta}{1-S}>0 \tag{4.14}$$

図 4.3 に，2個のエネルギー的に縮重した s 軌道の相互作用図を例として示した．式（4.11）〜（4.14）に示すように，α_0 からの安定化量および不安定化量が，それぞれ Δ および Δ^* となる．2個の原子軌道間の軌道相互作用においては共有結合距離付近では $\beta<S\alpha_0$ であるから（証明は式（4.16）参照），一般に，つぎのような関係が成立する．

　(a) 安定化量 Δ は不安定化量 Δ^* より小さい．

$$\Delta^* - \Delta = \frac{2S(S\alpha_0 - \beta)}{1 - S^2} > 0 \quad (\because \beta - S\alpha_0 < 0,\ 仮定より S > 0) \quad (4.15)$$

すなわち,重なり積分 S がゼロでないため,安定化量 Δ と不安定化量 Δ^* は等しくならず,不安定化量 Δ^* のほうが安定化量 Δ より大きくなる.重なり積分 S をゼロとすると,$\Delta = \Delta^*$ となり,安定化量と不安定化量は等しくなる.したがって,不安定化量が大きくなる原因は重なり積分がゼロでないことである.

(b) **相互作用系の安定化条件**,すなわち安定化量 Δ が増大するための条件は重なり積分 S が増大することである.一般に結合距離付近では,K を正の定数($K=1.75$)とすると,$\beta \fallingdotseq KS\alpha_0$ という近似関係が成立することが知られているので(第3章,式 (3.20) 参照),

$$S\alpha_0 - \beta \fallingdotseq S\alpha_0 - KS\alpha_0 = -0.75 S\alpha_0 > 0 \quad (\because \alpha_0 < 0,\ S > 0) \quad (4.16)$$

となる.これを式 (4.13) に代入すると,$\Delta \cong -0.75\alpha_0 / \{1/S + 1\}$ となるので,S が正で大きくなれば,安定化量 Δ が大きくなる.これを,「**最大重なりの原理**」とよぶ.

B. 縮重系の軌道混合則

次に,2つのエネルギー状態 ε_1 と ε_2 に対応する,波動関数 Ψ_1 と Ψ_2 の係数(C_1 と C_2)を求めてみよう.

(4.6) 式に (4.11) 式の ε_1 の値を代入して,

$$\frac{(C_1 - C_2)(\beta - \alpha_0 S)}{1 + S} = 0 \quad より \quad C_1 = C_2 \quad (4.17)$$

ここで,$\Psi = C_1\chi_1 + C_2\chi_2$ に対して $C_1 = C_2$ として規格化条件(波動関数の2乗を空間積分すると1になる条件)を適用すると,

$$\int \Psi^* \Psi d\tau = C_1^2 \left(\int \chi_1^2 d\tau + 2\int \chi_1 \chi_2 d\tau + \int \chi_2^2 d\tau \right) = 2C_1^2(1+S) = 1$$

これより $C_1 = C_2 = \dfrac{\pm 1}{\sqrt{2(1+S)}}$ を得る.

正負どちらを採用しても波動関数 Ψ は同じ状態を表すので,正の値を採用して,エネルギー準位 ε_1 に対応する波動関数 Ψ_1 は,

$$\Psi_1 = \frac{1}{\sqrt{2(1+S)}}(\chi_1 + \chi_2) \quad (\textbf{結合性分子軌道};\ \text{bonding MO}) \quad (4.18)$$

図 4.4(左)に示すように,この分子軌道 Ψ_1 では2つの係数が同符号なので χ_1 と χ_2 が重なった領域(相互作用領域=**結合領域**; bonding region)に電子

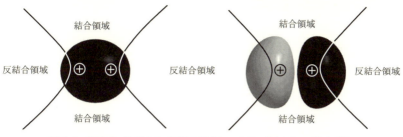

図 4.4 縮重系（2個の 1s 軌道の場合）の MO（図 4.3 の Ψ_1 と Ψ_2）
⊕ は原子核．

が見出される確率が高い（**同位相混合**）．このような性質を持つ軌道を**結合性分子軌道**（bonding MO）とよぶ．結合領域と反結合領域の境界は双曲線となる．

同様に，ε_2 に対して (4.9) 式に (4.12) 式の ε_2 の値を代入して，規格化条件を適用して係数を求めると，

$$\frac{(C_1+C_2)(\beta-\alpha_0 S)}{1-S}=0 \quad \text{より} \quad C_1=-C_2 \tag{4.19}$$

ここで，$\Psi=C_1\chi_1+C_2\chi_2$ に対して $C_1=-C_2$ として規格化条件を適用すると，

$$\int \Psi^* \Psi d\tau = C_1^2 \left(\int \chi_1^2 d\tau - 2\int \chi_1\chi_2 d\tau + \int \chi_2^2 d\tau \right) = 2C_1^2(1-S)=1$$

これより $C_1=\dfrac{\pm 1}{\sqrt{2(1-S)}}$ を得る．正の値だけを採用して，エネルギー準位 ε_2 に対応する波動関数 Ψ_2 は，

$$\Psi_2=\frac{1}{\sqrt{2(1-S)}}(\chi_1-\chi_2) \quad (\textbf{反結合性分子軌道}; \text{antibonding MO}) \tag{4.20}$$

図 4.4（右）に示すように，この分子軌道 Ψ_2 では 2 つの係数が異符号なので χ_1 と χ_2 の重なり積分 S が負になり，結合領域（相互作用領域）の外側（**反結合領域**; antibonding region）に電子が見出される確率が高い（**逆位相混合**）．このような性質を持つ軌道を**反結合性分子軌道**（antibonding MO）とよぶ．

4.2.2 縮重がない場合（$\alpha_1 \neq \alpha_2$）（図 4.5）
A. 非縮重系のエネルギー変化則

2 つの軌道間にエネルギー準位の差がある場合，式 (4.10) より，

$$(1-S^2)\varepsilon^2-(\alpha_1+\alpha_2-2S\beta)\varepsilon+\alpha_1\alpha_2-\beta^2=0 \tag{4.21}$$

$a=(1-S^2), \quad b=-(\alpha_1+\alpha_2-2S\beta), \quad c=\alpha_1\alpha_2-\beta^2$

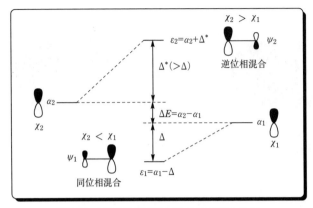

図 4.5 1 対 1 軌道相互作用（非縮重系の場合）

として ε を未知数とする 2 次方程式（4.21）を解くと，

$$\varepsilon = \frac{-b \pm \sqrt{D}}{2a}$$

ここで，$D = b^2 - 4ac = (\alpha_1 + \alpha_2 - 2S\beta)^2 - 4(1-S^2)(\alpha_1\alpha_2 - \beta^2)$
$= (\alpha_1 - \alpha_2)^2 + 4(\beta - \alpha_1 S)(\beta - \alpha_2 S)$

$\alpha_1 < \alpha_2$ を考慮して，近似式，$\sqrt{1+u} \cong 1 + \frac{1}{2}u$ を用いると，

$$\sqrt{D} = -(\alpha_1 - \alpha_2)\sqrt{1 + \frac{4(\beta - \alpha_1 S)(\beta - \alpha_2 S)}{(\alpha_1 - \alpha_2)^2}}$$
$$\cong -(\alpha_1 - \alpha_2)\left[1 + \frac{2(\beta - \alpha_1 S)(\beta - \alpha_2 S)}{(\alpha_1 - \alpha_2)^2}\right] \tag{4.22}$$

2 次方程式の 2 根を ε_1 および ε_2 とすると（$\varepsilon_1 \leq \varepsilon_2$ と仮定），

$$2a\varepsilon_1 = 2(1-S^2)\varepsilon_1 = -b - \sqrt{D}$$
$$= (\alpha_1 + \alpha_2 - 2S\beta) + (\alpha_1 - \alpha_2)\left[1 + \frac{2(\beta - \alpha_1 S)(\beta - \alpha_2 S)}{(\alpha_1 - \alpha_2)^2}\right]$$
$$= 2\left[\alpha_1(1-S^2) + \frac{(\beta - \alpha_1 S)^2}{(\alpha_1 - \alpha_2)}\right] \tag{4.23}$$

$$\therefore \quad \varepsilon_1 = \alpha_1 - \frac{(\beta - \alpha_1 S)^2}{(\alpha_2 - \alpha_1)(1-S^2)} \tag{4.24}$$

これが，χ_1 が変形を受けて落ち着くエネルギー準位である．

同様にして，χ_2 が変形を受けて落ち着くエネルギー準位は，

4.2 1対1軌道相互作用の原理

$$\varepsilon_2 = \alpha_2 + \frac{(\beta - \alpha_2 S)^2}{(\alpha_2 - \alpha_1)(1 - S^2)} \tag{4.25}$$

ここで,

$$\Delta = \frac{(\beta - \alpha_1 S)^2}{(\alpha_2 - \alpha_1)(1 - S^2)} \tag{4.26}$$

$$\Delta^* = \frac{(\beta - \alpha_2 S)^2}{(\alpha_2 - \alpha_1)(1 - S^2)} \tag{4.27}$$

とおけば,$\Delta > 0$,$\Delta^* > 0$($\because S \leq 1 ; \alpha_2 > \alpha_1$)であり,

$$\varepsilon_1 = \alpha_1 - \Delta \tag{4.28}$$
$$\varepsilon_2 = \alpha_2 + \Delta^* \tag{4.29}$$

と書ける.

これらの式から次のことが明らかである.

(a) 段違い相互作用則

軌道相互作用により,低いエネルギー準位(α_1)はさらに低く(ε_1),高いエネルギー準位(α_2)はさらに高くなる(ε_2).

(b) 不安定化量 Δ^* > 安定化量 Δ

$\alpha_1 < \alpha_2 < 0$ であり,$\beta < 0$ だから,$(\beta - \alpha_1 S)^2 < (\beta - \alpha_2 S)^2$.よって,$\Delta^* > \Delta$ である.すなわち,縮重系の軌道相互作用と同様に,不安定化量 Δ^* のほうが安定化量 Δ より大きい.

(c) 最小エネルギー差の原理

軌道間エネルギー差($\Delta E = \alpha_2 - \alpha_1$)が小さいほど相互作用が大きくなる.2個の軌道が電子を1個ずつ持って相互作用する系(共有結合またはイオン結合)では,ΔE は相互作用の共有結合性を表す指標となると考えられる.ΔE が小さい場合には相互作用が大きくなり共有結合性が大きく,イオン結合性が小さい.逆に,ΔE が大きい場合には相互作用が小さくなり共有結合性が小さく,イオン結合性が大きいと考える(イオン結合は軌道相互作用が不可能な系と考える;イオン結合に関しては第12章,12.2節参照).

(d) 最大重なりの原理

軌道間の重なり(S)が大きいほど,Δ と Δ^* の分母にある $(1-S^2)$ が小さくなり相互作用が大きくなる.

(e) 最大交換積分の原理

Δ と Δ^* の分子になっている $(\beta - \alpha S)^2$ の項は β^2 に比例するので(第3章,

式 (3.19)），交換積分 $\beta(<0)$ の絶対値が大きいほど相互作用は大きい．

B. 非縮重系の軌道混合則

次に，相互作用で出来上がった分子軌道 Ψ_1（エネルギー準位 ε_1 に対応）と Ψ_2（エネルギー準位 ε_2 に対応）の形を考察するために，係数 C_1, C_2 を求めてみよう．

Ψ_1 についてはエネルギー ε_1 の式（4.24）を用いて，$t_1 = \dfrac{\alpha_1 S - \beta}{\alpha_2 - \alpha_1}$ なるパラメータを定義すると，通常の化学結合距離では，$0 < t_1 \ll 1$ である．なぜなら，β に式 (3.19) を用いると，共有結合系では，α_1 と α_2 が大きく違わないので（適当に差がある），

$$\begin{aligned}\beta - \alpha_1 S &= \left(\frac{1}{2}K - 1\right)S\alpha_1 + \frac{1}{2}KS\alpha_2 \\ &= (-0.125\alpha_1 + 0.875\alpha_2)S < 0 \quad (K = 1.75)\end{aligned} \quad (4.30)$$

であり，$S \ll 1$ なので（∵ 通常の化学結合系では，$S \fallingdotseq 0.3 \to S^2 \fallingdotseq 0.1$ 程度），通常の共有結合では，$0 < t_1 \ll 1$ と考えてよい．

式（4.24）より，

$$\varepsilon_1 = \alpha_1 - \frac{(\beta - \alpha_1 S)^2}{(\alpha_1 - \alpha_2)(1 - S^2)} = \alpha_1 + t_1 \times \frac{\beta - \alpha_1 S}{1 - S^2} \cong \alpha_1 + t_1(\beta - \alpha_1 S) \quad (4.31)$$

式（4.6）と（4.28）より，

$$\begin{aligned}\frac{C_2}{C_1} &= -\frac{(\alpha_1 - \varepsilon_1)}{\beta - S\varepsilon_1} = -\frac{-t_1(\beta - \alpha_1 S)}{\beta - S[\alpha_1 + t_1(\beta - \alpha_1 S)]} \\ &= \frac{t_1}{1 - t_1 S} = t_1(1 + t_1 S + \cdots) \cong t_1 < 1\end{aligned} \quad (4.32)$$

∴ $C_2 \cong C_1 t_1$

$$\begin{aligned}\int \Psi^* \Psi d\tau &= C_1^2 \int \chi_1^2 d\tau + 2C_1 C_2 \int \chi_1 \chi_2 d\tau + C_2^2 \int \chi_2^2 d\tau \\ &= C_1^2 + 2C_1^2 t_1 S + C_1^2 t_1^2 = 1\end{aligned} \quad (4.33)$$

$$\therefore C_1 = \sqrt{\frac{1}{1 + 2t_1 S + t_1^2}} \cong 1 - t_1 S - \frac{1}{2}t_1^2 \cong 1$$

$$C_2 = C_1 t_1 = t_1\left(1 - t_1 S - \frac{1}{2}t_1^2\right) \cong t_1 \quad (4.34)$$

すなわち，エネルギー準位 ε_1 に対応する波動関数 Ψ_1 は近似的に，N を規格化定数として，

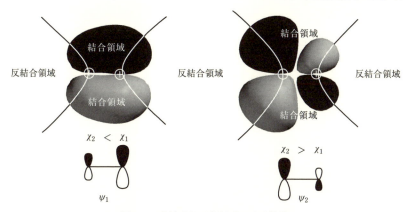

図 4.6 非縮重相互作用系の分子軌道
異なる元素の p 軌道の場合; ＋は原子核.

$$\Psi_1 = \left(1 - t_1 S - \frac{1}{2} t_1^2\right)\chi_1 + t_1 \chi_2 \cong N(\chi_1 + t_1 \chi_2) \tag{4.35}$$

$$\therefore \Psi_1 \cong \frac{1}{\sqrt{1 + 2t_1 S + t_1^2}} (\chi_1 + t_1 \chi_2) \tag{4.36}$$

と表せる.

すなわち，新たに生じる低いエネルギーレベル ε_1 の分子軌道 Ψ_1 は，もとの低い軌道 χ_1 を主成分にもち，もとの高い軌道 χ_2 を同位相で少し（t_1 分だけ; $0 < t_1 \ll 1$）含んでいる. この分子軌道 Ψ_1 では 2 つの原子軌道が同位相で重なるので，電子の存在確率が高い領域は相互作用領域（2 つの原子軌道に挟まれた領域; 結合領域）となり，χ_2 より χ_1 の周りに存在する確率が高くなる.

エネルギー準位 ε_2 に対応する波動関数 Ψ_2 については，エネルギー ε_2 の式 (4.25) を用いて，$t_2 = \dfrac{\alpha_2 S - \beta}{\alpha_2 - \alpha_1}$ なるパラメーターを定義すると，前記の t_1 と同様に考えていくと，通常の化学結合距離では $|\beta - \alpha_2 S| \ll |\alpha_1 - \alpha_2|$ なので，$0 < t_2 \ll 1$ である.

$$\varepsilon_2 = \alpha_2 - t_2(\beta - \alpha_2 S) \tag{4.37}$$

同様にして，(4.7) 式より，(4.28) 式を使って，

$$\frac{C_1}{C_2} = \frac{(\alpha_2 - \varepsilon_2)}{\beta - S\varepsilon_2} = -\frac{t_2(\beta - \alpha_2 S)}{\beta - S[\alpha_2 - t_2(\beta - \alpha_2 S)]} = \frac{-t_2}{1 + t_2 S} \cong -t_2 < 0 \tag{4.38}$$

$$\therefore C_1 = -t_2 C_2$$

$$\int \Psi^* \Psi d\tau = C_1{}^2 \int \chi_1{}^2 d\tau + 2C_1 C_2 \int \chi_1 \chi_2 d\tau + C_2{}^2 \int \chi_2{}^2 d\tau$$
$$= C_2{}^2 t_2{}^2 - 2C_2{}^2 t_2 S + C_2{}^2 = 1$$

$$\therefore \quad C_2 = \sqrt{\frac{1}{1 - 2t_2 S + t_2{}^2}} \cong 1 + t_2 S - \frac{1}{2} t_2{}^2 \cong 1 \quad C_1 = -C_2 t_2 = -t_2 \quad (4.39)$$

すなわち，エネルギー準位 ε_2 に対応する波動関数 Ψ_2 は近似的に，

$$\Psi_2 \cong N(-t_2 \chi_1 + \chi_2) = \frac{1}{\sqrt{1 - 2t_2 S + t_1{}^2}} (\chi_2 - t_2 \chi_1) \quad (4.40)$$

すなわち，新たに生じる高いエネルギーレベル ε_2 の分子軌道 Ψ_2 はもとの高い軌道 χ_2 を主成分にもち，もとの低い軌道 χ_1 を逆位相（χ_1 の係数がマイナス）で少し（t_2 分だけ；$0 < t_2 \ll 1$）含んでいる．この分子軌道 Ψ_2 では2つの原子軌道が逆位相で重なるので，電子の存在確率が高い領域は反相互作用領域（反結合領域）となり，χ_1 より χ_2 の周りに存在する確率が高くなる．

4.3　1対1軌道相互作用の原理のまとめ

以上の結論はきわめて重要であり，今後の議論に頻繁に使うので，繰り返し

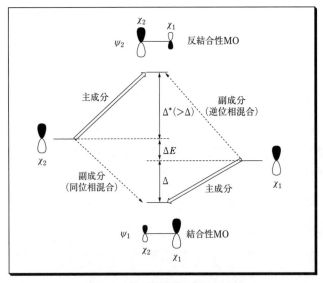

図4.7　1対1軌道相互作用の原理

になるが結論をまとめてみよう．2個の原子軌道の相互作用の結果，集合系の2個の波動関数のエネルギー準位と形が新しく生まれ変わる．図4.7を見ながら結論を確認しておこう．

【1対1軌道相互作用の原理】
(1)　エネルギー準位変化則
(a)　段違い相互作用則
　① 縮重系では1つが安定化し，他方は不安定化する．
$$\varepsilon_1 = \alpha_0 - \frac{S\alpha_0 - \beta}{1+S} \qquad \varepsilon_2 = \alpha_0 + \frac{S\alpha_0 - \beta}{1-S}$$
　② 非縮重系では，低準位の軌道 χ_1 は安定化してより低く，高準位の軌道 χ_2 は不安定化してより高くなって変形する．
$$\varepsilon_1 = \alpha_1 - \frac{(\beta - \alpha_1 S)^2}{(\alpha_2 - \alpha_1)(1 - S^2)} \qquad \varepsilon_2 = \alpha_2 + \frac{(\beta - \alpha_2 S)^2}{(\alpha_2 - \alpha_1)(1 - S^2)}$$
(b)　不安定化エネルギー（Δ^*）は安定化エネルギー（Δ）より常に大きい．
(c)　相互作用が大きくなる条件
　① 最小エネルギー差の原理
　　非縮重系だけに適用される：エネルギー差 $\Delta E(=\alpha_2 - \alpha_1 > 0)$ が小さいほど相互作用が大きい．ΔE は相互作用系のイオン結合性の指標となる（ΔE が大きければイオン結合性大）．
　② 最大重なりの原理
　　軌道同士の重なり積分（S）が大きいほど相互作用が大きい．
　③ 最大共鳴積分の原理
　　共鳴積分 β の絶対値が大きいほど相互作用が大きい．

(2)　軌道混合則（波動関数の形に関する規則）
縮重系
(a)　新たに生じる低準位軌道 Ψ_1 は，もとの低準位軌道 χ_1 に同じ割合で高準位軌道 χ_2 を同位相で取り込んで変形する（結合性MO）．この場合，電子が**相互作用領域（結合領域）**に溜まりエネルギーが安定化する（集合系（結合）が安定に形成される）．
$$\Psi_1 = \frac{1}{\sqrt{2(1+S)}}(\chi_1 + \chi_2)$$
(b)　新たに生じる高準位軌道 Ψ_2 は，もとの高準位軌道 χ_2 に同じ割合で低準位軌道 χ_1 を**逆位相**で少し取り込んで変形する（反結合性MO）．この場

合，電子が結合領域から排除され，**反相互作用領域（反結合領域）に溜まりエネルギーが不安定化する**（結合が解離して集合系が崩壊する）．

$$\Psi_2 = \frac{1}{\sqrt{2(1-S)}}(\chi_1 - \chi_2)$$

非縮重系

(a) 新たに生じる低準位軌道 Ψ_1 は，もとの低準位軌道 χ_1 を主成分に持ち，高準位軌道 χ_2 を**同位相**で少し取り込む（結合性 MO）．この場合，電子が**相互作用領域（結合領域）に溜まりエネルギーが安定化する**（集合系（結合）が安定に形成される）．

$$\Psi_1 = \frac{1}{\sqrt{1+2t_1 S + t_1^2}}(\chi_1 + t_1 \chi_2)$$

(b) 新たに生じる高準位軌道 Ψ_2 は，もとの高準位軌道 χ_2 を主成分に持ち，低準位軌道 χ_1 を**逆位相**で少し取り込む（反結合性 MO）．この場合，電子が結合領域から排除され，**反相互作用領域（反結合領域）に溜まりエネルギーが不安定化する**（結合が解離して集合系が崩壊する）．

$$\Psi_2 = \frac{1}{\sqrt{1-2t_2 S + t_1^2}}(\chi_2 - t_2 \chi_1)$$

4.4 2対1軌道相互作用の原理

4.4.1 相互作用機構

以下の議論も，原子軌道のみならず分子軌道にも適用できる．4.1 節で述べたことの繰り返しになるが，重要なことなのでもう一度説明する．原子 A の 2 個の軌道（Ψ_i^0, Ψ_j^0）と原子 B の 1 個の軌道（Ψ_k^0）との間の 3 個の軌道相互作用を考える．エネルギー準位をそれぞれ，E_i^0, E_j^0, E_k^0 とし，$E_i^0 < E_j^0$ と仮定する．このように仮定しても一般性は失われない．

A の軌道 Ψ_i^0 の変形に着目する．原子 A の中の j 番目の軌道 Ψ_j^0 は，相手の原子 B が接近すると，B の軌道 Ψ_k^0 を通して Ψ_i^0 に混合して i 番目の軌道 Ψ_i^0 を変形させる．本来ならば，Ψ_j^0 と Ψ_i^0 は同じ原子 A に属する軌道なので直交しているから直接混合することができない．しかし図 4.8 に示すように，相互作用相手の原子 B が接近してくると，B の軌道 Ψ_k^0 を通じて Ψ_j^0 が Ψ_i^0 に混合することができる．すなわち，原子 A と B の相互作用において，Ψ_j^0 が Ψ_k^0 と相互作用（この混合は原子間相互作用で，1 対 1 軌道相互作用）しながら，Ψ_i^0

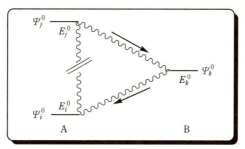

図 4.8 2対1軌道相互作用
Ψ_i^0 は Ψ_j^0 と直接相互作用できないが，Ψ_k^0 を通じて相互作用する．

に Ψ_j^0 が混合してくる．つまり A の Ψ_i^0 と Ψ_j^0 は直交していても，互いに原子 B の軌道 Ψ_k^0 を通じて混合しあうことができる．この混合過程にどのような基本原理が潜んでいるか検討してみよう．原子 A の Ψ_i^0 に着目して，この軌道がどのような変形（摂動）を受けるかを考える．相互作用領域は A と B の中間領域である．

1対1軌道相互作用に比べると少し厄介な問題のように見える．

原子 A の Ψ_i^0 の変形後の波動関数 Ψ_i は式 (4.41) で表される．この式で，原子 A の軌道による原子内混合（変形）が第2項であり，原子 B による原子間混合（変形）が第3項である．c は混合の程度を示す係数（混合係数；mixing coefficient），N は規格化定数である．すでに述べた1対1軌道相互作用は原子間相互作用なので，第3項 ($c_{ki}\Psi_k^0$) に対応するが，2対1軌道相互作用では原子内相互作用なので第2項 ($c_{ji}\Psi_j^0$) だけを考える．

$$\Psi_i = N(\Psi_i^0 + c_{ji}\Psi_j^0 + c_{ki}\Psi_k^0) \quad (i \neq j) \tag{4.41}$$

議論の手続きとしては，永年行列式 (3.18) に従って，Ψ_j^0 と Ψ_i^0 は同じ原子 A の兄弟軌道であるから直交している（図 4.8）という条件を使って，永年行列式 (4.42) を立て，式 (4.41) の係数 (c_{ji}, c_{ki}) を決めればよい．S は重なり積分である．

$$\begin{vmatrix} E_i^0 - \varepsilon & 0 & \beta_{ik} - \varepsilon S_{jk} \\ 0 & E_j^0 - \varepsilon & \beta_{jk} - \varepsilon S_{jk} \\ \beta_{ki} - \varepsilon S_{ki} & \beta_{kj} - \varepsilon S_{kj} & E_k^0 - \varepsilon \end{vmatrix} = 0 \tag{4.42}$$

しかし，この永年行列式を解いて議論を進めると，数学的にきわめて煩雑になるので，これまでに学んだ1対1軌道相互作用の原理の知識を応用して議論

4.4.2 エネルギー変化則

まず,3つの軌道の相互作用におけるエネルギー変化について考える. 原子Aの2つの軌道 (Ψ_i^0, Ψ_j^0) のエネルギー準位を $E_i^0 < E_j^0$ と仮定すると,2対1軌道相互作用のパターンは,図4.9に示すように,3つの軌道のエネルギー準位によって,3つのケースに分類できる.

ケース (1) は,原子Aの2つの軌道より原子Bの軌道が低い場合,
ケース (2) は,原子Aの2つの軌道の間に原子Bの軌道がある場合,
ケース (3) は,原子Aの2つの軌道より原子Bの軌道が高い場合,である.

新しく生まれ変わって生じる3つの分子軌道 (MO) を,エネルギー準位の低いほうから,ϕ_a, ϕ_m, ϕ_b とし,そのエネルギー準位を,それぞれ E_a, E_m, E_b とする ($E_a < E_m < E_b$).

エネルギー変化は,1対1軌道相互作用で決まる. 相互作用前の3つの原子軌道 ($\Psi_i^0, \Psi_j^0, \Psi_k^0$) から,新たに生じるMO ($\phi_a, \phi_m, \phi_b$) は,すべてのケース ((1), (2), (3)) において (相手 (B) の原子軌道 Ψ_k^0 の高低によらず),

① エネルギーが最低の軌道よりさらに低いMO (ϕ_a) が1個.
② エネルギーが最高の軌道よりさらに高いMO (ϕ_b) が1個.
③ Ψ_i^0 と Ψ_j^0 の中間に位置するMO (ϕ_m) が,必ず1個生まれる.

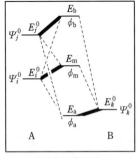
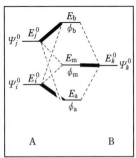
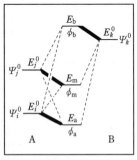

(1) $E_j^0 > E_i^0 > E_k^0$ (2) $E_j^0 > E_k^0 > E_i^0$ (3) $E_k^0 > E_j^0 > E_i^0$

図4.9 2対1軌道相互作用の3つのパターン ((1),(2),(3))
太い実線は ϕ_a, ϕ_m, ϕ_b それぞれに寄与する主要成分 (Ψ_i^0, Ψ_j^0, or Ψ_k^0) を示す.

最後の，③ϕ_mのエネルギー準位がΨ_i^0とΨ_j^0の中間に位置すること，については，どのケースについても，AとBの1対1軌道相互作用（Ψ_i^0とΨ_k^0およびΨ_j^0とΨ_k^0の2組の1対1相互作用）を考えれば当然である．

新たに生じる3個のMO（$\phi_\mathrm{a}, \phi_\mathrm{m}, \phi_\mathrm{b}$）において，図4.9の原子軌道（$\Psi_i^0$, Ψ_j^0, or Ψ_k^0）のうち，どれが主成分になるかを，図中に太い実線で示す．これは，1対1軌道相互作用の原理を思い起こせば，明らかである．すなわち，最低準位のMO（ϕ_a）は，$\Psi_i^0, \Psi_j^0, \Psi_k^0$のうちの最も低準位の軌道が変形し，さらに低準位になって生まれ，最高準位のMO（ϕ_b）は，$\Psi_i^0, \Psi_j^0, \Psi_k^0$のうちの最も高い準位の軌道が変形し，さらに高準位になって生まれ，中間のMO（ϕ_m）は，$\Psi_i^0, \Psi_j^0, \Psi_k^0$のうちの中間の準位の軌道が変形して生まれる．

4.4.3　軌道混合則

図4.9に破線と太い実線で示したように，相互作用後のMO（$\phi_\mathrm{a}, \phi_\mathrm{m}, \phi_\mathrm{b}$）それぞれには，相互作用前のすべての原子軌道（$\Psi_i^0, \Psi_j^0, \Psi_k^0$）の寄与が含まれている．3つのケースにおいて，$\phi_\mathrm{a}, \phi_\mathrm{m}, \phi_\mathrm{b}$に，3個の原子軌道$\Psi_i^0, \Psi_j^0, \Psi_k^0$が，どのような位相関係で混合するかを考えてみる．

図4.10に2対1軌道相互作用の6つのパターンを示す．議論を簡単にするため，いずれも枠で囲んだ軌道Ψ_i^0の変形に着目し，Ψ_i^0がΨ_k^0とΨ_j^0によって受ける変形の位相関係をプラス（＋）（同位相）またはマイナス（−）（逆位相）

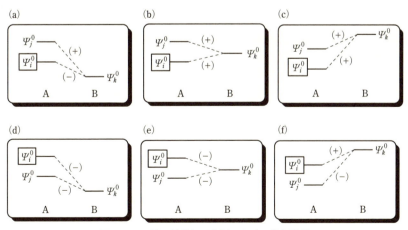

図4.10　2対1軌道相互作用における位相関係
Aの軌道Ψ_i^0の変形．

で示してある．(a), (b), (c) は $\Psi_i^0 < \Psi_k^0$ の場合，(c), (d), (e) は $\Psi_i^0 > \Psi_k^0$ の場合である．

Ψ_k^0 は相手Bの軌道であるから，Ψ_i^0 が Ψ_k^0 によって受ける変形の位相関係は1対1軌道相互作用の原理で決まる．すなわち，

① Ψ_i^0 が Ψ_k^0 より低い準位にあれば，Ψ_k^0 は Ψ_i^0 に同位相（＋）で混合．
② Ψ_i^0 が Ψ_k^0 より高い準位にあれば，Ψ_k^0 は Ψ_i^0 に逆位相（－）で混合．

逆位相混合であれば相互作用領域（AとBの間の領域）から電子が排除され，同位相混合では相互作用領域に電子が溜まるような相互作用をすることは1対1軌道相互作用のところで学んだ．

問題は，原子Aの Ψ_i^0 に直交する兄弟軌道 Ψ_j^0 が Ψ_i^0 に混合する際の位相関係である．Ψ_j^0 と Ψ_i^0 は直交しているので直接混合できない．しかし，Ψ_j^0 は Ψ_k^0 と1対1軌道相互作用しているので，Ψ_j^0 は Ψ_i^0 に Ψ_k^0 を通して混合することができる．すなわち，Ψ_k^0 は Ψ_j^0 による変形を受けながら Ψ_i^0 に混合する．このときの位相関係は，Ψ_j^0 が Ψ_i^0 に混合するのであるから，次のように単純に（1対1軌道相互作用の原理のときと同様に），Ψ_i^0 と Ψ_j^0 のエネルギー準位の高低で決まる（位相関係には Ψ_k^0 のエネルギーの高低は関与しない）．すなわち，

③ Ψ_i^0 が Ψ_j^0 より低い準位にあれば（(a), (b), (c) の場合），Ψ_j^0 は Ψ_k^0 を通じて Ψ_i^0 に同位相（＋）で混合．
④ Ψ_i^0 が Ψ_j^0 より高い準位にあれば（(c), (d), (e) の場合），Ψ_j^0 は Ψ_k^0 を通じて Ψ_i^0 に逆位相（－）で混合．

「Ψ_k^0 を通じて」という意味は，相互作用領域がAとBの間の領域であるから，「同位相混合では，相互作用領域に電子が溜まるような相互作用になり，逆位相混合では，相互作用領域から電子が排除されるような相互作用になる」ということである．

以上の4点が図4.9に示した2対1軌道相互作用の位相関係の要点である．一見すると難しそうに思えるが，シンプルに考えればよい．結論も覚える必要はない．

「Ψ_i^0 と Ψ_k^0 または Ψ_i^0 と Ψ_j^0 の位相関係は，いずれも Ψ_i^0 と Ψ_k^0 または Ψ_i^0

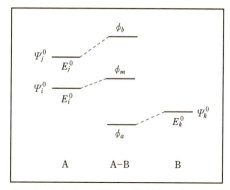

図 4.11 2対1軌道相互作用の例（$E_j^0 > E_i^0 > E_k^0$ の場合）

と Ψ_j^0 のエネルギー準位の相対的な上下関係で決まっている」

ということがポイントである．エネルギーの高い軌道が相互作用をする場合には常に同位相混合となり，エネルギーの低い準位の軌道が相互作用する場合には常に逆位相となる．同位相の相互作用であれば相互作用領域に電子が溜まるような（結合性; bonding）相互作用となり，逆位相であれば相互作用領域から電子を排除するような（反結合性; antibonding）相互作用となる．

例として，図 4.11 に示す相互作用系を考えてみよう．この系では，Ψ_i^0，Ψ_j^0，Ψ_k^0 のエネルギー準位の関係が $E_j^0 > E_i^0 > E_k^0$ である．それぞれの軌道がどのような変形を受けるかを考える．

これら3つの軌道は，図 4.12 に示すような変形を受ける．

① Ψ_k^0 は1対1軌道相互作用で Ψ_i^0 および Ψ_j^0 を同位相で取り込む．
② Ψ_i^0 は1対1軌道相互作用で Ψ_k^0 を逆位相で取り込み，同時に Ψ_j^0 を，Ψ_k^0 を通じて2対1軌道相互作用により同位相で取り込む．このとき，エネルギー準位が上昇し（段違い相互作用則），下降することはない（∵ Ψ_j^0 の Ψ_i^0 への相互作用は2次で効いてくるだけなので）．
③ Ψ_j^0 は1対1軌道相互作用で Ψ_k^0 を逆位相で取り込み，同時に Ψ_i^0 を，Ψ_k^0 を通じて2対1軌道相互作用により逆位相で取り込む．

以上のように，3軌道相互作用系の軌道混合（位相関係）でも，1対1軌道

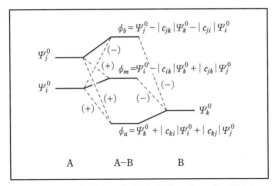

図 4.12 2 対 1 軌道相互作用系 ($E_j^0 > E_i^0 > E_k^0$ の場合) の軌道変形の位相関係

相互作用の原理の本質がわかっていれば，容易に解析できる．エネルギー準位が高い軌道が下の軌道に混合するとき（上から混じる場合）は同位相混合となり，相互作用領域に電子が溜まり，低い軌道が下から混合するときは，逆位相混合となり，相互作用領域から電子が排除される．エネルギー準位の変化についても，1 対 1 軌道相互作用の原理を考えれば，明らかで，3 つの軌道のうち，最低軌道よりさらに低い軌道が 1 つ (ϕ_a)，最高軌道より高い軌道が 1 つ (ϕ_b)，2 軌道系（A）のエネルギー準位の中間に 1 つ軌道 (ϕ_m) が現れてくる．

4.4.4 摂動論による上記議論の確認

以上の軌道相互作用に関する議論の結論を，摂動論の結果を用いて確認してみよう．この議論は，かなり煩雑であるが，前項の結論が，摂動論によっても支持されることを確認するための議論である．

前節の議論と同様に，A の Ψ_i^0 の変形を考える．すでに見てきたように，変形後の MO である Ψ_i は次式 (4.43) で表される．

$$\Psi_i = N(\Psi_i^0 + c_{ji}\Psi_j^0 + c_{ki}\Psi_k^0) \quad (i \neq j) \tag{4.43}$$

この式から誘導される永年行列式を解いて係数を決めてもよいが，そのプロセスは，きわめて煩雑になるので摂動論によりすでに得られている結果を利用しよう．2 対 1 軌道相互作用のうち，第 2 項の原子内軌道 (Ψ_j^0) の Ψ_i^0 への関与は，

4.4 2対1軌道相互作用の原理

$$c_{ji} = \frac{(\beta_{jk} - E_i^0 S_{jk})(\beta_{ki} - E_i^0 S_{ki})}{(E_i^0 - E_j^0)(E_i^0 - E_k^0)} \quad (j \neq i) \tag{4.44}$$

一方,第3項は原子間相互作用なので,その係数は,

$$c_{ki} = \frac{\beta_{ki} - E_i^0 S_{ki}}{E_i^0 - E_k^0} \tag{4.45}$$

である.すなわち,Ψ_i^0 の摂動後の波動関数 Ψ_i は,

$$\Psi_i = N\left(\Psi_i^0 + \frac{(\beta_{jk} - E_i^0 S_{jk})(\beta_{ki} - E_i^0 S_{ki})}{(E_i^0 - E_j^0)(E_i^0 - E_k^0)} \Psi_j^0 + \frac{\beta_{ki} - E_i^0 S_{ki}}{E_i^0 - E_k^0} \Psi_k^0\right) \tag{4.46}$$

と書ける.

この式の第3項の係数 c_{ki}(式(4.45))は1対1軌道相互作用(原子間相互作用)の場合の形と同じである.$(\beta_{ki} - E_i^0 S_{ki}) < 0$ であるから,すでに見てきたように,

① Ψ_i^0 が Ψ_k^0 より下のエネルギー準位にあれば,$(E_i^0 - E_k^0) < 0$ なので $c_{ki} > 0$ となり同位相混合となる(Ψ_k^0 が Ψ_i^0 に同位相で混じる).
② Ψ_i^0 が Ψ_k^0 より上のエネルギー準位にあれば,$(E_i^0 - E_k^0) > 0$ なので $c_{ki} < 0$ となり逆位相混合となる(Ψ_k^0 が Ψ_i^0 に逆位相で混じる).

第2項は原子内相互作用の項なので,この係数 c_{ji}(式(4.44))に着目しよう.

$$\begin{aligned} c_{ji} &= \frac{(\beta_{jk} - E_i^0 S_{jk})(\beta_{ki} - E_i^0 S_{ki})}{(E_i^0 - E_j^0)(E_i^0 - E_k^0)} \\ &= \left[\frac{(\beta_{ki} - E_i^0 S_{ki})}{(E_i^0 - E_k^0)}\right]\left[\frac{(\beta_{jk} - E_i^0 S_{jk})}{(E_i^0 - E_j^0)}\right] \\ &= c_{ki}\left[\frac{(\beta_{jk} - E_i^0 S_{jk})}{(E_i^0 - E_j^0)}\right] = c_{ki} c_{ijk} \end{aligned} \tag{4.47}$$

$$c_{ki} = \frac{\beta_{ki} - E_i^0 S_{ki}}{E_i^0 - E_k^0} \; ; \; c_{ijk} = \frac{\beta_{jk} - E_i^0 S_{jk}}{E_i^0 - E_j^0} \tag{4.48}$$

すなわち,第2項の係数の符号は c_{ki} と c_{ijk} の2つの係数の符号で決まる.

式(4.44)の2つの項,$(\beta_{jk} - E_i^0 S_{jk})$ と $(\beta_{ki} - E_i^0 S_{ki})$ はいずれも負であるから(∵式(4.6))分数式の分子全体の符号は正である.したがって,分母の2つの項の符号で全体の位相関係が決まる.

$(E_i^0 - E_j^0)$ の項は Ψ_i^0 と Ψ_j^0 とのエネルギー準位の差を表し,$(E_i^0 - E_k^0)$ の項

は Ψ_i^0 と Ψ_k^0 とのエネルギー準位の差を表すので，位相の符号はこの2種類の相対的エネルギー準位で決まる．次の4つの場合に分かれる．

① $(E_i^0-E_j^0)<0$ かつ $(E_i^0-E_k^0)<0$ ならば，c_{ki} と c_{ijk} の符号はいずれも正となり，Ψ_j^0 は Ψ_k^0 に対して同位相で Ψ_i^0 に混合する．この場合，Ψ_j^0 と Ψ_k^0 の相対的エネルギー差の符号は問題にならないので図4.10の(c)と(b)のケースが考えられる．

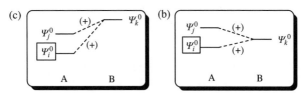

② $(E_i^0-E_j^0)<0$ かつ $(E_i^0-E_k^0)>0$ ならば，$c_{ki}<0$，$c_{ijk}>0$ となり，Ψ_j^0 は，Ψ_k^0 に対して同位相で Ψ_i^0 に混合する．

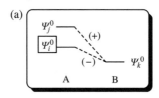

③ $(E_i^0-E_j^0)>0$ かつ $(E_i^0-E_k^0)>0$ ならば，$c_{ki}<0$，$c_{ijk}<0$ となり，Ψ_j^0 は，Ψ_k^0 に対して逆位相で Ψ_i^0 に混合する．

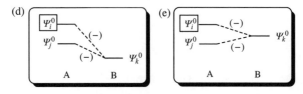

④ $(E_i^0-E_j^0)>0$ かつ $(E_i^0-E_k^0)<0$ ならば，$c_{ki}<0$，$c_{ijk}>0$ となり，Ψ_j^0 は，Ψ_k^0 に対して逆位相で Ψ_i^0 に混合する．

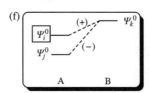

4.4 2対1軌道相互作用の原理 71

以上の結論は，すでに述べた2対1軌道相互作用の原理の結論に一致している．

結局，軌道相互作用のパターン（原子内（2対1軌道相互作用），原子間（1対1軌道相互作用））を問わず，次のようなシンプルなルールが成り立つことがわかった．

① エネルギーが上位にある軌道が下位の軌道に混合するときは，同位相混合となる．
   原子内混合のときは，相手の軌道に対して同位相混合となる．
② エネルギーが下位にある軌道が上位の軌道に混合するときは，逆位相混合となる．
   原子内混合のときは，相手の軌道に対して逆位相混合となる．
③ 同位相混合とは相互作用領域に電子を溜める相互作用である（結合性相互作用）．
④ 逆位相混合とは相互作用領域から電子を排除するような相互作用である（反結合性相互作用）．

4.4.5 2対1軌道相互作用の応用例

上記4つのルールの応用例として，図4.13に示す相互作用系について，軌道混合のパターンを予測してみよう．図4.13の(1)および(2)に示す各軌道（$\Psi_i^0, \Psi_j^0, \Psi_k^0$）の，2対1軌道相互作用系における変形の位相関係を予測してみる．

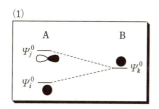 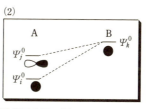

図 4.13　2対1軌道相互作用の例

結論はつぎのようである．

(1) の場合

1. Ψ_i^0 はAのs軌道が主成分になり，これに同位相で Ψ_k^0 が少し混じる．さらに，Ψ_j^0 が Ψ_k^0 と同位相になるようにわずかに混合する．

2. Ψ_j^0 は A の p 軌道が主成分になり，これに逆位相で Ψ_k^0 が少し混じる．さらに，Ψ_i^0 が Ψ_k^0 と逆位相になるようにわずかに混合する．

3. Ψ_k^0 は B の s 軌道が主成分になり，これに逆位相で Ψ_i^0 が少し混じる．さらに，Ψ_j^0 が Ψ_k^0 と同位相でわずかに混合する．

(2) の場合

1. Ψ_i^0 は A の s 軌道が主成分になり，これに同位相で Ψ_k^0 が少し混じる．さらに，Ψ_j^0 が Ψ_k^0 と同位相になるようにわずかに混合する．

2. Ψ_j^0 は A の p 軌道が主成分になり，これに逆位相で Ψ_k^0 が少し混じる．さらに，Ψ_i^0 が Ψ_k^0 と逆位相になるようにわずかに混合する．

3. Ψ_k^0 は B の s 軌道が主成分になり，これに逆位相で Ψ_j^0 が少し混じる．さらに，Ψ_i^0 が Ψ_k^0 と逆位相でわずかに混合する．

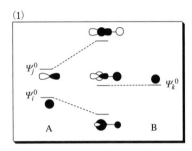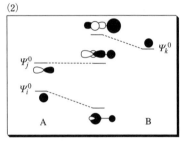

この章では，いかめしい数式が出てきたが，恐れるには及ばない．覚えておかなければならないことは，上記の4つのルール（前ページの①〜④）だけである．軌道相互作用の本質はきわめて合理的であり，それゆえシンプルである（数式を見ると複雑そうに見えるが）．すなわち，

軌道相互作用の形式によらず，

- **A. 電子は自分より高いエネルギー準位の軌道と相互作用するときには，常に相互作用領域に電子を溜めるような相互作用をする（同位相混合）．**
- **B. 逆に低い軌道と相互作用するときには，常に相互作用領域から電子を排除するような相互作用をする（逆位相混合）．**

これが電子の普遍的な振舞いであり，MO 組立て技法の基本である．第5章以下の議論では，このルールを用いて分子軌道を組み立てながら，組み立てた分子の構造と性質について MO 法の有用性を見ていく．

Biography　Roald Hoffmann（1937-）　福井謙一教授の良き友

　Woodward-Hoffmann 則で有名な Roald Hoffmann は，第二次世界大戦が始まる2年前にポーランドの富裕なユダヤ人のサフラン家に生まれた．父は技師，母は教師で，名前の Roald は，南極探検で有名なノルウェーの Roald Amundsen（1872-1928）に因んで名づけられた．

　幼少期の Roald の人生は決して平坦ではなかった．Roald が2歳のときに大戦が始まりヨーロッパにはナチズムの嵐が吹き荒れていた．6歳のとき父親もナチスによって殺害され，チェコ，オーストリア，ドイツなどでのキャンプ生活を経て12歳のときアメリカに移住した．継父の Paul Hoffmann が思いやりのある優しい人であったことが Roald にとって大きな救いであった．

　英語は Roald にとって6番目の外国語であった．Roald はニューヨークのエリート高 Stuyvesant High School を首席で卒業し，1955年コロンビア大学を3年間で卒業した．1958年 Harvard 大学大学院に理論研究を目指して入学後，スウェーデン，ロシアなどへの交換留学を経て Harvard に帰り，理論化学の若き教授 Lipscomb に師事した．1962年に拡張ヒュッケル法の開発研究で Ph.D. を取得したのち，R. B. Woodward の博士研究員時代に後年ノーベル化学賞の対象となった Woodward-Hoffmann 則を発表した．この時代に福井謙一教授との友人としての付き合いが始まった．1965年に，ニューヨーク州北部の小さな緑あふれる美しい田舎町イサカにある Cornell 大学教養学部化学科（College of Arts & Sciences, Department of Chemistry, Cornell University, Ithaca, N. Y. 14850, USA）の特別栄誉教授となり，現在に至っている．Hoffmann 教授は著名な詩人でもあり，最近はガラス工芸も楽しむ幅広い教養を身に付けた異才である．

参考文献

軌道相互作用の原理

- "*Orbital Interactions in Chemistry*", T. A. Albright, J. K. Burdett, M. Whangbo, John Wiley & Sons, New York, 1985.
- "*Orbital Mixing Rule*", S. Inagaki, H. Fujimoto, K. Fukui, *J. Am. Chem. Soc.*, **1976**,

98, 4054-4061.
- 『有機反応と軌道概念』, 藤本博・山辺信一・稲垣都士, 化学同人 (1986)

摂動論
- "*Toward a Detailed Orbital Theory of Substituent Effects. Charge Transfer, Polarization, and the Methyl Group*", L. Libit, R. Hoffmann, **1974**, *96*, 1370-1383.
- "*Interaction of Orbitals through Space and through Bonds*", R. Hoffmann, *Accounts Chem. Res.*, **1971**, *4*, 1-9.
- "*General Perturbation theory for the Extended Hückel Method*", A. Imamura, *Mol. Phys.*, **1968**, *90*, 225, 238.

拡張ヒュッケル法
- "*An Extended Hückel Theory. I. Hydrocarbons*", R. Hoffmann, *J. Phys. Chem.*, **1963**, *39*, 1397-1412.

重なり積分
- "*Formulas and Numerical Tables for Overlap Integrals*", R. S. Mulliken, C. A. Rieke, D. Orloff, H. Orloff, *J. Chem. Phys.*, **1949**, *17*, 1248-1267.

Wolfsberg-Helmholz の式
- "*The Spectra and Electronic Structure of the Tetrahedral Ions MnO_4^-, CrO_4^{--}, and ClO_4^-*", M. Wolfsberg, L. Helmholz, *J. Chem. Phys.*, **1952**, *20*, 837-843.
- "*Counterintuitive Orbital Mixing in Semiempirical and ab initio Molecular Orbital Calculations*", J. H. Ammeter, H.-B. Burgl, J. C. Thibeault, and R. Hoffmann, *J. Am. Chem. Soc.*, **1978**, *100*, 3686-3692.

第5章 共役π電子系の分子軌道
——芳香族性を考える

　π結合が1個のσ結合を介して交互につながった系を**共役π電子系**（conjugated π-electron system）または単に**共役ポリエン**（conjugated polyene）と呼ぶ．その構造には直線状（鎖式）と環状（環式）の2種類ある．本章では，軌道相互作用の原理を応用して，π電子が6個までの共役π電子系のπMOの組立て法を学ぶなかで，「ベンゼン分子はなぜエネルギー的に安定か？」という**芳香族性**（aromaticity）の問題について考える．この問題は1970年代の有機化学におけるトピックであり，芳香族性に関する国際会議が隔年で開かれ，当時の化学者の興味を集め，国際学会を賑わせた化学の歴史における意義深いテーマである．分子表面のMO（フロンティア軌道）が分子の安定性を支配しているという意外な結論を紹介する．

5.1　π電子は分子表面に広がる

　π結合にはσ結合と異なる3つの特徴がある．第1の特徴はエネルギー準位が高いこと．第2は結合が弱いこと．第3は空間的広がりが大きいことである．これらの特徴は相互に関連している（エネルギーが高いので結合が弱く広がりが大きい）．たとえば，エテン（エチレン）のπ結合とエタンのσ結合を比べてみる．

① フロンティア軌道の1つである最高被占軌道（HOMO）のエネルギー準位の指標となるイオン化エネルギー（I）はエチレンでは 10.51 eV，エタンでは 11.56 eV であり，π結合のほうがエネルギー準位が高い．
② エネルギー準位が高い結合は弱い．C−C単結合の強さは 420 kJ mol^{-1} であり，相当強いが，エチレンのπ結合の強さは 312 kJ mol^{-1} であり弱い．
③ 弱い結合の空間的広がりは大きい．エチレンのπ結合の空間的広がり

は，エクステリア電子密度（EED）[1]で評価すると5%にもなるが，エタンの場合，MOのEEDは最高3%程度である．

このように，π電子系は結合が弱いので電子が動きやすく（非局在化しやすく），フロンティア軌道となるので反応性が高く，分子の性質や機能発現に重要な役割を演じる．本章では，ヒュッケルMO法（Hückel Molecular Orbital Method; HMO法）を用いて共役π電子系のπMOの組立てを学ぶなかで，芳香族性（aromaticity）とヒュッケル則（$(4n+2)$則）について考える．芳香族性は，物質の世界が球面調和関数の位相に支配されることが示された最初の例である．かつて世界中の化学者の興味を引いたテーマの1つであり，化学の基礎教育に分子軌道論が導入されるきっかけとなった歴史的にも意義深いテーマである．

5.1.1 共役π電子系が分子の機能を決める

一般に分子が大きくなるとHOMOが高くなりLUMOが低くなってHOMO-LUMOエネルギー差が減少し，長波長の光を吸収するようになる．共役π電子系でも鎖が長くなると長波長の光を吸収するようになる．フェノールフタレイン，シアニン色素，ポルフィリン，カロテンなどはその代表例である．さらに光物性，電気物性，化学反応性などσ結合系では見られない有用な機能や反応性が出てくる．代表的な例をいくつか挙げておこう．

(a) フェノールフタレイン

酸性条件では無色だが，アルカリ性になるとπ電子共役系が広がって赤紫色を呈するのでpHの指示薬として利用される．

無色（酸性）　　　　　　　　　　　　　　　　赤紫色（アルカリ性）

---

[1] EED = exterior electron density. 分子または原子のファンデアワールズ面より外側の領域に染み出した波動関数（MOまたはAO）の確率密度の総計を%単位で表した量．K. Ohno, H. Matsumoto, Y. Harada, *J. Chem. Phys.*, **1984**, *81*, 4447.

(b) シアニン色素

共役π電子系の長さ (n) および原子 (X) によって赤から深青色までの色を示す種々のシアニン色素が合成されている.

$$\left[\begin{array}{c} \text{構造式} \end{array} \right] I^-$$

n= 0,1,2, 3
X = O,S,Se, NR, C=CH$_2$, etc.

(c) クロロフィル

植物の光合成やヘモグロビンに含まれるポルフィリン骨格は環状共役π電子系である. 下図に示すように, π共役系の広がりが大きく赤の光を吸収して緑に見える.

Chlorophil a (R$_1$ = CH$_3$;R$_2$ = R$_a$) λ$_{max}$ 427.5, 660 nm
Chlorophil b (R$_1$ = CHO ;R$_2$ = R$_a$) λ$_{max}$ 452.5, 642.5 nm
Chlorophil c (R$_1$ = CH$_3$;R$_2$ = R$_b$)

(d) 導電性プラスチック―ポリアセチレン

白川英樹がノーベル化学賞を受けた導電性プラスチック―ポリアセチレンも共役π電子系である. アセチレンを塩化アルミニウム―四塩化チタン等のLewis酸混合触媒 (Ziegler-Natta触媒) の存在下で重合反応させるとポリアセチレンが生成する. 下式に示すように, 触媒や反応条件によってトランスまたはシスの幾何異性体が生成する.

$$H-C\equiv C-H \xrightarrow[\text{AlCl}_3,\text{TiCl}_4, \text{etc.}]{\text{Ziegler-Natta catalyst}}$$

trans-polyacetylene

cis-polyacetylene

ポリアセチレンはHOMOが高くLUMOが低いため, 電子供与性, 電子求引性の両性高分子であり, 電子素子 (ダイオード, トランジスタ), 太陽電池, 蓄電池, センサー, 携帯電話などのさまざまな先端機器に応用されている.

5.2 ヒュッケル分子軌道法

5.2.1 ヒュッケル近似

この節ではπ電子共役系の MO を計算せずに組み立てる方法を主に紹介するが,組み立てた MO を計算結果と比較対照しながら話を進めるので,まず計算法について簡単に整理しておこう.

共役π電子系を扱う分子軌道法は**ヒュッケル分子軌道法**(Hückel MO method; HMO 法)と呼ばれ,次に示す近似を導入した定性的 MO 法であり,かなり単純化した方法なので単純ヒュッケル法(simple Hückel MO method; SHMO 法)とも呼ばれる.不思議なことに,このような単純化によって議論の本質(実験データとの相関)が失われることはない.次の3つの近似をする.

1. **π電子系だけを取り扱う**.共役π電子系の MO(φ)を炭素の 2p 軌道(χ_i)の LCAO 近似で表す.具体的には,共役π電子系をx-y平面に置き,π電子系として炭素の $2p_z$ 軌道(χ_i)のみを扱う.σ電子系は,π電子系と直交しており,エネルギー準位も相対的に低く,空間的広がりも小さいので無視する.

2. **重なり積分(S_{ij})に関する近似**.$S_{ij}=1$($i=j$)その他の場合は$S_{ij}=0$($i\neq j$)とする.この近似によって軌道相互作用で新たに生まれる軌道の安定化量Δと不安定化量Δ^*が等しくなる.この近似のおかげでπ分子軌道のエネルギー準位が炭素 2p 軌道準位に関して対称的に現れ,議論が格段に単純化される.「重なり積分をすべて無視する」のは確かだが,じつは次の近似で隣接位との重なり積分だけは暗に考慮されている.

3. **隣接原子間の共鳴積分(β_{ij})のみ考慮**.隣同士でないπ電子の共鳴積分は無視する.共鳴積分は重なり積分に比例するので,実は隣どうしの重なり積分が考慮されており,前項2の大胆な近似を一部救っていることに注意しよう.これがヒュッケル法における近似の妙味であり,本質が保持される根拠ともなっている.

5.2.2 HMO 法

この章の最終目標はベンゼンの芳香族性について議論することなので,電子数 n が6個までの系の MO を,定性的に組み立てる方法を示したのち,その

5.2 ヒュッケル分子軌道法

正当性を HMO 法による計算で確認するという順序で話を進める．

上記の第1近似に従って，共役 π 電子系の MO を n 個の炭素原子の $2p_z$ 軌道（χ_i）の線形結合で表す（式 (5.1)）．

$$\varphi = \sum_{i=1}^{n} C_i \chi_i \quad (i=1,2,3,\cdots,n) \tag{5.1}$$

この関数の規格化条件は，(HMO 法では重なり積分をすべてゼロとおくので) 交叉項が消えて簡単になる（式 (5.2)）．

$$\varphi^2 = \int \left(\sum_{i=1}^{n} C_i \chi_i \right)^2 d\tau = \sum_{i=1}^{n} C_i^2 = 1 \tag{5.2}$$

式 (5.1) に変分法を適用して，系のエネルギーの期待値 ε が最低になるように，係数 C_i を決める．第3章の記述に従えば，永年方程式は次式で表される．

$$\sum_{j=1}^{n} (H_{ij} - \varepsilon S_{ij}) C_j = 0 \quad (i=1,2,\cdots,n) \tag{5.3}$$

永年行列式は，第3章の (3.18) 式に示したとおりである．

$$\begin{vmatrix} \alpha_1-\varepsilon & \beta_{12}-\varepsilon S_{12} & \cdots & \beta_{1n}-\varepsilon S_{1n} \\ \beta_{21}-\varepsilon S_{21} & \alpha_2-\varepsilon & \cdots & \beta_{2n}-\varepsilon S_{2n} \\ \cdot & \cdot & & \cdot \\ \cdot & \cdot & & \cdot \\ \cdot & \cdot & & \cdot \\ \beta_{n1}-\varepsilon S_{n1} & \beta_{n2}-\varepsilon S_{n2} & \cdots & \alpha_n-\varepsilon \end{vmatrix} = 0 \tag{3.18}$$

ここでヒュッケル近似を適用して，非対角成分の $S_{ij}=0$ とし，隣接位でない $\beta_{ij}=0$ とすると，対角成分はすべて $\alpha-\varepsilon$ となり，対角成分の両隣の成分が β となり，鎖式系では残りの成分はすべてゼロとなるから，永年行列式 (3.18) は，

$$\begin{vmatrix} \alpha-\varepsilon & \beta & 0 & \cdot & \cdot & 0 \\ \beta & \alpha-\varepsilon & \beta & \cdot & \cdot & \cdot \\ \cdot & \beta & \cdot & \cdot & \cdot & \cdot \\ 0 & \cdot & \cdot & \cdot & \cdot & 0 \\ 0 & \cdot & \cdot & \cdot & \alpha-\varepsilon & \beta \\ 0 & 0 & 0 & \cdot & \beta & \alpha-\varepsilon \end{vmatrix} = 0 \tag{5.4a}$$

となる．

一方，環状系では β_{1n} と β_{n1} がゼロにならずに残るので，永年行列式 (3.18)

は，

$$\begin{vmatrix} \alpha-\varepsilon & \beta & 0 & \cdot & \cdot & \beta \\ \beta & \alpha-\varepsilon & \beta & \cdot & \cdot & \cdot \\ \cdot & \beta & \cdot & \cdot & \cdot & \cdot \\ 0 & \cdot & \cdot & \cdot & \cdot & 0 \\ 0 & \cdot & \cdot & \cdot & \alpha-\varepsilon & \beta \\ \beta & 0 & 0 & \cdot & \beta & \alpha-\varepsilon \end{vmatrix} = 0 \quad (5.4\mathrm{b})$$

となる．

$x=\dfrac{\alpha-\varepsilon}{\beta}$ と置いて行列式 (5.4a) と (5.4b) を変形すると，それぞれ，

$$\begin{vmatrix} x & 1 & 0 & \cdots & 0 & 0 \\ 1 & x & 1 & 0 & \cdot & \cdot \\ 0 & 1 & x & 1 & 0 & \cdot \\ \cdot & \cdot & 1 & \cdots & 1 & 0 \\ \cdot & \cdot & \cdot & 1 & x & 1 \\ 0 & 0 & \cdot & 0 & 1 & x \end{vmatrix} = 0 \quad (鎖式共役ポリエン) \quad (5.5\mathrm{a})$$

$$\begin{vmatrix} x & 1 & 0 & \cdots & 0 & 1 \\ 1 & x & 1 & 0 & \cdot & \cdot \\ 0 & 1 & x & 1 & 0 & \cdot \\ \cdot & \cdot & 1 & \cdots & 1 & 0 \\ \cdot & \cdot & \cdot & 1 & x & 1 \\ 1 & 0 & \cdot & 0 & 1 & x \end{vmatrix} = 0 \quad (環式共役ポリエン) \quad (5.5\mathrm{b})$$

となる．

これを解いて x を求めると MO のエネルギー ε ($\varepsilon = \alpha - x\beta$) が n 個決まる．次に各 MO のエネルギーを式 (5.3) に代入して，式 (5.2) の規格化条件をあわせて用いて π 分子軌道 (MO) の係数 C_i を求める．

このようにして決められた MO の係数 C_i を使って，π 電子の非局在化の程度を表す 2 つのパラメータ (q_r と p_{rs}) が定義される．n_i を i 番目の MO の占有電子数とすると ($n_i = 0, 1$ または 2)，

$$q_r = \sum_{i=1}^{n} n_i C_i{}^r C_i{}^r \quad (5.6)$$

は r 番目の炭素 C^r 上の **π 電子密度** (electron density) を表す．π 電子密度は炭素原子上に π 電子がどの程度存在するかを表す定量的尺度となる．

一方,

$$p_{rs} = \sum_{i=1}^{n} n_i C_i^r C_i^s \quad (r \neq s) \tag{5.7}$$

を定義すると，p_{rs} は結合 C^r-C^s の π 結合次数（bond order; π 結合の強さ）を表す．π 結合次数は 2 個の隣接する炭素間に π 電子がどの程度存在するかを表す定量的尺度となる．

これら 2 つのパラメータは π 共役系における π 電子が相互作用後にどの程度非局在化したかを評価する目安になる．

5.3 鎖式共役ポリエンの MO

5.3.1 エテン（エチレン）
(1) MO の組立て

エテンは 2 個の π 電子系である．分子面に垂直な炭素の 2p 軌道（χ_1, χ_2）2 個だけを考える．軌道相互作用モデルのところで述べたように，縮重系の相互作用なので，図 5.1 に示すように，

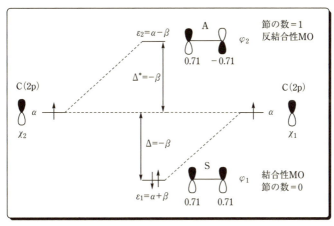

図 5.1 エテンの HMO の組立てと計算結果

1. 同位相の相互作用で安定化して結合性 MO (φ_1) ができる.
2. 逆位相の相互作用で不安定化して反結合性 MO (φ_2) ができる.
3. 重なり積分を無視するので, 規格化条件式 (5.2) より,

$$\varphi_1 = \frac{1}{\sqrt{2}}(\chi_1 + \chi_2) \quad (結合性 MO)$$

$$\varphi_2 = \frac{1}{\sqrt{2}}(\chi_1 - \chi_2) \quad (反結合性 MO)$$

となり, 分子軌道の係数の絶対値は 0.707 となる.
4. 相互作用後のエネルギー準位は式 (4.13), (4.14) を用いて, $S=0$ とおくと,

$$\Delta = \frac{S\alpha - \beta}{1+S} = -\beta \ ; \ \Delta^* = \frac{S\alpha - \beta}{1-S} = \beta$$

(2) HMO 計算

$$\varphi = C_1\chi_1 + C_2\chi_2$$

として, 鎖式系なので, 式 (5.5a) を適用すると, $x = \dfrac{\alpha - \varepsilon}{\beta}$ として,

$$\begin{vmatrix} x & 1 \\ 1 & x \end{vmatrix} = 0$$

これを解くと, $x=1$ または -1

$$\therefore \varepsilon = \alpha - x\beta = \alpha \pm \beta$$

永年方程式 (5.3) より,

$$xC_1 + C_2 = 0$$
$$C_1 + xC_2 = 0$$

規格化条件式 (5.2) より, $C_1^2 + C_2^2 = 1$

(ⅰ) $\varepsilon = \alpha + \beta \ (x=-1)$ のとき

$$C_1 = C_2 = \frac{1}{\sqrt{2}} = 0.707 \quad \therefore \varphi_1 = \frac{1}{\sqrt{2}}(\chi_1 + \chi_2) \quad (結合性 MO)$$

(ⅱ) $\varepsilon = \alpha - \beta \ (x=+1)$ のとき

$$C_1 = \frac{1}{\sqrt{2}} = 0.707, \ C_2 = -\frac{1}{\sqrt{2}} = -0.707$$

5.3 鎖式共役ポリエンのMO

表5.1 エテンのHMO (φ) のエネルギー (ε) と係数 (C)

φ_i	ε_i	C_1^i	C_2^i
φ_2	$\alpha-\beta$	0.707	-0.707
φ_1	$\alpha+\beta$	0.707	0.707

$$\therefore \varphi_2 = \frac{1}{\sqrt{2}}(\chi_1-\chi_2) \quad (反結合性 MO)$$

エテンのHMO計算結果（表5.1）についてまとめてみよう．MOの対称面は，分子面を垂直に二分する面を考える．

① 安定化エネルギー (Δ) ＝不安定化エネルギー (Δ^*) ＝$-\beta>0$．重なり積分を無視したので$\Delta=\Delta^*$となる．このように，共役π電子系のπ分子軌道は，ヒュッケル近似の枠内では，炭素の2p軌道のエネルギー準位αを中心にして上下に対称に軌道準位が分布する．

② 基底状態ではエネルギー準位の低い軌道φ_1に電子が2個入る．φ_1は結合性軌道（bonding orbital; 対称 (S); symmetric 分子を垂直に二分する鏡面に関して符号が不変）であり，2つの原子軌道の重なりは正である．

③ φ_2は反結合性軌道（anti-bonding orbital; 反対称 (A); antisymmetric 分子を垂直に二分する鏡面に関して関数の符号が逆になる）であり，2つの原子軌道の重なりは負である．中央に波動関数の符号が変わる点，節（node）がある．エネルギー準位が高いので，基底状態では電子が入らず空軌道である．

　一般に，共役π電子系のπMOの対称性は，エネルギー準位の下からS, A, S, A, …と，SとAが交互に現れる．

④ π電子密度とπ結合次数；$q_1=q_2=1; p_{12}=1$．それぞれの炭素上には1個のπ電子があり，C＝Cπ結合次数は1である．

エチレンではπ結合が1個しかないので他のπ軌道への非局在化が不可能であるため，π電子密度，π結合次数ともに1となるが，π共役系が長くなると，非局在化の程度が高くなり，π結合次数が変化する（減少する）．

5.3.2 アリル系

H₂C*-CH=CH₂ (構造式) (* = +, −, •)

(1) MO 組立て

図 5.2 にアリル系の MO 組立て操作を示す．次のような操作でアリル系の MO を組み立てることができる．

まず，アリル系（$C^1-C^2-C^3$）を対称性を崩さないように2つのフラグメント（C^1---C^3 と C^2）に分ける．分子面を垂直に2分する対称面（鏡面）で MO または AO の対称性を S（symmetric; 対称的）または A（antisymmetric; 反対称的）に分類する．3つの AO を左から χ_1, χ_2, χ_3 とすると分子軌道 $\varphi = C_1\chi_1 + C_2\chi_2 + C_3\chi_3$ となる．

① まず，C^1---C^3 を組み立てる．出来た MO は S 対称のもの（π_S）と A 対称のもの（π_A）である．これらを図 5.2 の左端に示す．π_S, π_A は重なり積分を無視したので α のエネルギー準位（炭素の 2p の準位; −11.42 eV）のところで縮重している．すなわち，

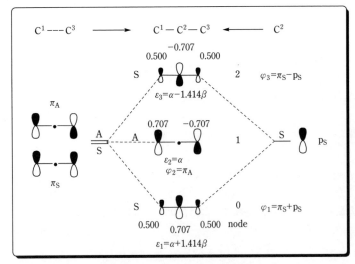

図 5.2 アリル系の HMO の組立て

$$\pi_S = \frac{1}{\sqrt{2}}(\chi_1+\chi_3)\ ;\ \pi_A = \frac{1}{\sqrt{2}}(\chi_1-\chi_3)$$

② 次に C^1---C^3 の中央に C^2 (p_S) を相互作用させる．右端に p_S を示す．これらの3つのMO (π_S, π_A, p_S) は同じエネルギー準位 ($\alpha = -11.42$ eV) にある．

③ 結局，S対称のMOが左右に1つずつ (π_S, p_S)，A対称のMOが左に1個 (π_A) ある．

④ ゆえに，S対称のMO (π_S, p_S) は1対1軌道相互作用の原理により φ_1 および φ_3 となる．このとき，π_S と p_S は同じ重みで混合する（係数については【参考5.1】を参照）．

$$\varphi_1 = 0.500\chi_1 + 0.707\chi_2 + 0.500\chi_3$$
$$\varphi_3 = 0.500\chi_1 - 0.707\chi_2 + 0.500\chi_3$$

となる．

⑤ A対称のMO (π_A) は相互作用しないので α 準位にそのまま残り φ_2 となる．φ_2 の係数は，$\varphi_2 = \pi_A = 0.707\chi_1 - 0.707\chi_3$ となる．

⑥ φ_1 および φ_3 のエネルギー準位は，式 (4.13)，(4.14) を用いて，$S=0$ とおくと，φ_1 のエネルギー安定化量 Δ は，

$$\Delta = \frac{S\alpha - \beta_x}{1+S} = -\beta_x = -\int \pi_S H p_S d\tau = -\int \frac{1}{\sqrt{2}}(\chi_1+\chi_3)H\chi_2 d\tau$$
$$= -\frac{1}{\sqrt{2}}\beta - \frac{1}{\sqrt{2}}\beta = -\sqrt{2}\beta$$
$$\therefore \beta_x = \sqrt{2}\beta \cong 1.414\beta$$

同様に，φ_3 のエネルギー不安定化量 $\Delta^* = -\beta_x = -\sqrt{2}\beta = 1.414\beta$ となる．

【参考5.1】 上記の議論（図5.2）で φ_1 と φ_3 の形を見ると，どちらの場合にも中央の炭素 C^2 の 2p 軌道（p_S）の係数が大きく，p_S が主役になっている．これは1対1軌道相互作用の原理の軌道係数則に違反しているようにみえる．π_S と p_S は同じエネルギー準位（α）にあるので，1:1の割合で混合すると考えて φ_1 と φ_3 の係数を計算してみよう．

【解答5.1】 π_S と p_S は同じ重みで混合するので，C を未知数として，

$$\varphi_1 = C(\pi_S + p_S) = C\left[\frac{1}{\sqrt{2}}(\chi_1+\chi_3)+\chi_2\right];$$

$$\varphi_3 = C(\pi_S - p_S) = C\left[\frac{1}{\sqrt{2}}(\chi_1 + \chi_3) - \chi_2\right]$$

と表される．これに規格化条件を適用して，

$$\int \varphi_i^2 d\tau = \int C^2 \left[\frac{1}{\sqrt{2}}(\chi_1 + \chi_3) \pm \chi_2\right]^2 d\tau = C^2$$

$$= \frac{C^2}{2} + \frac{C^2}{2} + C^2 = 2C^2 = 1 \quad (i=1,2)$$

$C = \dfrac{1}{\sqrt{2}}$ を得る．すなわち，

$$\varphi_1 = \frac{1}{\sqrt{2}}\left[\frac{1}{\sqrt{2}}(\chi_1 + \chi_3) + \chi_2\right] = \frac{1}{2}(\chi_1 + \chi_3) + \frac{1}{\sqrt{2}}\chi_2$$

$$= 0.500\chi_1 + 0.707\chi_2 + 0.500\chi_3$$

$$\varphi_3 = \frac{1}{\sqrt{2}}\left[\frac{1}{\sqrt{2}}(\chi_1 + \chi_3) - \chi_2\right] = \frac{1}{2}(\chi_1 + \chi_3) - \frac{1}{\sqrt{2}}\chi_2$$

$$= 0.500\chi_1 - 0.707\chi_2 + 0.500\chi_3$$

以上，永年行列式を解かずに MO の係数まで決定できた．次に，この結果を HMO 計算で確かめてみよう．

(2) HMO 計算

上記の議論で予測した MO の形とエネルギー準位を計算で確認してみよう．分子軌道：$\varphi = C_1\chi_1 + C_2\chi_2 + C_3\chi_3$ として同様に計算する．永年行列式は，

$$\begin{vmatrix} x & 1 & 0 \\ 1 & x & 1 \\ 0 & 1 & x \end{vmatrix} = 0$$

$$\therefore x(x^2 - 2) = 0$$

これを解いて，$x = 0, \sqrt{2}, -\sqrt{2}$．

係数 C_i を決めるには，それぞれの x の値について，

$$xC_1 + C_2 = 0$$
$$C_1 + xC_2 + C_3 = 0$$
$$C_2 + xC_3 = 0$$
$$C_1^2 + C_2^2 + C_3^2 = 1$$

を解けばよい．係数も含めて結果を表 5.2 に示す．

表5.2 アリルラジカルのHMO (φ) のエネルギー (ε) と係数 (C)

φ_i	ε_i	C_1^i	C_2^i	C_3^i
φ_3	$\alpha-\sqrt{2}\beta$	0.500	-0.707	0.500
φ_2	α	0.707	0.000	0.707
φ_1	$\alpha+\sqrt{2}\beta$	0.500	0.707	0.500

① $x=0$ の分子軌道 (φ_2) を非結合性分子軌道 (non-bonding MO; NBMO) という．NBMOのエネルギー準位は炭素の2p軌道のそれと同じである．
② 節 (node) の数は下から，0, 1, 2と1個ずつ増加．
③ MOの対称性は下からS, A, Sとなっている．
④ アリルカチオン（2電子系）はπ電子1個につき$\sqrt{2}|\beta|$安定化．全体として，エチレンより$2(\sqrt{2}-1)|\beta|$安定化している．
⑤ アリルラジカル（3電子系）では，φ_1に2個，φ_2に1個電子が入り，安定化エネルギーはカチオンの場合と同じである．
⑥ アリルアニオン（4電子系）では，φ_1に2個，φ_2に2個電子が入り，安定化エネルギーはカチオンの場合と同じである．
⑦ π結合次数は0.707であり，エチレンよりπ電子の非局在化が進んだことを示している．

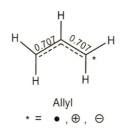

Allyl
* = ●, ⊕, ⊖

5.3.3 ブタジエン

通称ブタジエンと呼ばれる1,3-ブタジエン（1,3-butadiene; mp=$-108.91°$; bp=$-4.41°$）は二重結合が2個ありπ電子数は4である．1,3-ブタジエンには，C^2-C^3結合に関する2つの配座異性体（*trans*型と*cis*型）があるが，HMO計算に関しては同じ結果を与える（下図は*trans*型）．

88　第5章　共役π電子系の分子軌道

1,3-Butadiene

(1)　MO 組立て

ブタジエンの MO を組み立てる方法はいろいろ提案されている．もっとも簡単な組み立て方は，図5.3に示す方法である．このやり方では，相互作用はすべて1対1軌道相互作用の原理に還元される．その基本的な考え方は次のようである．

① C^2-C^3 の π 軌道（π_{23}）と C^1---C^4 の π 軌道（π_{14}）の2つの部分に分けて，これら2つの相互作用を考える．
② したがって，相互作用領域は C^1-C^2 および C^3-C^4 の2ヵ所になる．
③ MO 組立ての過程で保存される対称性は，π面を垂直に二分する対称面 σ_v である．
④ S対称の軌道が2個（π_{23} と π_{14}），A対称の軌道が2個（π_{23}^* と π_{14}^*）出来る．
⑤ これらのうち，同じ対称性のものが1対1軌道相互作用の原理に従って

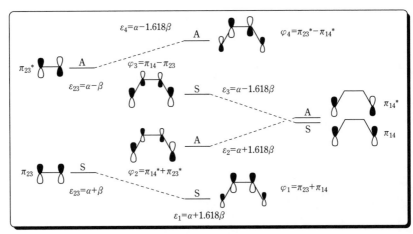

図5.3　ブタジエンの HMO の組立て

相互作用してブタジエンの MO が出来上がる.

同じ対称性の MO が相互作用すると考えて，それぞれの対称性の組に1対1軌道相互作用の原理を適用すると，

S 対称の組（π_{23} と π_{14} の相互作用）では，

① φ_1 は，π_{23} が主成分となり，これが π_{14} を同位相で少し取り込んで生まれる.
② φ_3 は，π_{14} が主成分となり，これが π_{23} を逆位相で少し取り込んで生まれる.

A 対称の組（π_{14}^* と π_{23}^* の相互作用）では，

③ φ_2 は，π_{14}^* が主成分となり，これが π_{23}^* を同位相で少し取り込んで生まれる.
④ φ_4 は，π_{23}^* が主成分となり，これが π_{14}^* を逆位相で少し取り込んで生まれる.

(2) HMO 計算

分子軌道を $\varphi = C_1\chi_1 + C_2\chi_2 + C_3\chi_3 + C_4\chi_4$ として，永年行列式を立てると，

$$\begin{vmatrix} x & 1 & 0 & 0 \\ 1 & x & 1 & 0 \\ 0 & 1 & x & 1 \\ 0 & 0 & 1 & x \end{vmatrix} = 0$$

これを解いて，$x^4 - 3x^2 + 1 = (x^2 - x - 1)(x^2 + x - 1) = 0$

$$x = \frac{1 \pm \sqrt{5}}{2} = 1.618, -0.618, \quad x = \frac{-1 \pm \sqrt{5}}{2} = -1.618, 0.618$$

係数を決めるには，それぞれの x の値について，

$$xC_1 + C_2 = 0$$
$$C_1 + xC_2 + C_3 = 0$$
$$C_2 + xC_3 + C_4 = 0$$
$$C_3 + xC_4 = 0$$

$$C_1^2+C_2^2+C_3^2+C_4^2=0$$

を解けばよい．結果を表 5.3 に示す．

表 5.3 と図 5.3 よりブタジエンの HMO の特徴をまとめてみよう．

① 基底状態では φ_1 と φ_2 に電子が 2 個ずつ入る．

$$全 \pi 電子エネルギー =4\alpha+2\sqrt{5}\beta$$

エチレンの全 π 電子エネルギー（$2\alpha+2\beta$）に比べると，電子 1 個につき $\left(\frac{\sqrt{5}}{2}-1\right)|\beta|$ ほど大きい．これは，4 個の π 電子の非局在化による電子 1 個分の安定化エネルギーに相当する．

② 節（node）の数はエネルギー準位の上昇（$\varphi_1\to\varphi_2\to\varphi_3\to\varphi_4$）とともに，1 つずつ増える（$0\to1\to2\to3$）（図 5.4 の MO の 3 次元表示参照）．

③ 分子軌道 φ_i の対称性は，エネルギー準位の低い順から，S に始まり S と A が交互に現れる．

④ エチレンの MO 準位に比較すると，ブタジエンの HOMO（φ_2）は高く，LUMO（φ_3）は低い．

⑤ π 電子密度と π 結合次数；$q_1=q_2=q_3=q_4=1$; $p_{12}=p_{34}=0.894$; $p_{23}=0.446$

すなわち，両端の二重結合 C^1-C^2（C^3-C^4）は π 結合次数が 1 より減少し（0.894），エチレンより弱く長くなり（1.349 Å），中央の単結合 C^2-C^3 の π 結合次数は 0 より大きくなって（0.446），二重結合性を帯びて

表 5.3 ブタジエンの HMO（φ）のエネルギー（ε）と係数（C）

φ_i	ε_i	C_1^i	C_2^i	C_3^i	C_4^i
φ_4	$\alpha-1.618\beta$	0.372	-0.602	0.602	-0.372
φ_3	$\alpha-0.618\beta$	0.602	-0.372	-0.372	0.602
φ_2	$\alpha+0.618\beta$	0.602	0.372	-0.372	-0.602
φ_1	$\alpha+1.618\beta$	0.372	0.602	0.602	0.372

φ_1

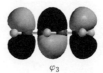
φ_2 φ_3

φ_4

図 5.4 1,3-ブタジエンの πMO の 3 次元表示

5.3 鎖式共役ポリエンのMO 91

短かくなっている (1.467 Å).

5.3.4 ペンタジエニル
(1) MOの組立て

ペンタジエニルは反応中間体である．π電子数によってラジカル（5個），カチオン（4個），アニオン（6個）の3種類ある．

Pentadienyl
* = ●, ⊕, ⊖

ブタジエンのHMOの組立て操作と同様にして，ペンタジエニルのHMOを組み立てることができる．結果を図5.5に示す．$C^2-C^3-C^4$フラグメントと$C^1\cdots C^5$フラグメントを対称性（共役系を垂直に2分する対称面：σ_v）を利用して相互作用させる．

図5.5の左に$C^2-C^3-C^4$フラグメント，右に$C^1\cdots C^5$フラグメントを置く．

① A対称のMOフラグメントは左右に1個ずつ（π_2とπ_A）しかない．この2個はエネルギー準位が等しいので1対1軌道相互作用で等しい混合割合で混ざり，φ_2（同位相相互作用）とφ_4（逆位相相互作用）ができる．
② S対称のMOフラグメントは左に2個（π_1とπ_3），右に1個（π_S）あるので少し複雑である．
③ π_1は，主にπ_Sの同位相混合で変形するが，このとき同時にπ_3がわずかに（図では小文字で示す）同位相で（相互作用領域$C^1\cdots C^2$と$C^4\cdots C^5$に電子が溜まるように）混合してφ_1になる．
④ π_Sは，π_1およびπ_3と同等に相互作用してφ_3になる（π_1と逆位相，π_3と同位相混合）．

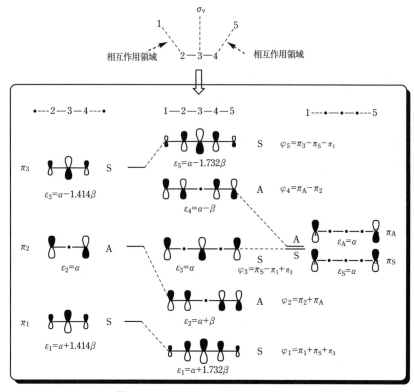

図 5.5 ペンタジエニルの HMO の組立て

⑤ π_3 は，主に π_S の逆位相混合で変形するが，このとき同時に π_1 がわずかに（図では小文字で示す）逆位相で（相互作用領域 $C^1 \cdots C^2$ と $C^4 \cdots C^5$ から電子が排除されるように）混合して φ_5 になる．

(2) HMO 計算

行列式 (5.5a) を解いて得られた計算結果を表 5.4 に示す．φ_3 は炭素の 2p 軌道のエネルギー準位（$-11.42\,\mathrm{eV}=\alpha$）と同じ準位にあり，非結合性分子軌道（non-bonding MO＝NBMO）である．奇数個の π 電子系は常に NBMO をもつ．ブタジエンと比較すると，π 電子系が伸びたため，MO のエネルギーの分裂幅（$\varphi_1 \sim \varphi_5$ の幅：$3.464|\beta|$）が大きくなっている．

これらの係数の値を用いて計算した π 電子密度（$q_i,\ i=1\sim 5$）と π 結合次数（$p_{ij},\ i \neq j=1\sim 5$）はラジカル（$5\pi$ 電子系）では，$q_1=q_2=q_3=q_4=q_5=1$; $p_{12}=p_{45}$

=0.789; $p_{23}=p_{34}=0.577$ となり，両端（C^1-C^2; C^4-C^5）の方が中央（C^2-C^3; C^3-C^4）よりπ結合が強い．

表5.4 ペンタジエニルのHMO（φ）のエネルギー（ε）と係数（C）

φ_i	ε_i	C_1^i	C_2^i	C_3^i	C_4^i	C_5^i
φ_5	$\alpha-1.732\beta$	0.289	-0.500	0.577	-0.500	0.289
φ_4	$\alpha-\beta$	0.500	-0.500	0.000	0.500	-0.500
φ_3	α	0.577	0.000	-0.577	0.000	0.577
φ_2	$\alpha+\beta$	0.500	0.500	0.000	-0.500	-0.500
φ_1	$\alpha+1.732\beta$	0.289	0.500	0.577	0.500	0.289

この値を1,3-ブタジエンのものと比較すると，両端のCC結合のπ結合次数は減少し，中央は増大している．これは共役π電子系が長くなり，π電子系の非局在化の程度が上がったことにより，結合次数の平均化が進んだためである．NBMOが存在するため，カチオン（4π電子系）でもアニオン（6π電子系）でも電荷の種類によらず同じである．

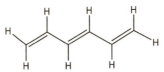

Pentadienyl radical

5.3.5　1,3,5-ヘキサトリエン

1,3,5-ヘキサトリエン（mp$=-12$℃; bp 78℃）は安定な6π電子系である．

1,3,5-Hexatriene

組立て操作を図5.6に示す．左に$C^2-C^3-C^4-C^5$のブタジエン系フラグメント，右にC^1……C^6フラグメントを置き，この2つのフラグメントが対称面（σ_v）で分類される対称性に従って相互作用する．同じ対称性のMOフラグメントが3個ずつあるが，エネルギー的に近いMOフラグメントとの相互作用を主に考えればよい．

94　第5章　共役π電子系の分子軌道

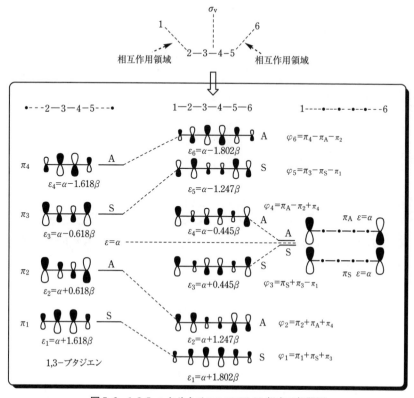

図 5.6　1,3,5-ヘキサトリエンの HMO 組立て相関図

図 5.6 に示すように，これら 2 個ユニットの π 軌道をそれぞれ図の左右に置き，同じ対称性の MO を相互作用させる．

① φ_1 は主に π_1 が π_S との同位相相互作用で変形し，π_3 を少し同位相混合して生まれる．

② φ_2 は主に π_2 が π_A との同位相相互作用で変形し，π_4 を少し同位相混合して生まれる．

③ φ_3 は主に π_S が π_3 との同位相相互作用で変形し，π_1 を少し逆位相混合して生まれる．

④ φ_4 は主に π_A が π_2 との逆位相相互作用で変形し，π_4 を少し同位相混合して生まれる．

⑤ φ_5 は主に π_3 が π_S との逆位相相互作用で変形し，π_1 を少し逆位相混合して生まれる．

⑥ φ_6 は主に π_4 が π_A との逆位相相互作用で変形し，π_2 を少し逆位相で混合して生まれる．

以上の操作で，図 5.6 に示すようなヘキサトリエンの HMO（$\varphi_1 \sim \varphi_6$）が出来上がる．係数 C_j^i の絶対値は大中小の 3 種類しかない（大は 0.521，中は 0.418，小は 0.232 である）．たとえば，3 番目の MO（フロンティア軌道; φ_3）は，

$$\varphi_3 = 0.521\chi_1 + 0.232\chi_2 - 0.418\chi_3 - 0.418\chi_4 + 0.232\chi_5 + 0.521\chi_6$$

となる．

HMO の計算結果を表 5.5 に示す．

表 5.5　1,3,5-ヘキサトリエンの HMO（φ）のエネルギー（ε）と係数（C）

φ_i	ε_i	C_1^i	C_2^i	C_3^i	C_4^i	C_5^i	C_6^i
φ_6	$\alpha - 1.802\beta$	0.232	-0.418	0.521	-0.521	0.418	-0.232
φ_5	$\alpha - 1.247\beta$	0.418	-0.521	0.232	0.232	-0.521	0.418
φ_4	$\alpha - 0.445\beta$	0.521	-0.232	-0.418	0.418	0.232	-0.521
φ_3	$\alpha + 0.445\beta$	0.521	0.232	-0.418	-0.418	0.232	0.521
φ_2	$\alpha + 1.247\beta$	0.418	0.521	0.232	-0.232	-0.521	-0.418
φ_1	$\alpha + 1.802\beta$	0.232	0.418	0.521	0.521	0.418	0.232

ペンタジエニルと比較すると，MO のエネルギー分裂幅（3.604β）がさらに大きくなっている．偶数 π 電子系なので NBMO がない．

表の係数の値を用いて π 結合次数（p_{rs}）を求めると下図のようになる．ブタジエンよりさらに π 電子系の非局在化が進んでいる．また，中央の $C^3=C^4$ 結合は結合次数が減少し（0.785），かなり長くなっている（1.368 Å）．C^2-C^3，C^4-C^5 の 2 つの単結合（1.458 Å）は二重結合性が増して，ブタジエンの C^2-C^3 結合（1.467 Å）より少し短くなっている．

5.3.6 共役ポリエンの HMO の特徴

ヘキサトリエンまでの π 電子系の MO 組立てが終わったので，MO のエネルギー変化と形をまとめておこう（図 5.7）．

1. MO は炭素 2p 準位（α; -11.42 eV）に関して上下に対称的に現れる．
2. MO の対称性：下から奇数番目の MO は S 対称，下から偶数番目の MO は A 対称となる．
3. 節（node）の数：下の準位の MO から，0, 1, 2, 3, … の順に 1 個ずつ増えていく．
4. 奇数炭素系では非結合性 MO（non-bonding MO＝NBMO; 準位＝α）が出来る．
5. MO の両端（C^1, C^n; n＝2〜6）の p 軌道の係数の大きさ（絶対値）は，NBMO に近い準位の軌道ほど大きい．被占軌道では，エネルギーが低くなるほど末端の係数の絶対値は小さくなる．**一般に鎖式共役ポリエンのフロンティア軌道の両端の係数は，他の MO のそれらと比較すると最大である．**

たとえば，ヘキサトリエンでは，φ_3, φ_4 の両端の係数の絶対値が最大であり（0.521），φ_2, φ_5 のそれらは中くらい（0.418），φ_1, φ_6 のそれらは最小である（0.232）．

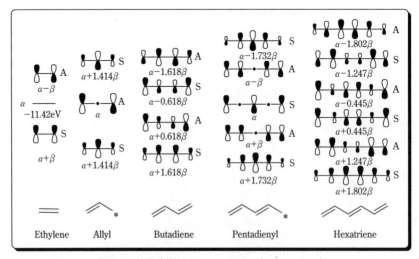

図 5.7 鎖式共役ポリエンの HMO（$* \dot{=} \cdot , +, -$）

上記 5 の性質は芳香族性を考える上で重要である．なぜそうなるかに関しては MO の組立て操作を振り返ってみればわかる．どの共役ポリエンの場合にも，MO 組立て相関図では，右端の軌道（π_S, π_A）のエネルギー準位は NBMO（α）の準位にある．したがって，軌道相互作用の原理により，エネルギー準位が α に近いほうが両端の係数が大きくなる．

【参考 5.2】 鎖式共役ポリエンの MO のエネルギーと係数は三角関数を含む次の理論式 (5.8)，(5.9) で表される．この式で N は π 電子数である．MO の両端（$C^1, C^n; n=2〜6$）の p 軌道の係数の大きさ（絶対値）は，フロンティア軌道で最大になることを，この理論式を使って証明してみる．

$$\text{エネルギー準位}: \varepsilon_i = \alpha + 2\beta \cos\left(\frac{i\pi}{N+1}\right) \quad (5.8)$$

$$i \text{ 番目の MO} \varphi_i \text{ の } j \text{ 番目の係数}: C_i^j = \sqrt{\frac{2}{N+1}} \sin\left(\frac{ij\pi}{N+1}\right) \quad (5.9)$$

式 (5.9) で $i=1$ と置いて（末端 C_1 の係数なので），係数 C_1^j の j (MO 番号) に関する微分をゼロとおいて極大条件を求めると，次に示すように，$j=(N+1)/2$ となることから証明できる．

$$\begin{aligned}\frac{dC_1^j}{dj} &= \frac{d}{d_j}\left(\sqrt{\frac{2}{N+1}} \sin\left(\frac{j\pi}{N+1}\right)\right) \\ &= \sqrt{\frac{2}{N+1}} \left(\frac{\pi}{N+1}\right) \cos\left(\frac{j\pi}{N+1}\right) = 0\end{aligned} \quad (5.4)$$

∴ $j=(N+1)/2$ で極大値を与える．N が奇数なら $j=(N+1)/2$ が HOMO，N が偶数なら $j=N/2$ が HOMO，$j=N/2+1$ が LUMO に相当する．すなわち，**両端の係数の絶対値はフロンティア軌道において最大となる**．

結局，鎖式ポリエンが環式ポリエンに移行する際の安定化エネルギー変化がフロンティア軌道で最大となる．フロンティア軌道が芳香族性（ヒュッケル則; $4n+2$ 則）に重要な役割をする理由がここにある（次節参照）．

5.4 環式共役 π 電子系

芳香族性の理論的な定義によれば，鎖式共役ポリエンが環を巻いて環式共役 π 電子系に移行したとき，π 電子系の全エネルギーが安定化すれば芳香族的であるとし，不安定化すれば反芳香族的であるとする（図 5.8）．

本節では前節で組み立てた鎖式共役ポリエンの MO を利用して環式共役ポ

98　第5章　共役π電子系の分子軌道

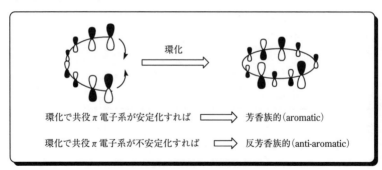

図5.8　芳香族性の定義

リエンのπMOを組み立ててみよう．以下のMO図では，図を見やすくするため，炭素の2p軌道を真上から見た図（○または●；●は位相が＋）で表現する．

MOの組立て法を見ていくなかで，芳香族性における最大ハードネスの原理の有効性を検証してみよう．

【発展学習5.1】最大ハードネスの原理（Principle of Maximum Hardness; PMH）

　フロンティア軌道の性質に関する興味深い原理がPearson（カリフォルニア大学教授）により報告されている（Pearson, R. G., *Acc, Chem. Res.* **1993**, *26*, 250-255）．「えっ！　こんなことが」と思うほど単純な分子の安定性に関する経験則である．すなわち，「**HOMO-LUMO Gap（フロンティア軌道間エネルギー差）が大きいほど分子は安定になる**」．条件付きで理論的にも支持されている．HOMOが低くLUMOが高い分子はもちろん，HOMOが高くてもLUMOが高い分子はHOMO-LUMO Gap（ΔE）が大きいので，これが小さい同種の分子に比べて相対的に安定になるというわけである．分子の安定性が，一見安定性とは無縁のように見えるフロンティア軌道で決まっているということを意味している．分子の安定性も表面MOで決まっているというのである．

　分子のハードネス（hardness）η は次式で定義される．

$$\eta = (I-A)/2 \cong \frac{1}{2}(\varepsilon_{\mathrm{LUMO}} - \varepsilon_{\mathrm{HOMO}})$$

5.4 環式共役π電子系

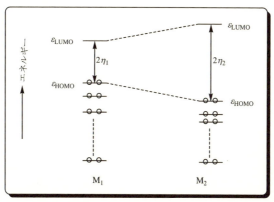

I と A はそれぞれ分子の第一イオン化エネルギーと電子親和力である．近似的に I は HOMO のエネルギー準位，A は LUMO のエネルギー準位とすれば，分子のフロンティア軌道のエネルギー差（HOMO-LUMO Gap; ΔE）の半分がハードネス η ということになる．η は分子の安定性を表し，η が大きいほど分子の安定性が大きいことを意味する．同種の分子のうちで最大の η を持つ分子が最安定となる．これを**最大ハードネスの原理**とよぶ．

たとえば，水分子の屈曲構造は直線構造より ΔE が大きく η が大きい．アンモニア分子では平面構造よりピラミッド構造の方が ΔE が大きく η が大きい．ペンタンの3種類の回転異性体のうち，最安定配座の η が最も大きい．η の値は弱い結合を持つ分子の HOMO は高く，LUMO は低いという傾向とも深く関係している．フロンティア軌道のエネルギー準位から簡単に分子の安定性や反応の起こりやすさが予測できることは，分子軌道論の奥深さを示している．

5.4.1 シクロプロペニル系
(1) MO 組立て

最も簡単な環式共役系であるシクロプロペニル系の πMO は，アリル系の πMO を環化させて組み立てることができる．その様子を図5.9に示す．

① アリル系の A 対称の NBMO（ϕ_2）は両端の位相が逆位相なので環化に際してエネルギーが不安定化して同じ A 対称のシクロプロペニル系の MO になる．このときのエネルギー変化（$|\beta|$ だけ不安定化）は，ϕ_2 の両

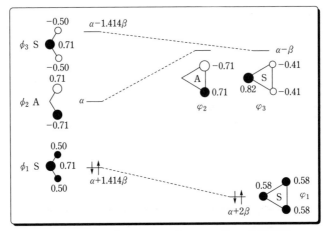

図 5.9 アリル系からシクロプロペニル系への環化過程

端の係数が大きい (0.71) ので，他の MO のエネルギー変化のうちもっとも大きい．

② S 対称の 2 つの MO (ϕ_1, ϕ_3) はいずれも環化に伴って安定化する．安定化量は ϕ_1 が $0.586|\beta|$，ϕ_3 が $0.414|\beta|$ であり前者のほうが少し大きい．

③ 環化構造は正三角形になるため φ_2 と φ_3 は縮重している（3 回以上の回転対称があるときは，縮重軌道が現れる）．

(2) 関与電子数と最大ハードネスの原理

環状系への移行に際して電子数によって表 5.6 に示すエネルギー変化が予想される．

① π 電子 1 個の系：ラジカルジカチオンである．アリル系の MO の ϕ_1 に電子が 1 個入り，これがシクロプロペニル系の φ_1 に移行するので $0.586|\beta|$ 安定になる．したがって，この化学種の π 電子系は環状系のほうが有利と予想される．

② π 電子 2 個の系：カチオンになる．アリル系の MO の ϕ_1 に電子が 2 個入り，これがシクロプロペニル系の φ_1 に移行するので①のケースの 2 倍 ($1.172|\beta|$) 安定になる．したがって，この化学種の π 電子系は環状系のほうがかなり有利であり芳香族的と予想される．

③ π 電子 3 個の系：中性のラジカルである．アリル系の MO の ϕ_1 に 2 個，ϕ_2 に 1 個電子が入り，これらの MO がシクロプロペニル系の φ_1 と φ_2 に

表 5.6 図 5.9 の環化過程における全エネルギーの変化量の占有電子数依存性

π 電子数	アリル系	シクロプロペニル系	変化量
1	$\alpha+1.414\beta$	$\alpha+2\beta$	0.586β
2	$2(\alpha+1.414\beta)$	$2(\alpha+2\beta)$	1.172β
3	$2(\alpha+1.414\beta)+\alpha$	$2(\alpha+2\beta)+(\alpha-\beta)$	0.172β
4	$2(\alpha+1.414\beta)+2\alpha$	$2(\alpha+2\beta)+2(\alpha-\beta)$	-0.828β

移行するので，わずか $0.172|\beta|$ 安定になるだけである．したがって，この化学種の π 電子系は環状系のほうがほんの少し有利と予想される．

④ π 電子 4 個の系：マイナス 1 価のアニオンである．アリル系の MO の ϕ_1 に 2 個，ϕ_2 に 2 個電子が入り，これらの MO がシクロプロペニル系の φ_1 と φ_2 に移行するので，$0.828|\beta|$ 不安定になる．したがって，この化学種の π 電子系は環状系のほうが不利と予想され反芳香族的である．縮重した軌道に 2 個の電子が入るのでフント則により三重項状態になるため反応性が高く速度論的に不安定になっている．

⑤ 最大ハードネスの原理によると，2π 電子系は LUMO-HOMO エネルギー差＝$1.414|\beta|$ から $3|\beta|$ に拡大するので環状系が安定になると予想される．一方 4π 電子系のアニオンでは，LUMO-HOMO エネルギー差＝$1.414|\beta|$ から 0 になるので環状系は不安定と予想される．

(3) 実験による検証

以上より，電子が 2 個入ったシクロプロペニルカチオンの場合に環状系が安定化し芳香族的である．2π 電子系のシクロプロペニウム誘導体（**1**）は空気中，室温で白色結晶として安定に単離される．しかし，4π 電子系のシクロプロピルアニオン（**2**）は不安定であり反芳香族的で，合成の試みはなされたが失敗に終わっている．

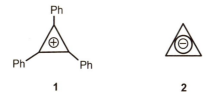

1　　　**2**

【参考 5.3】 シクロプロピル系の MO はエテンの MO と単独 2p 軌道との相互作用で組み立てることができる．対称面は分子を二分する紙面に垂直な鏡

面. A 対称の MO は相互作用せずそのまま残り φ_2 となる. S 対称の MO は左右に 1 対あるので 1 対 1 軌道相互作用で φ_1 と φ_3 ができる（図 5.10）.

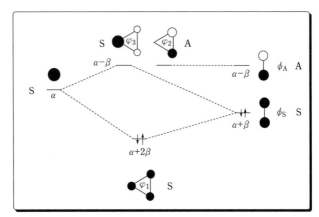

図 5.10 エテン（右端）の MO（ϕ_S, ϕ_A）からシクロプロピル系の MO の組立て

5.4.2 シクロブタジエン
(1) MO 組立て

図 5.11 に, ブタジエンからシクロブタジエンへの π 電子系の環化による MO 組立て相関図を示す. この環化過程で保存される対称要素は分子面に垂直なブタジエンの C^2–C^3 の中点を通る鏡面である. MO のエネルギー変化を表 5.7 に示す.

① ブタジエンの S 対称の MO（ϕ_1, ϕ_3）は, 同位相の相互作用なので, いずれも安定化してそれぞれ φ_1, φ_3 に移行する. このうち, φ_3 の方が安定化が大きい（$0.618|\beta|$）. これは ϕ_3 の末端炭素（C^1, C^4）の係数（0.60）が ϕ_1 のそれ（0.37）より大きいからである.

② A 対称の MO（ϕ_2, ϕ_4）は, 逆位相の相互作用なので, いずれも不安定化してそれぞれ, φ_2 と φ_4 に移行する. ϕ_2 の末端係数（0.60）のほうが ϕ_4 のそれ（0.37）より大きいので, 不安定化エネルギーも ϕ_2 の方が大きくなっている（ϕ_2: $-0.618|\beta|$; ϕ_4: $-0.382|\beta|$）.

③ シクロブタジエンの MO では, ϕ_2 が不安定化し, ϕ_3 が安定化して α の

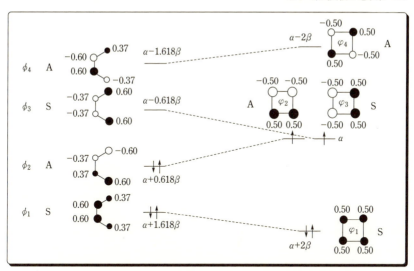

図 5.11 ブタジエンからシクロブタジエンへの HMO の環化過程

表 5.7 図 5.11 の環化過程のエネルギー変化

鎖式 MO	鎖式 MO 準位	鎖式末端係数	環式 MO	環式 MO 準位	安定化量
ϕ_1	$\alpha+1.618\beta$	0.37	φ_1	$\alpha+2\beta$	$0.382|\beta|$
ϕ_2	$\alpha+0.618\beta$	0.60	φ_2	α	$-0.618|\beta|$
ϕ_3	$\alpha-0.618\beta$	0.60	φ_3	α	$0.618|\beta|$
ϕ_4	$\alpha-1.618\beta$	0.37	φ_4	$\alpha-2\beta$	$-0.382|\beta|$

準位に縮重軌道 (φ_2, φ_3) が生じる.

④ 中性分子は 4 電子系である. 基底状態では, はじめの 2 個の電子は φ_1 に入る. 3 個目, 4 個目の電子は φ_2 と φ_3 にスピンを揃えて 1 個ずつ入るので基底状態では三重項状態になる.

(2) 関与電子数と最大ハードネスの原理

① 2π 電子系 (ジカチオン): 鎖式系では ϕ_1, 環状系では φ_1 だけが被占軌道 (HOMO) になるので, 環状系が $2(\alpha+2\beta)-2(\alpha+1.618\beta)=-0.764\beta$ 閉環により安定化する. 実際, LUMO と HOMO のエネルギー差 (ΔE) は, 鎖式系から環状系になると, $|\beta|$ から $|2\beta|$ に拡大するので, 環状系の方が安定になる.

② 4π 電子系: 鎖式系から環状系への全電子エネルギーの変化量は,

$2(α+2β)+2α-\{2(α+1.618β)+2(α+0.618β)\}=-0.472β$ である．すなわち，環化により $4π$ 電子系は不安定化する．

このとき，鎖式系では ϕ_2，環状系では φ_2 が HOMO になり，ΔE は鎖式系から環状系になると $1.236|β|$ から $0|β|$ に縮小するので鎖式系の方が安定になる．

③ $6π$ 電子系（ジアニオン）：この系では鎖式系から環状系に移行すると，全電子エネルギーの変化量は，$2(α+2β)+2×2α-\{2(α+1.618β)+2(α+0.618β)+2(α-0.618β)\}=0.764|β|$ となるので，安定化する．この系では鎖式系で ϕ_3，環状系で φ_3 が HOMO になる．鎖式系（$\Delta E=|β|$）から環状系になると $\Delta E=2|β|$ に拡大するので環状系の方が安定になる．

(3) 実験による検証

図 5.11 からシクロブタジエンはブタジエンに比較して $0.472|β|$ 不安定化しており，環状系より鎖式系になりたがる傾向がある．

前項の③から，シクロブタジエンジアニオン（$6π$ 電子系）では環状系が安定であると予想される．しかし，前述のように，2 個の負電荷が小員環に収容されにくいこと，HOMO のエネルギー準位がきわめて高い（$α$）ため反応性に富むこと等の理由により，エネルギー的にも速度論的にも不安定と考えられ，合成はなされていない．

シクロブタジエン（$4π$ 電子系）は反応性に富む不安定な化学種であり，エネルギー的にも速度論的にも不安定と考えられ，合成はなされていない．かさ高い置換基 t-Bu 基が 3 個結合して立体保護された誘導体（**3**）が低温で合成されたが，室温で重合してしまうほど不安定であった．結合交替があり，長方形構造であることが赤外線吸収スペクトルからわかっている．

3 ($4π$)

長方形構造

【参考 5.4】 シクロブタジエンの MO を組み立てる最も簡単な方法を図 5.12 に示す．2 つのエテンユニット（E1, E2）を左右に置き，分子面（x-y

面：紙面）を垂直に二分する鏡面（x-z面）に関する対称性でMOを分類する．S対称，A対称のMOが左右にそれぞれ1対あるので，すべて1対1軌道相互作用で話が済む．

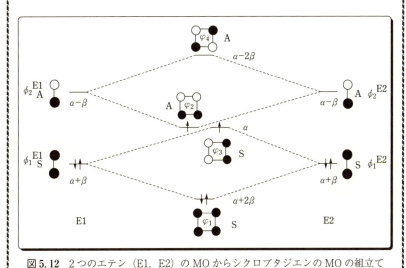

図 5.12 2つのエテン（E1, E2）のMOからシクロブタジエンのMOの組立て

5.4.3 シクロペンタジエニル系
(1) MO組立て

ペンタジエニル系から環化によってシクロペンタジエニル系のMOを組み立てる操作を図5.13に示す．その環化過程における各MO（$\phi_i \to \varphi_i$; i=1～5）のエネルギー変化を表5.8にまとめた．MOのエネルギー変化と係数の変化を追ってみよう．

① ϕ_1の変形には同じS対称のすぐ上のMO（ϕ_3）が少し同位相で混合して，5つの等しい係数のMO（φ_1）ができる．この過程で同じ対称性のφ_5が混合するがエネルギー差が大きいのでほとんど無視できる．両端の係数の符号は同じなのでエネルギーが低下する（変化量＝0.268$|\beta|$）．

② ϕ_2の変形では，両端の係数の符号が異なるので，環化にともなって相互作用領域から電子が排除されてエネルギーが上昇する（変化量＝－0.382$|\beta|$）．この過程で同じA対称のMO（ϕ_4）が少し同位相で混合

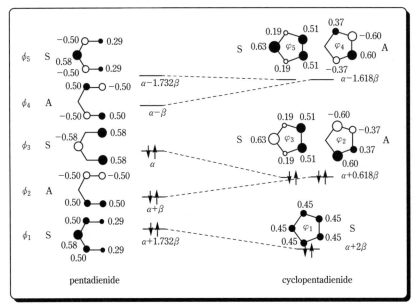

図 5.13 シクロペンタジエニルの HMO の組立て

表 5.8 図 5.13 の環化過程のエネルギー変化

鎖式 MO	鎖式 MO 準位	鎖式末端係数	環式 MO 準位	安定化量
ϕ_1	$\alpha+1.732\beta$	0.29	$\varphi_1=\alpha+2\beta$	$0.268|\beta|$
ϕ_2	$\alpha+\beta$	0.50	$\varphi_2=\alpha+0.618\beta$	$-0.382|\beta|$
ϕ_3	α	0.58	$\varphi_3=\alpha+0.618\beta$	$0.618|\beta|$
ϕ_4	$\alpha-\beta$	0.50	$\varphi_4=\alpha-1.618\beta$	$-0.618|\beta|$
ϕ_5	$\alpha-1.732\beta$	0.29	$\varphi_5=\alpha-1.618\beta$	$0.114|\beta|$

する．同位相とは相互作用領域に電子を溜める相互作用であるから，図に示す MO と逆の符号の ϕ_4 が ϕ_2 にわずかに混合する．

③ ϕ_3 の変形では両端の係数の符号は同じなので，エネルギーが低下して φ_3 に落ち着く．このとき，2 つの MO（ϕ_1 と ϕ_5）が混合する．ϕ_1 は逆位相で，ϕ_5 は同位相で混ざるため φ_3 のような形の MO に変形する．ϕ_3 の末端係数は，他のペンタジエニル系の MO のうち最大なので，エネルギー変化も最大である（0.618β）．

④ φ_2 と φ_3 は，$(\alpha+0.618\beta)$ のエネルギー準位の二重に縮重した MO となる．

⑤ φ_4 と φ_5 は，$(\alpha-1.618\beta)$ のエネルギー準位の二重に縮重した MO となる．

⑥ その他，ϕ_4 は不安定化，ϕ_5 は安定化してそれぞれ，φ_4, φ_5 に移行する．

表5.8によれば，上記のプロセスにおける変化量の絶対値は，フロンティア軌道 ($\phi_3 \to \varphi_3$) が最も大きく ($0.618|\beta|$)，下位の MO (φ_2, φ_1) になるほどその値は低下していることに注目しよう（それぞれ，$0.382|\beta|, 0.268|\beta|$）．フロンティア軌道（HOMO）において共役ポリエンの末端係数が最大になるためである（【参考5.2】）．

(2) 関与電子数と最大ハードネスの原理

関与する電子が4個，または6個の2つの場合を考えてみよう．

① 4個の場合：カチオンとなる．基底状態では電子は，鎖式系では ϕ_1 と ϕ_2 および環状系では φ_1 と φ_2 に2個ずつ入る．このときの全エネルギーの変化量は，

$$2(\alpha+2\beta)+2(\alpha+0.618\beta)-2(\alpha+1.732\beta)-2(\alpha+\beta)=-0.228\beta$$

となり環状系になると不安定化する．このときの HOMO-LUMO エネルギー差 (ΔE) は $0.268|\beta|$（鎖式系）から $0|\beta|$（環状系）になるので鎖式系が安定になる．

② 6個の場合：アニオンとなる．基底状態では電子は鎖式系では $\phi_1 \sim \phi_3$，および環状系では $\varphi_1 \sim \varphi_3$ に2個ずつ入る．このときの全エネルギーの変化量は，

$$2(\alpha+2\beta)+4(\alpha+0.618\beta)-2(\alpha+1.732\beta)-2(\alpha+\beta)-2\alpha=1.008|\beta|$$

となり，環状系になると非常に大きく安定化する．

このときの LUMO-HOMO エネルギー差 (ΔE) は $|\beta|$（鎖式系）から $2.236|\beta|$（環状系）になるので環状系が安定になると予想される．

すなわち，最大ハードネスの原理からも，4π 電子系のシクロペンタジエニルカチオンは環化により不安定化するが，6π 電子系のシクロペンタジエニルアニオンは非常に安定になると予想される．

(3) 実験による検証

上記の予想は実験でも実証されている。6π電子系のシクロペンタジエニルアニオン（**4**）は安定に合成された。シクロペンタジエンのメチレン（CH_2）のpK_aはわずか15であり，炭化水素としては例外的に小さく酸性が強い。これを1モル当量の金属ナトリウムで処理すると**4**が定量的に生成する。**4**は溶液中でも結晶としても室温で安定な分子であるが，アニオンであるため酸化されやすく，空気中では不安定である。遷移金属ハロゲン化物と反応させると，安定なサンドイッチ化合物であるメタロセン（**6**）を生成する。

一方，4π電子系のシクロペンタジエニルカチオン（**5**）は低温で短寿命化学種として観測され，エネルギー的にも不安定であり，基底状態は三重項状態なので非常に反応性が高く，安定には合成されていない。

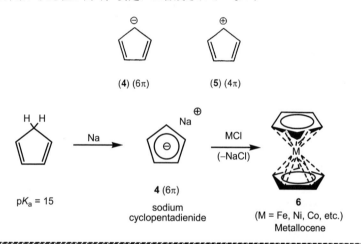

【参考5.5】 アリル系とエテン系の相互作用によるシクロペンタジエニル系の組立て操作を図5.14に示す。対称要素は，分子面を上下に二分する鏡面とする。A対称のフラグメント（左のϕ_2と右のϕ_A）の相互作用は，1対1軌道相互作用でφ_2とφ_5を生む。S対称のフラグメントは，左に2個（ϕ_1, ϕ_3）右に1個（ϕ_S）あるので少し複雑であるが，図のような3つのMO（φ_1, φ_3, φ_4）を生む。

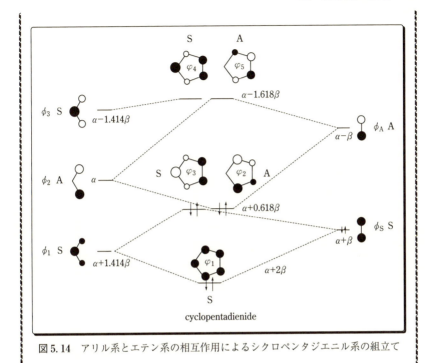

図 5.14 アリル系とエテン系の相互作用によるシクロペンタジエニル系の組立て

5.4.4 ベンゼンの MO
(1) MO 組立て

1,3,5-ヘキサトリエンの HMO を環化させてベンゼンの HMO を組み立てる過程を図 5.15 に示す．左端の 1,3,5-ヘキサトリエンの MO (ϕ_i; $i=1\sim6$) の C^1 と C^6 を結ぶと，右端のベンゼンの MO (φ_i; $i=1\sim6$) ができる．その環化過程における各 MO のエネルギー変化を表 5.9 に示す．そのプロセスを分子軌道ごとに追跡してみよう．

被占軌道 ($\phi_1\sim\phi_3$) について考える．

① ヘキサトリエン ϕ_1 ($\varepsilon_1=\alpha+1.802\beta$) からベンゼン φ_1 ($\varepsilon_1=\alpha+2\beta$) への環化過程では，$\phi_1$（S 対称）での C^1……C^6 相互作用が同位相なので，接近とともにエネルギーが安定化して φ_1 になる．このときの安定化エネルギーは，0.396|β| である（$2\times(2\beta-1.802\beta)=0.396|\beta|$）．このとき ϕ_3 が

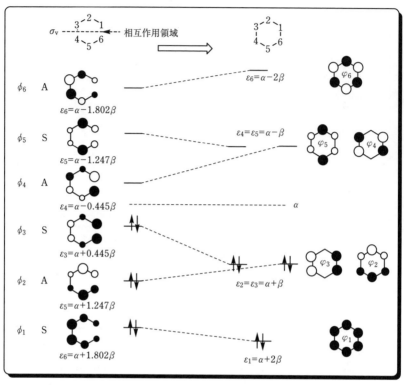

図 5.15 1,3,5-ヘキサトリエンの HMO からベンゼンの HMO の組立て

表 5.9 図 5.15 の環化過程のエネルギー変化

鎖式 MO	鎖式 MO 準位	鎖式末端係数	環式 MO 準位	安定化量
ϕ_1	$\alpha+1.802\beta$	0.232	$\varphi_1=\alpha+2\beta$	$0.198|\beta|$
ϕ_2	$\alpha+1.247\beta$	0.418	$\varphi_2=\alpha+\beta$	$-0.247|\beta|$
ϕ_3	$\alpha+0.445\beta$	0.521	$\varphi_3=\alpha+\beta$	$0.554|\beta|$
ϕ_4	$\alpha-0.445\beta$	0.521	$\varphi_4=\alpha-\beta$	$-0.55|\beta|$
ϕ_5	$\alpha-1.247\beta$	0.418	$\varphi_5=\alpha-\beta$	$0.247|\beta|$
ϕ_6	$\alpha-1.802\beta$	0.232	$\varphi_6=\alpha-2\beta$	$-0.198|\beta|$

同位相で少し混合する．（ϕ_5の混合はエネルギー差が大きいので無視できる．）

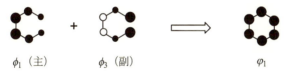

② ヘキサトリエンϕ_2（$\varepsilon_2=\alpha+1.247\beta$）からベンゼン$\varphi_2$（$\varepsilon_2=\alpha+\beta$）への環化過程では，$\phi_2$（A対称）での$C^1\cdots C^6$相互作用は逆位相なので，接近とともにエネルギーが不安定化してφ_2になる．このときの不安定化エネルギーは，$(\beta-1.247\beta)=0.247|\beta|$である．これは①の安定化量$0.396|\beta|$より少し大きいが，$\phi_1$と$\phi_2$のエネルギー変化はほぼキャンセルされると考えてよい．このときϕ_4が同位相で（相互作用領域の電子密度を増加させるように）少し混合する．（ϕ_6の混合はエネルギー差が大きいので無視できる．）

③ ヘキサトリエンϕ_3（$\varepsilon_3=\alpha+0.445\beta$）からベンゼン$\varphi_3$（$\varepsilon_3=\alpha+\beta$）への環化過程では，$\phi_3$（S対称）での$C^1\cdots C^6$相互作用は同位相なので接近とともにエネルギーが大きく安定化してφ_3になる．このときの安定化エネルギーは$0.555|\beta|$である．ϕ_3の両端の係数がϕ_i（$i=1\sim3$）のうち最大であるため，相互作用も最大となっている．

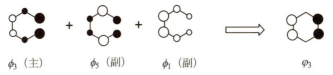

結局，③の環化過程の安定化が最大となり，ベンゼンのπ電子系の方が，1,3,5-ヘキサトリエン系のそれより$1.012|\beta|$だけ安定化している．なぜなら，

ヘキサトリエンの全電子エネルギー：
$$6\alpha+2(0.445\beta+1.247\beta+1.802\beta)=6\alpha+6.988\beta$$
ベンゼンの全電子エネルギー：$6\alpha+2(\beta+\beta+2\beta)=6\alpha+8\beta$

表5.10 ベンゼンのHMOのエネルギーと係数

φ_i	ε_i	C_1^i	C_2^i	C_3^i	C_4^i	C_5^i	C_6^i
φ_6	$\alpha-2\beta$	0.408	-0.408	0.408	-0.408	0.408	-0.408
φ_5	$\alpha-\beta$	0.289	-0.577	0.289	0.289	-0.577	0.289
φ_4	$\alpha-\beta$	0.500	0.000	-0.500	0.500	0.000	-0.500
φ_3	$\alpha+\beta$	0.500	0.000	-0.500	-0.500	0.000	0.500
φ_2	$\alpha+\beta$	0.289	0.577	0.289	-0.289	-0.577	-0.289
φ_1	$\alpha+2\beta$	0.408	0.408	0.408	0.408	0.408	0.408

環化に伴うエネルギー変化 $=(6\alpha+8\beta)-(6\alpha+6.988\beta)=1.012\beta$

この1.012βがベンゼンの異常な安定性の起源である．興味深いことはヘキサトリエンの表面軌道（φ_3）の安定化でベンゼンの安定性が決まっており，この表面軌道がS対称を持つフロンティア軌道のHOMOであることである．鎖式π共役系が環状π共役系に移行するとき，このHOMOがA対称で不安定化すれば環状π共役系は不安定になり，芳香族性が現れない．

④ 最大ハードネスの原理から言えば，ヘキサトリエンではハードネス$\eta(=\Delta E/2)$は$0.846|\beta|$，ベンゼンでは$|\beta|$となり，ベンゼンの方が大きい．

参考のためにベンゼンのπMOの係数を表5.10に示す．

【参考5.6】 ベンゼンのMOを2個のアリル系の相互作用で組み立てる方法を図5.16に示す．

① 組立てに利用する対称要素は，分子面を垂直に二分する鏡面である．

② A対称のMOは1対しかないので，1対1軌道相互作用の原理に従って相互作用し，φ_3とφ_4が生まれる．このとき，相互作用の大きさはエテン（エチレン）の場合と同じβである．すなわち，安定化（同位相）相互作用で生じるφ_2は$\alpha+\beta$に落ち着き，逆位相の相互作用で生じるφ_4は$\alpha-\beta$に落ち着く．

③ 左右に2対あるS対称のMO（1対のϕ_1，1対のϕ_3）の相互作用は複雑である．まず，近似的にϕ_1どうしとϕ_3どうしの相互作用と考えて，独立に軌道相互作用の原理を適用する．さらに，ϕ_3が少しϕ_1に同位相で，ϕ_1が少しϕ_3に逆位相で2対1の相互作用の原理に従って混合すると考える．

④ その結果，たとえばφ_1の生成は，下図に示すような軌道混合となり，6個の係数は等しくなる（同位相混合とは相互作用領域に電子を溜める

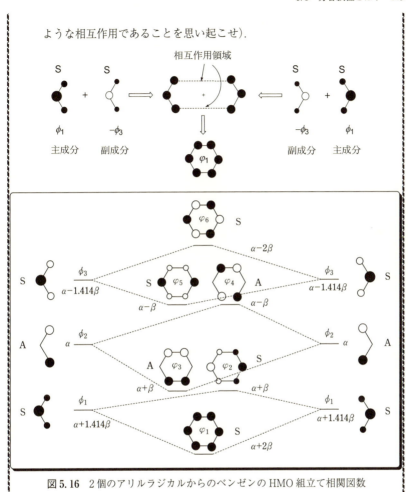

図 5.16 2個のアリルラジカルからのベンゼンの HMO 組立て相関図数

5.5 芳香族性とは？

5.5.1 ヒュッケル則（$4n+2$ 則）

前節では，π 電子数が 6 個までの環状系について，π 電子数が 2 個または 6 個の場合に環状 π 電子系が鎖式 π 電子系より安定化することを見てきた．芳香族性の定義（図5.8）によれば，このような環状 π 電子系は芳香族的（aromatic) である．なぜだろうか？

　対応する共役ポリエンの HOMO が S 対称であり，その末端係数が被占軌道の中で最大だからである（【参考 5.2】）．図 5.7 に示したように，一般に共役ポリエンの MO の対称性は，下の準位から，S, A, S, A, S, …のように S 対称から始まり，奇数番目（$2n+1$ 番目; $n=0, 1, 2, 3, …$）に S 対称が，偶数番目（$2m$ 番目; $m=1, 2, 3…$）に A 対称が交互に現れる．Pauli の原理より，1 個の MO には最大 2 個の電子まで収容されるので，S 対称の MO が現れるのは，$n=0, 1, 2, 3, …$（ゼロまたは自然数）とすると，$2\times(2n+1)=4n+2$ 個目の電子が入る MO である．すなわち，$4n+2$ 個の π 電子共役系のフロンティア軌道の対称性は必ず S 対称であり，環化して環状 π 電子共役系になると安定化する．このような系では，下方軌道の対称性は（S, A）対称のペアが必ずあり，下方軌道の環化では，S 対称の MO の安定化と A 対称の MO の不安定化がほぼキャンセルされてしまうので，共役系のエネルギーに影響しないと考えてよい．

　結局，フロンティア軌道の対称性が S 対称の系は，$4n+2$ 個の π 電子系なので，$4n+2$ 個の π 電子を持つ環状系は同じ個数の π 電子を持つ直鎖系よりエネルギー的に安定であると推定される．これは，系がカチオン，アニオンなどの電荷を持つ場合でも，$4n+2$ 個の π 電子を持つ環状系は安定になることを意味している．逆に，$4n$ 個の π 電子を持つ環状系は中性でもカチオンでもアニオンでも直鎖系より不安定になる．この規則は，$4n+2$ 則（$n=0, 1, 2, 3, …$）またはヒュッケル則（Hückel Rule）と呼ばれている．このような $4n+2$ 個の環状共役 π 電子を持つ安定系を**芳香族性**（aromaticity）があるとも言う．これらの系は，必ずしもベンゼン環を持つとは限らない．そのような分子で芳香族性を持つものは，**非ベンゼン系芳香族**（non-benzenoid aromatic compounds）とも呼ばれる．また，$4n$ 個の π 電子を持つ環状系は，対応する鎖式系より不安定化しているので，**反芳香族的**（antiaromatic）と呼ばれている．

5.5.2　非ベンゼン系芳香族

　環状ポリエン（環の員数＝N とする）の HMO のエネルギー準位を図 5.17 に示す．最低準位（ε_1）の MO は，環の大きさによらず $\alpha+2\beta$ であり，対称性は S である．そのすぐ上には S および A 対称の縮重軌道があり，それらの準位は環の大きさとともに低くなる．偶数員環では最高準位は必ず $\alpha-2\beta$ であり，奇数員環では ε_1 以外の MO はすべて縮重している．

5.5 芳香族性とは？

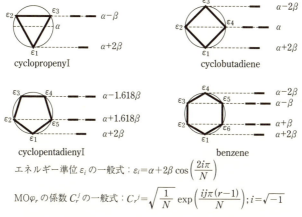

エネルギー準位 ε_i の一般式：$\varepsilon_i = \alpha + 2\beta \cos\left(\dfrac{2i\pi}{N}\right)$

MO φ_r の係数 C_r^j の一般式：$C_r^j = \sqrt{\dfrac{1}{N}} \exp\left(\dfrac{ij\pi(r-1)}{N}\right); i = \sqrt{-1}$

図 5.17 環状ポリエンの形と HMO の軌道準位の関係

図 5.17 を見ると，$(4n+2)\pi$ 系が安定であるのは，鎖式系に比べて環状系がエネルギー的に安定化しているからだけの理由ではないことがわかる．すなわち，フント則によって縮重軌道に電子が 2 個入る場合には，スピンをそろえて異なる軌道に入る方が安定になるという傾向があるため，π 電子数によっては，半占軌道が 2 個できてビラジカルになってしまうことがある．半占軌道は，被占軌道，空軌道，半占軌道どれでも相手かまわず相互作用して安定になろうとするので，このようなビラジカルは化学反応性がきわめて高い（速度論的に不安定である）．$4n\pi$ 電子系では必ず半占軌道ができる．しかし，図 5.17 を見ると，環の大きさによらず，基底状態の $(4n+2)\pi$ 電子系では**半占軌道の生まれようがない**ことがわかる．すなわち，$(4n+2)\pi$ 系が安定化しているのは，次の 2 つの条件が満たされているからである．

$(4n+2)\pi$ 環状系は；

① 速度論的に安定である．半占軌道を持たないので反応性が低い．
② エネルギー的に安定である．対応する鎖式ポリエンのフロンティア軌道（HOMO）が（π 電子数 N が偶数であれば）S 対称であり，これが環状系に移行すると安定化する．この安定化量は，同じ鎖式ポリエンの他の被占軌道のうちで最大であり（フロンティア軌道の両端の係数値が最大なので），下方軌道は系のエネルギー変化にあまり影響しない．

表5.11　環式共役ポリエンの化学種とπ電子数[a]

電荷	π電子数							
	3員環	4員環	5員環	6員環	7員環	8員環	9員環	10員環
+1	2[b]	3	4	5	6[b]	7	8	9
0	3	4	5	6[b]	7	8	9	10[c]
−1	4	5	6[b]	7	8	9	10[b]	11
−2	5	6[c]	7	8	9	10[b]	11	12
β^d	1.172	0.764	1.008	1.102	0.933	0.834	0.890	0.891

[a]網掛けは(4n+2)π則に合致する系. [b]既知の芳香族分子またはイオン種. [c]Hückel則に合うが不安定で未知. [d]網掛け化学種の対応する鎖式ポリエンを基準にとったHMOによる安定化エネルギー（単位；$|\beta|$）.

　最大ハードネスの原理から言っても，$(4n+2)\pi$系はエネルギー的に安定である．すなわち，鎖式ポリエンのHOMOがS対称であるということは，そのLUMOはA対称である．ゆえに，環化により，HOMOは安定化し，LUMOは不安定化するので，HOMO-LUMOエネルギー差（ΔE）は環化過程で拡大する．したがって，$(4n+2)\pi$個の電子を含む環状系のハードネス（$\eta = \Delta E/2$）は同じπ電子数の鎖式ポリエンのハードネスより大きい．

　表5.11に10員環までの環状共役ポリエンの電子数と化学種を示す．環の大きさによっては$4n+2$則に合う系（網掛け）がイオンとなる場合がある．これらの網掛け系のうち，実験的に確認されていない系は，4員環のジアニオン（cyclobutadienyl dianion）と10員環のall-*cis*-シクロデカペンタエン（all-*cis*-cyclodecapentaene）だけである．4員環のジアニオンは小さな環に2個の負電荷を収容することが静電反発で非常にエネルギー的に不利であるだけでなく，HOMOがNBMOとなるため，準位が高いので反応性が高くなる．一方，all-*cis*-シクロデカペンタエンは，環のひずみが大きすぎて安定に平面構造がとれない．それ以外はすべて，電荷（カチオン，中性，アニオン）を問わず，網掛けした化学種は安定に合成され，構造や性質が研究されている．

　表の最後の行に示した安定化エネルギーは，同じπ電子数を持つ鎖式ポリエンを基準にした$4n+2$則を満たす環状ポリエンのものをβ単位で表したものである．シクロブタジエンジアニオンの安定化エネルギーが最低である（0.764β）．安定化エネルギーの値が最大なのはシクロプロペニウムである（1.172β）．中性分子として最も安定なのはベンゼンである（1.102β）．ベンゼンがいかに安定化しているかがよくわかる．

ベンゼンの安定性は，2つの等価な共鳴構造（Kekul構造）による安定化のためではない，ということがわかった．共鳴理論が「説明する」ベンゼンの安定性は，分子軌道法が未熟なレベルにあった時代の，創作物語と考えなければならない．

6π電子系のシクロヘプタトリエニルカチオン（**8**）は，シクロヘプタトリエン（**7**）をLewis酸で処理して安定に合成される．BF_4^- 塩（**8**）は大量合成も可能であり，空気中で安定な白色結晶として単離される．この分子の7員環は対称性の良い平面構造である．

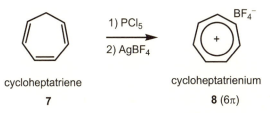

8π電子系のシクロオクタテトラエン（**9**）は浴槽形で平面構造になれず，単結合（1.462 Å）と二重結合（1.334 Å）の結合交替があり，π電子の非局在化が妨げられている．8π電子系の**9**に2モルのLiを作用させると2個の電子がπ電子系に入って安定な10π電子系のジアニオン（**10**）が生成する．ジアニオン**10**は白色結晶であり，D_{8h} 対称をもつ完全な平面構造であり芳香族的である．

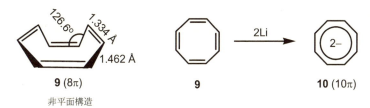

化合物（**11**）を真空中Liで処理すると，10π電子系のシクロノナテトラエニルアニオン（**12**）を生成する．**12**は *trans* 配座のC=C結合を1個含むが，すべてのC–C結合の長さは同じで完全に平面構造である．π電子の非局在化が最大実現されている．

芳香族性は非常に不思議な現象であるが，分子の振舞いが波動に支配されていることの証である．物理有機化学におけるこの分野の研究は MO 法の威力を如実に示す好例であり，興味深い現象と知識の宝庫である．

【発展学習 5.2】 ビシクロ芳香族性
ビシクロヒュッケル則－3 次元芳香族性

1971 年，M. J. Goldstein と R. Hoffmann はヒュッケル則を 3 次元に拡張して 3 次元共役 π 電子系の安定性に関するエレガントなルールを提唱し，その指針に従って，エネルギー的に安定と予想されるビシクロ π 電子共役系 (longicyclic π-conjugated system) を設計し，合成実験で検証した．

ビシクロ系を作る 3 個の π リボンのモードを定義する．各 π リボンの π 電子数 n，電荷 z のとき，$(n-z)$ を 4 で割った余りが r であればモード r と定義し，3 つのモードの組合せが (0, 2, 2) または (0, 0, 2) (順序は不問) であれば (同じ π 電子数の環状共役ポリエンの系と比較して) 安定化する．それ以外は不安定化する．

このルールはビシクロヒュッケル則と呼ばれ，2 次元 π 共役系の $4n+2π$ 則を 3 次元にまで拡張したという意味で，**ビシクロ芳香族性**(bicycloaromaticity)と呼ばれている．具体例を見てみよう．

7-ノルボルナジエニルカチオン (**1**) は，室温でも安定なカルボカチオンとして知られている．これは 4π 電子系であり，モード (0, 2, 2) なので安定化すると予想される．一方，バレレン (**2**) は不安定な分子であり，モード (2, 2, 2) であるため，この 3 次元共役 π 電子系は安定化しない．アニオン (**3**) は，初めて合成された，室温でも安定なビシクロ系アニオンである．**3** のモードは (0, 2, 2) であり安定と予想され，合成実験が計画された．ジアニオン **4** はモード (0, 0, 2) であり安定と予想されて合成され，その構造は NMR 分光学で確認された (Goldstein, M. J.; Tomoda, S.; Whittaker, G., *J. Am. Chem. Soc.*, **1974**, *96*, 3676).

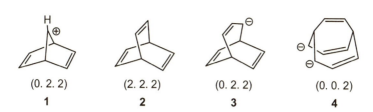

興味深いのは，バーバラリルイオン（**5**）とビシクロ[3.2.2]ノナトリエニルイオン（**6**）の相互変換である．アニオンのときは**6**となり，カチオンのときは**5**となる．反応の方向が電荷によって見事に制御されている．このような現象を**可逆電荷制御**（reversible charge control）と呼ぶ（Goldstein, M. J.; Tomoda, S. *J. Am. Chem. Soc.*, **1975**, *96*, 3847）．分子表面における分子軌道の対称性が分子の3次元構造を支配していることを見事に示す例として非常に興味深い現象である．

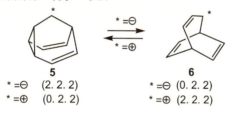

【発展学習5.3】 芳香族分子の共鳴エネルギーと最大ハードネスの原理

　芳香族分子の安定性はフロンティア軌道間のエネルギー差（ΔE）で決まる．共鳴エネルギーが大きいほどΔEが大きくなる．このことを下表に示す多環芳香族系（**1~20**）で検証してみよう．共鳴エネルギーとして，論文で報告されている1電子共鳴エネルギー（Resonance Energy per Electron; REPE; 共鳴積分β単位），HF/6-31G(d)レベルで計算したフロンティア軌道エネルギー差（ΔE; eV）を下表に示す．これらの芳香族分子のうちで，ベンゼンの1電子共鳴エネルギーが最大である（REPE=0.065|β|）．同時に，フロンティア軌道間エネルギー差もベンゼンが最大である（ΔE=13.08 eV）．最大ハードネスの原理から言っても，ベンゼンが非常に安定化されていることが明らかである．

　これらの芳香環のうちで，REPEが最も小さいのはペンタセン（**12**）であり，ΔEも最小である（REPE=0.038; ΔE=6.935）．フロンティア軌道と

芳香族性の関係を検証するために，下表のデータをグラフにプロットしたのが図5.18である．相関係数0.92のかなり良好な直線関係を示す．このように，芳香環のπ電子系の安定性をフロンティア軌道が支配していることが明らかである．

No.	REPE ($|\beta|$)	HOMO (eV)	LUMO (eV)	ΔE (eV)	No.	REPE ($|\beta|$)	HOMO (eV)	LUMO (eV)	ΔE (eV)
1	0.065	-9.000	4.080	13.080	11	0.051	-7.043	2.042	9.085
2	0.060	-7.878	2.770	10.649	12	0.038	-6.066	0.868	6.935
3	0.055	-7.805	2.816	10.621	13	0.045	-6.575	1.394	7.969
4	0.047	-7.008	1.925	8.933	14	0.051	-7.051	1.893	8.944
5	0.055	-7.665	2.732	10.397	15	0.051	-7.180	2.057	9.238
6	0.042	-6.459	1.313	7.773	16	0.049	-6.898	1.786	8.684
7	0.050	-7.095	1.993	9.089	17	0.053	-7.336	2.329	9.665
8	0.053	-7.347	2.358	9.705	18	0.052	-7.334	2.264	9.598
9	0.053	-7.336	2.274	9.609	19	0.052	-7.288	2.243	9.531
10	0.056	-7.697	2.702	10.399	20	0.049	-6.739	1.712	8.451

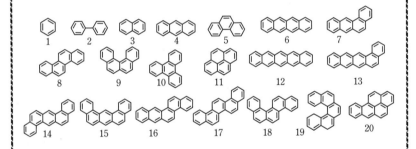

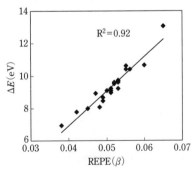

図 5.18 REPEとフロンティア軌道間エネルギー差（ΔE）の相関

参考文献

ヒュッケル分子軌道法と芳香族性

- "*Quantum-theoretical contributions to the benzene problem. I. The electron configuration of benzene and related compounds*". E. Hückel, *Z. Physik*, **1931**, *71*, 204.
- "*Quantum theoretical contributions to the problem of aromatic and non-saturated compounds*". E. Hückel, *Z. Physik*, **1932**, *76*, 628.
- "*The HMO-Model and its applications: Basis and Manipulation*", E. Heilbronner and H. Bock, English translation, 1976, Verlag Chemie. 和訳:『ヒュッケル分子軌道法』, 櫻井英樹・竹内敬人共訳, 廣川書店 (1973).
- "*Molecular Orbital Theory for Organic Chemists*, Andrew Streitwieser", **1961**, Wiley, New York. 和訳:『分子軌道法——有機化学への応用』, 都野雄甫訳, 廣川書店 (1967).

Biography Erich Armand Arthur Joseph Hückel (1896. 2. 16-1980. 8. 9)

ベルリンの郊外にある Charlottenburg の医者の家系に生まれた. 電解質溶液の Debye-Hückel 理論 (1923 年) と, 芳香族性のヒュッケル則 (1931 年) の提唱者である.

1914 年 Göttingen での義務教育を終えた後, 第一次世界大戦に徴兵された. 終戦後大学に戻り物理と数学を学び, P. Debye のもとで X 線結晶解析の研究で 1921 年 (25 歳) に Ph.D. を取得した. その後の 16 年間は Hückel にとって過酷な試練の連続であったが研究的には実り多い時期であった. Göttingen の数学者 Dave Hilbert の助手を終えた後, 1922 年にスイスの Zürich (スイス連邦工科大学) に移った Debye の助手になった. ここで 1923 年 Debye-Hückel 理論を発表, この間ベンゼンの安定性に関する論文も発表し一躍有名になった. 1925 年には Richard Zsigmondy 教授 (同年ノーベル化学賞受賞) の娘と結婚した. Copenhagen の Niels Bohr 研究室で量子力学の手ほどきを受けた. Hückel の長男 Richard は 1928 年に生まれた. イギリスに移り Bohr 研究室に滞在して芳香族性の研究に必要な量子力学モデルを構築した. その後 1930 年には Stuttgart に戻り芳香族性の研究を続けた. 次男 Bernhard は 1931 年, 三男 Manfred は 1933 年に生まれた. この時代が経済的にも Hückel の最も厳しい時代であった. この時期に HMO 法の基礎理論を完成させ"ヒュッケル則"も発表した.

1937 年, Hückel は Marburg 大学の理論物理学准教授となった. その後 1962 年まで研究論文を 1 報も書かなかった. ナチスとの折り合いが悪く,

抵抗運動に参加したわけではなかったが，ユダヤ人への偏見があり，大学のポストの空席が多かったにもかかわらず昇進が妨害された．Hückel は研究意欲をなくし，静かに科学の世界から身を引いた．

　Hückel の伝記は次のように締めくくられている．「知性の府としての大学にあってはならないことがナチズム下の異常な社会状況で起こってしまったのである．かつての研究室の学生たちの多くは，かなり有名な教授となっている．Hückel が大学を去ったあとも，大学での基礎化学教育には HMO 法が必ず出てくる．化学でこれだけ興味深く永続的に取り上げられているテーマはない．福井と Hoffmann がノーベル賞を受けた 1981 年まで Hückel が生きていたらノーベル賞を受賞していたであろう．そして，ナチが支配する暗黒の時代に操を曲げず頑として良心を貫いた Hückel の高い知性と強固な意志こそが，「芳香族性」という物質を支配する普遍的概念の創出につながっていたのであろう」と．Marburg 大学の研究棟のピロティには，Debye-Hückel 理論と芳香族性に関する巨大なパネルが展示され Hückel の業績を称えている．

第6章 AH型分子の分子軌道
――結合距離・結合強度を考える

　この章では，共役π電子系で学んだMOの組立て技法を応用して，σ結合を含む簡単な分子（AH型分子; A＝第2～5周期元素）のMOを原子軌道（AO）から組み立ててみよう．さらに組み立てた結果を拡張ヒュッケル法で検証しながら，高精度計算の結果を併用して，分子表面のMO，とくにフロンティア軌道が分子構造・性質などに重要な役割を果たしていることを見てゆく．

6.1　拡張ヒュッケル法

　本書を通して，σ結合を含む分子の軌道相関図の作成には拡張ヒュッケル法（Extended Hückel Method; EHMO法）と非経験的分子軌道計算（高精度分子軌道計算; HF/6-31G(d)またはHF/3-21G*）を用いる．組み立てたMOの形の正しさを確認するためには拡張ヒュッケル法（EHMO法）が最適なので，まずこの方法について説明しておこう[1]．

6.1.1　EHMO法の近似法の概要

　EHMO法は，WolfsbergとHelmholzによって提唱され，1963年にR. Hoffmannが開発した定量的分子軌道法の1つである．定量的とは言っても，電子間反発があらわに含まれず，クーロン積分などの積分は実測の物理量（イオン化エネルギー）で代用するので，半経験的分子軌道計算の一種であり高精度の定量性はない．しかし，原子核の中心からかなり遠くまで広がる精度の高いスレーター軌道を使い，すべての重なり積分や共鳴積分を無視せず計算するので，1次摂動で決まる分子軌道の係数についてはかなり高精度の定量性があり，軌

---

[1] 非経験的分子軌道計算法でもSTO-3G基底関数を使った計算結果は軌道相互作用の解析が可能である．しかし，3-21G*や6-31G(d)基底関数などの高精度のガウス型基底関数（GTO; 第3章）を使う分子軌道計算では縮約基底を使うので軌道相互作用の解析が非常に複雑になり難しい．

道相関図の作成には最適の方法である.

Hoffmann は，EHMO 法を使って Woodward-Hoffmann 則を発見した．第 2 章で述べたように，EHMO 法では，分子内の各電子にはたらく他の電子からの電子間反発の効果を平均的な場に置き換えて MO を求めるが，このような置き換えをしても電子間反発をあらわに考慮した方法と本質的には異ならない結果が得られる．現象の大枠は球面調和関数の位相と動径関数の空間的な広がりでほぼ決まるからである．本章では EHMO 法から導かれる定性的分子軌道法の妥当性を非経験的分子軌道計算で確認しながら考察を進める．

EHMO 法でも，第 3 章で述べた LCAO 近似（MO を AO の線形結合と仮定する方法）を使う．方法の要点は次の 4 点である.

(1) スレーター軌道の利用

スレーター軌道は波動関数（$\Psi_{nlm}=R_{nl}(r)Y_{lm}(\theta,\phi)$）の近似関数として Slater (1930 年) により提案された近似関数であり，次の一般式で表される（式 (6.1)).

$$R_{nl}(r)=Nr^{n^*-1}e^{-\zeta r} \tag{6.1}$$

ここで，N は規格化定数．n^* は有効主量子数であり，第 3 周期まで（$n=1, 2, 3$）の原子に対しては同じ値を用いるが，第 4 周期以降の原子（$n=4, 5, 6$）に対してはそれぞれ 3.7, 4.0, 4.2 と定める．ζ は軌道指数（orbital exponent）と呼ばれ，$\zeta=(Z-s)/n^*a_B$（$Z=$原子番号，$s=$遮蔽定数（screening constant），$a_B=$ボーア半径（0.529 Å））で表される軌道関数に特有の定数である（表 6.1).

表 6.1　Slater 軌道の軌道指数（ζ）の値（外殻 s, p 軌道）

H	1.00	C	1.625	Si	1.383
Li	0.65	N	1.95	P	1.60
Be	0.975	O	2.275	S	1.817
B	1.30	F	2.60	Cl	2.033

2s 関数や 3p 関数などは軌道の内部に節を持つが，スレーター軌道関数は，内部に節を持たない．それでもスレーター軌道関数が実験結果の説明に有用なのは，外殻軌道の外側（分子表面の軌道）が分子の構造・性質・反応性に重要な役割を果たしているからである．スレーター軌道の精度は高く，原子表面のかなり遠くまで広がった関数であることがわかっている．

(2) 重なり積分の計算

拡張ヒュッケル法では,π結合,σ結合を問わず分子中の重なり積分をすべて考慮する.重なり積分はスレーター軌道関数を使ったMullikenの漸化式を用いて計算する.重なり積分の詳細に関しては第3章を参照されたい.

(3) 共鳴積分 β_{ij} の計算

共鳴積分 β_{ij} は,拡張ヒュッケル法では,**Wolfsburg-Helmholz** の近似式(3.19)を用いる.共鳴積分は2つの軌道関数の重なり領域における電子分布を支配し,化学結合の強さの指標となる重要なパラメータである.拡張ヒュッケル法では共鳴積分を無視せず,式(3.19)の近似式を用いて評価する.

$$\beta_{ij} = \frac{1}{2} K S_{ij} (\alpha_i + \alpha_j) \quad (K = 1.75) \quad (3.19)$$

式(3.19)は共鳴積分 β とクーロン積分 α を近似的に結び付ける重要な式である.この式によると,共鳴積分 β_{ij} は重なり積分 S とクーロン積分 α_i, α_j の平均値に比例する.共鳴積分は重なり積分が大きいほど,また関与する2つの軌道のエネルギー準位が低いほど,その絶対値が大きくなり軌道間相互作用が強くなる.比例定数 K は通常の共有結合では1.75を使う.

(4) クーロン積分 α_i の評価

Hoffmannはクーロン積分 α の値として原子のイオン化エネルギーの符号を変えた値 $(-I)$ を用いた(表6.2).

表 6.2 クーロン積分 α の値

原子	軌道	α (eV)	軌道	α (eV)	原子	軌道	α (eV)	軌道	α (eV)
H	1s	-13.6			F	2s	-40.0	2p	-18.0
Li	2s	-5.34			Si	3s	-17.3	3p	-9.2
C	2s	-21.43	2p	-11.42	P	3s	-18.6	3p	-14.0
N	2s	-26.0	2p	-13.4	S	3s	-20.0	3p	-13.3
O	2s	-32.3	2p	-14.8	Cl	3s	-30.0	3p	-15.0

拡張ヒュッケル法は,MOの係数の精度はかなり高く,MOのエネルギー準位の値もまずまずの計算法なので,軌道相互作用の解析には最適の方法である.本書では拡張ヒュッケル法を用いて作成した軌道相関図を用いて議論する.MOを組み立てる前にAH型分子の実測データについて整理しておこう(表6.3).

6.2 AH 分子の構造と性質

第5周期までの典型元素と水素原子から成る最も簡単な2原子分子（AH 分子; 閉殻分子またはラジカル）については，高精度の結合距離 d と結合解離エネルギー D_e などのデータが分光学実験から得られている．典型元素の場合の結合距離 (d)，結合解離エネルギー (D_e) および第一イオン化エネルギー (I)，双極子モーメント (μ) のデータを表 6.3 に示す．これらの AH 分子のうちいくつかは奇数個の電子をもつラジカル（二重項）である．表中ではラジカルを・（ドット）を付して AH・で示す．表中の網掛けデータは計算値である．

結合の強さに関する要点を中心に表のデータを見ていこう．

①水素分子を含めて全部で29個の分子のうち，最も強い結合を持つ分子が FH である（569.7 kJ mol^{-1}）．最も弱いのは MgH で 126.4 kJ mol^{-1} しかない．CH は 338.4 kJ mol^{-1} の解離エネルギーを持ち，NH (338.9 kJ mol^{-1} 以上) と同程度であり9番目に強い．しかし同じ周期の OH（429.9 kJ mol^{-1}）や FH（569.7 kJ mol^{-1}）と比較すると，100〜200 kJ mol^{-1} も弱くなっている．

②各分子の結合距離 (d) と結合解離エネルギー (D_e) の相関を見るために，表 6.3 のデータをプロットした結果を図 6.1 に示す．明確な負の相関がある ($R^2 = 0.70$)．

すなわち，

結合距離が長くなると結合解離エネルギーは小さくなる．つまり，長い結合は弱く，短い結合は強い．

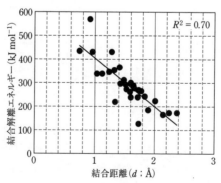

図 6.1 AH 分子の結合解離エネルギー (D_e) の結合距離 (d) 依存性（表 6.3）

6.2 AH分子の構造と性質

表6.3 AH分子の結合解離エネルギー（D_e）・構造・性質

周期	分子	総電子数 (外殻電子数)	d^a (Å)	D_e^b (kJ mol^{-1})	I^c (eV)	μ^d (D)
1	H$_2$	2 (2)	0.7414	435.8	15.426	0
2	LiH	4 (2)	1.5949	238.0	7.7	5.884
	BeH・	5 (3)	1.3426	221	8.43^e	0.27^e
	BH	6 (4)	1.2325	345.2	9.77	1.73
	CH・	7 (5)	1.1199	338.4	10.64	1.46
	NH	8 (6)	1.0362	≤338.9	13.49	1.39
	OH・	9 (7)	0.9680	429.9	13.02	1.655
	FH	10 (8)	0.9169	569.7	16.04	1.826
3	NaH	12 (2)	1.8865	185.7	7.43^e	6.85^e
	MgH・	13 (3)	1.7297	126.4	7.05^e	1.37^e
	AlH	14 (4)	1.6478	288	7.81^e	0.37^e
	SiH・	15 (5)	1.5201	293.3	8.00^e	0.37^e
	PH	16 (6)	1.4223	297.0	8.58^e	0.72^e
	SH・	17 (7)	1.3300	353.6	10.42	0.7580
	ClH・	18 (8)	1.2746	431.4	12.75	1.109
4	KH	20 (2)	2.243	174.6	6.33^f	8.80^f
	CaH・	21 (3)	2.0025	223.8	5.71^f	2.28^f
	GaH	32 (4)	1.6630	276	7.99^f	0.46^f
	GeH・	33 (5)	1.5880	263.2	10.53	0.30^f
	AsH	34 (6)	1.5232	274.0	7.87^f	0.44^f
	SeH・	35 (7)	1.4800	312.5	9.30^f	0.70^f
	BrH	36 (8)	1.4145	366.2	11.66	0.827
5	RbH	38 (2)	2.3670	172.6	6.08^f	8.94^f
	SrH・	39 (3)	2.1456	164	5.19^f	2.58^f
	InH	50 (4)	1.8380	243.1	7.38^f	0.16^f
	SnH・	51 (5)	1.7815	264	7.05^f	0.05^f
	SbH	52 (6)	1.7230	239.7	7.13^f	0.10^f
	TeH・	53 (7)	1.7400	270.7	8.39^f	0.24^f
	IH	54 (8)	1.6092	298.3	10.39	0.448

データは *Handbook of Chemistry and Physics*, Lide, D. H., 87th Ed., CRC Press, **2006-2007** より採用．網掛けしたデータは非経験的MO計算による計算値．^{a}核間距離．^{b}結合解離エネルギー．^{c}第一イオン化エネルギー．^{d}電気双極子モーメント（D; デバイ単位＝3.3356×10^{-1} Cm（クーロンメーター））．^{e}HF/6-31+G(d)法による計算値．^{f}HF/3-21G*法による計算値．

という傾向がはっきり読み取れる．一般に，共有結合の強さは結合距離に依存している．「結合距離が短い結合は強い」ということはC－C，C－N，C－O結合など，A－H結合以外の一般の結合でもおおむね正しい．これは化学結合の成り立ちを考えると理解できる．短い結合は電子と原子核とのクーロン引力が強く作用するため強くなる．

③第3の要点は，A－H 結合の強さの周期性である．表 6.3 の結合解離エネルギー D_e の周期性を図 6.2 に示した．ラジカルが含まれるので多少の凸凹はあるが，おおまかに言って，**結合解離エネルギーは，**

同じ周期では周期表の右に行くと増大する．

同族分子では高周期になると小さくなる傾向が見られる．

したがって，同一周期では A がハロゲンの場合に最大の結合強度をもつ．ハロゲン族でも高周期になると結合は弱くなる．水素分子（H_2）の結合（$435.8\ \mathrm{kJ\ mol^{-1}}$）は例外的に強い．同じ周期では周期表の右に行くほど結合が短くなり，同族の比較では，高周期になるほど結合距離は長くなるので，結合解離エネルギーでも同様の周期性が出てくる．

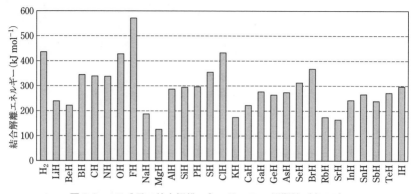

図 6.2 AH 分子の結合解離エネルギー D_e の周期性（表 6.3）

A－H 結合の強さに周期性があり（図 6.2），強さと結合距離に反比例の関係がある（図 6.1）ということから結合距離に周期性があることが期待される．図 6.3 に結合距離の周期性を示す．見事な周期性である．同じ周期の比較では右方向に移るほど結合距離が短く，同族比較では高周期ほど長くなる傾向がはっきり出ている．

④イオン化エネルギー（I）の欄に着目してみよう．図 6.4 に，I の実測値と結合解離エネルギー D_e との相関を示す．I の値が大きいということは，フロンティア軌道の HOMO が低いということである．この図を見ると，結合が強いほど I が大きい．すなわち，**結合が強いほど HOMO が低くなる．** 逆に言えば，**HOMO が高いほど結合は弱い．** この関係は分子の化学反応性を考えるうえで非常に重要な関係である．**弱い結合は HOMO が高く反応性に富む**ことを示している．

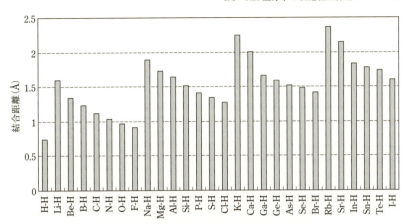

図 6.3 AH 分子の結合距離 d の周期性（表 6.3）

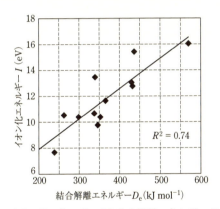

図 6.4 AH 分子のイオン化エネルギー I と結合解離エネルギー D_e の相関（表 6.3）

6.3 AH 型分子の軌道相互作用モード

以上の全体的特徴を念頭に置きながら，第二周期典型元素（Li～F）の水素化物の MO を組み立ててみよう．AH 型分子の MO の組立ては，図 6.5 に示すように，(a)～(d) の 4 つのタイプの軌道相互作用モードに分けることができる．

① Li や Be のように外殻 p 軌道を持たないもの (a)．

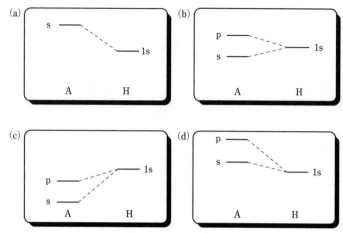

図 6.5　AH 型分子の軌道相互作用モード

② 13 族以降の典型元素の場合，外殻軌道に p 軌道が関与するので，エネルギー準位によって(b)〜(d)の 3 つの相互作用モードが考えられる．

③ しかし，(d)の相互作用モードは 3 族などに適用できるが例外的である．

通常に見られる (a)〜(c) の 3 つの相互作用モードについて第二周期元素の具体例を使って MO を組み立ててみよう．

6.4　AH 型分子の MO の組立て

6.4.1　水素化リチウム（LiH）の MO

水素化リチウム（LiH）はガラス状の安定な固体である．気相では弱い結合（$D_e = 238.039$ kJ mol^{-1}）を持つ共有結合分子として存在し，Li の 2s 軌道の広がりが大きいため（軌道半径; 2.05 Å：共有結合半径; 1.34 Å），その結合距離は 1.5949 Å とかなり長い．固体状態では塩化ナトリウム型の結晶を形成し，その結合は電荷の偏りが大きくイオン性が高いと考えられる．

LiH の軌道相互作用形式は，s 軌道どうしの相互作用なので図 6.5 の (a) のタイプである．MO の組立ては，単純に 1 対 1 軌道相互作用モデルを応用すればよい．図 6.6 に拡張ヒュッケル法（EHMO 法）による LiH の MO 組立て相関図を示す．

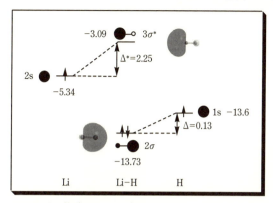

図 6.6　LiH の分子軌道の組立て（EHMO 法）（エネルギーの単位：eV）

　Li の 1s 軌道は準位が低いため（−67.42 eV），水素の 1s（−13.6 eV）とほとんど相互作用しないと仮定できるので，この図には示されていない．Li の 2s（−5.34 eV）と水素の 1s（−13.6 eV）の準位を比較すると，水素のほうが低いので，この 2 つの軌道が同位相混合して安定化し（−13.73 eV），主に水素の 1s で出来た 2σ が出来る[2]．このときの重なり積分 S は 0.361 であり，かなり大きいので，LiH は共有結合性がかなり高い分子と思えるが，軌道間エネルギー差（$\Delta E=8.26$ eV）が大きいので相互作用はあまり大きくない（安定化量 $\Delta=0.13$ eV）．実際，2s の 3 次元表示を見ると，ほとんど水素の 1s 軌道で出来ている．この 2σ に 2 個の電子が入って HOMO となる．H-1s から 2σ への安定化量 Δ は 0.13 eV である．同時に逆位相混合の結果，不安定化して −3.09 eV の準位に Li の 2s を主成分にもつ $3\sigma^*$ が出来る．Li-2s 準位を基準にすると，$3\sigma^*$ は 2.25 eV も不安定化している（不安定化量 $\Delta^*=2.25$ eV）．軌道相互作用においては，安定化量 Δ は不安定化量 Δ^* より常に小さいが，この分子の例でもそうなっている．

　LiH の第一イオン化エネルギーの実測値は 7.7 eV である（表 6.3）．図 6.6 の拡張ヒュッケル法（EHMO 法）で得られた HOMO（2σ）のエネルギー準位は −13.73 eV だから，その絶対値は 7.7 eV とはかなりかけ離れている．その主な原因は，EHMO 法ではパウリの電子相関（パウリ反発）が含まれてい

---

2)　MO の表記法について：σ 型の MO は準位の低いほうから，$1\sigma, 2\sigma, 3\sigma, \cdots$，$\pi$ 型の MO は準位の低いほうから $1\pi, 2\pi, 3\pi, \cdots$，などと表記し，反結合性軌道は，これに * をつけて表す．

ないためと考えられ，1σ 電子との Pauli 相関によって，2σ 電子の軌道が不安定化するが，EHMO ではそのような効果が無視されているためである．

一般にアルカリ金属の化合物の分子軌道では内殻原子軌道がかなり重要な寄与をするのでイオン化エネルギーがかなり小さくなっている（表 6.3）．

図 6.6 中の MO の 3 次元表示は，非経験的 MO 計算（HF/6-31G(d)）で得られたものである．この図からも，H への電荷の偏りが大きく，結合の分極状態は $Li^{\delta+}$-$H^{\delta-}$ となっており，イオン結合性がかなり高いことが予想される．実際，双極子モーメントは 5.884 D であり，かなり大きい．この双極子モーメントを結合の分極電荷 δ に換算すると $\delta=0.769\,e$（$e=$電気素量）となり，相当に分極している．LiH 結合は水素に電荷が偏っているため還元性が高く，室温で水と穏やかに反応して水素を発生し LiOH を生成する．

LiH の分子軌道（図 6.6）に関して次のパラメータを求めてみよう．ただし，LiH の結合距離（1.5949 Å）における重なり積分 S は 0.362 とする．

共鳴積分 β の値は，Wolfsberg-Helmholtz の共鳴積分近似式を用いる．

$$\beta = \frac{1}{2}KS(\alpha_{H\text{-}1s}+\alpha_{Li\text{-}2s}) = \frac{1}{2}\times 1.75 \times 0.362 \times(-13.61+(-5.34))$$
$$= -6.00 \text{ (eV)}$$

軌道相互作用によって生じる安定化軌道の安定化量（Δ）および不安定化軌道の不安定化量（Δ^*）の値は，第 4 章の近似式（4.26）および（4.27）より，

$$\Delta = \frac{(\beta-\alpha_1 S)^2}{(\alpha_2-\alpha_1)(1-S^2)} = \frac{(-6.00-(-13.6)\times 0.361)^2}{(-5.342-(-13.6))(1-0.361^2)}$$
$$= \frac{1.18897}{7.1863} = 0.17 \text{ (eV)}$$

$$\Delta^* = \frac{(\beta-\alpha_2 S)^2}{(\alpha_2-\alpha_1)(1-S^2)} = \frac{(-6.00-(-5.342)\times 0.361)^2}{(-5.342-(-13.6))(1-0.361^2)}$$
$$= \frac{16.5774}{7.1820} = 2.31 \text{ (eV)}$$

上記 Δ と Δ^* の式は近似式なので，図 6.6 の拡張ヒュッケル計算の結果と比較すると，少し差が見られる．

相互作用は小さいので，LiH はイオン性が高い分子であると考えられる．実際，2σ と $3\sigma^*$ の MO の係数は，

$$2\sigma = 0.952(\text{H-1s}) + 0.117(\text{Li-2s})$$
$$3\sigma^* = 0.494(\text{H-1s}) - 1.066(\text{Li-2s})$$

となる．したがって，2σ では H の 1s が圧倒的に寄与が大きく（0.952＞

0.117），Hの方に電子が偏っており，$Li^{\delta+}$-$H^{\delta-}$ の分極がかなり大きい．表6.3の双極子モーメントのデータを見ると，μ=5.884 D であり，FH（μ=1.826 D）の3倍以上大きい．LiHの結合のイオン性は，重なり積分が0.362であるにもかかわらず，かなり大きいので，軌道間（H-1sとLi-2s）エネルギー差が大きい（ΔE=8.258 eV）ことが原因であろうと思われる．

6.4.2　CH分子のMO

　CH分子（カルビンまたはカルバイン；carbyne）は7電子系であり，基底状態が二重項ラジカルなので短寿命化学種であるが，高精度の実験データが分光学により観測されている（結合距離；1.1199 Å，結合解離エネルギー；338.4 kJ mol^{-1}，イオン化エネルギー；10.64 eV，電子親和力；1.238 eV，双極子モーメント；1.46 D）．この分子の意外な特徴は，CH結合距離としては既知の分子の中で最長であること，および電気陰性度から予想される極性とは裏腹に，双極子モーメントμがかなり大きいことである．この双極子モーメントの値から分極電荷δを計算すると，δ=0.272 D Å^{-1} となり，結合の分極がかなり大きい．有機分子のC-H結合の双極子モーメントは通常ゼロと考えられているので，カルビン（CH）分子がこのように大きな極性を持つことは意外である．

　この分子の場合，外殻軌道だけを考慮すると，3つの原子軌道（Cの2sと2p，Hの1s）がそれぞれ相互作用によって変形し，MOの生成機構は図6.5の(b)に相当する．炭素の外殻軌道は2p（-11.42 eV）と2s（-21.43 eV）であり，この2個のAOの間に水素原子の1s（-13.6 eV）がある．軌道相互作用による原子軌道の変形からMOが生成する機構を図6.7に模式的に示す．この軌道相互作用パターンは2対1軌道相互作用の基本型であり，既に第4章で考察した．ここでもう一度，軌道の変形（MOの生成機構＝軌道相互作用の原理）に関する定理を復習しておこう；

定理1　エネルギーが高い軌道が低い軌道に混合するときは同位相混合．
　　　　"同位相混合"とは相互作用領域に電子を溜める軌道混合様式である．
定理2　エネルギーが低い軌道が高い軌道に混合するときは逆位相混合．
　　　　"逆位相混合"とは相互作用領域から電子を排除する軌道混合様式である．

原子間軌道相互作用（1対1軌道相互作用）でも原子内の軌道が混合する場

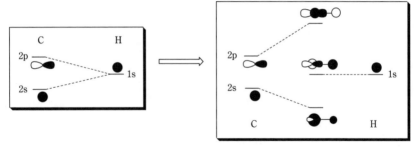

図 6.7 CH 分子の軌道相互作用

合（2 対 1 軌道相互作用）でも，この 2 つの定理だけを MO 組立て技法として覚えておけばよい．図 6.7 を見ながら，これら 2 つの定理を CH 分子の MO 組立てに応用してみよう．

拡張ヒュッケル法で計算した CH 分子の MO の成り立ちを図 6.8 に示す．相互作用する軌道（要素軌道）として，左端には炭素の外殻原子軌道（2s, $2p_x$, $2p_y$, $2p_z$），右端には水素の 1s 軌道が置いてある．右水平方向を x 軸にとり，原点に炭素原子，原点から $+x$ 軸方向に 1.1199 Å 離れた位置に水素原子を置くと，水素の 1s 軌道と相互作用できない炭素の軌道は $2p_y$ と $2p_z$ の 2 つである．結局，水素の 1s 軌道と相互作用できるのは炭素の 2s と $2p_x$ だけであり，これら 3 つの AO の間で相互作用が起こって，CH 分子の 3 個の MO（2σ, 3σ, $4\sigma^*$）が出来上がる．その過程を追跡してみよう．

この分子の MO 組立ての際の相互作用領域（結合領域）は，C と H の間の領域であることをまず確認しておこう．軌道相関図を描くときには，相互作用領域がどこになるかを確認することが第一歩である．

①左端の炭素の 2s 軌道（-21.43 eV）の変形に際しては，エネルギー的に上位にある右端の水素の 1s（-13.6 eV）が同位相で少し混合する．このとき，炭素の $2p_x$（-11.42 eV）が同位相でほんの少し混合する．軌道相互作用の原理の重要なルールを思い起こそう．同位相の相互作用とは，相互作用領域に電子が溜まるような相互作用のことであるから，炭素 2s の変形では，水素 1s が黒で相互作用し，炭素 $2p_x$ が相互作用領域に黒で混合する．このような相互作用の結果，炭素の 2s の準位（-21.43 eV）より少し安定化して -22.92 eV のところに 2σ が出来上がる．

高精度計算（HF/6-31G(d)）で得られた 2σ の 3 次元 MO 図に示すように，

6.4 AH型分子のMOの組立て

対称要素 = $\sigma_{xy}\sigma_{zx}$

C ⇒ C——H ⇐ H
1.1199 Å

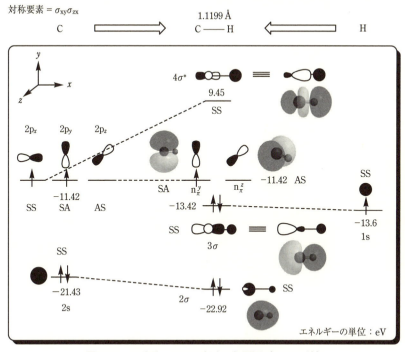

図 6.8 CH分子のMOの組立て相関図 (EHMO法)
C-H結合を x 軸上に置く

このMOの主成分は炭素原子に大きな広がりをもつ。炭素の2sが主成分となって変形した結果出来たMOだからである。ほんの少し、水素の1sと炭素の$2p_x$を含んでいるので、全体として炭素上に大きなふくらみをもつ洋梨の形をしている。炭素原子上に電子の偏りがあるので、この2σは炭素原子の方向に分極している ($C^{\delta-}-H^{\delta+}$)。

② 次にHの1sの変形を考える。この軌道は対称性により、Cの2sおよび$2p_x$としか相互作用できない（前述のように、Cの$2p_y$, $2p_z$はHの1sと相互作用不可能）。この2つの軌道のうち、エネルギー的に近く、上にある（-11.42 eV）Cの$2p_x$がHの1sに同位相で混合する。Cの2sはエネルギー的にHの

1s準位よりかなり下にあり，エネルギー的にも離れているので，わずかに逆位相で混合して，エネルギー準位を上昇させて -13.42 eV のところに 3σ が生まれる．高精度計算で得られたMO図では，3σ も炭素原子の方向に大きなふくらみを持ち，2σ と同様に炭素原子の方向に分極している．

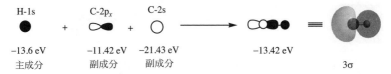

③次にCの $2p_x$ の変形を考えてみる．この軌道は最終的に $4\sigma^*$（反結合性MO）になる．Cの $2p_x$ はエネルギー準位的にHの 1s より少し上にあるので，これを逆位相で取り込む．次に，Cの 2s は相対的にかなりエネルギー準位が下の方にあるので，Hの 1s を通じて逆位相で取り込まれる．前述の定理2より，逆位相混合では相互作用領域から電子が排除されるので，Cの 2s はHの 1s に対して逆位相で混合し，相互作用領域の電子密度を低下させるような混合の仕方をしていることに注目しよう（このような混合によって結合領域の反結合性が増大している）．

④Cの $2p_y$, $2p_z$ はHの 1s と相互作用できないのでそのまま非共有電子対（非結合性MO; non-bonding MO）として残り，それぞれ n_π^y, n_π^z となる．この2つの直交したMOのエネルギー準位（-11.42 eV）は相互作用前後で変化せず縮重している．

⑤CH分子に含まれる外殻電子数は5個だから，図6.8に示すように，5個の電子がパウリの原理に従って，エネルギー準位が下のMOから順に2個ずつ入って行くので，2σ に2個，3σ に2個，n_π^y または n_π^z に1個入る．したがって，最高被占軌道（HOMO）は n_π^y または n_π^z となり，このMOのエネルギー準位（-11.42 eV）はCH分子の第一イオン化エネルギー（10.64 eV）にかなり近い．

⑥CH分子が形成されて安定化する電子の個数は，3個（Cの 2s 電子2個と $2p_x$ 電子1個; C-2s→2σ（1.49 eV）と C-$2p_x$→3σ（2.00 eV））であり，1個がわずかに不安定化（-0.18 eV; H-1s→3σ）するので，正味の安定化電子の

個数は2個である．単結合の定義により，CH分子の結合次数は(3−1)/2=1となる．したがって，CH分子の結合はおおむね単結合とみなせる．このときの安定化量（SE）は，

$$SE = 2\times\{-21.43-(-22.92)\}+1\times\{-11.42-(-13.42)\}$$
$$+1\times\{-13.6-(-11.42)\} = 4.80 \text{ (eV)}$$

となる．

この値（4.80 eV=463 kJ mol^{-1}）が，CH分子の結合解離エネルギーとして観測される量に相当する．拡張ヒュッケル法の計算なのでそれほど軌道エネルギーの定量性はないが，実測の338.4 kJ mol^{-1}に似ている．また，MOの3次元表示からもわかるように，2σと3σの両方のMOが炭素原子の方向に大きく分極しているため（C$^{-\delta}$−H$^{+\delta}$），双極子モーメントが大きくなっている（1.47 D）．このように，軌道相互作用によるMOの形成によって化学結合の分極が，電気陰性度からは予想できない大きな分極，または電気陰性度からの予想とは逆の分極を示す分子もある（C$^{-\delta}$O$^{+\delta}$，B$^{-\delta}$F$^{+\delta}$など）．

拡張ヒュッケル法の計算精度はエネルギーに関しては，このレベルであるが，MOの形（係数）に関してはかなり精度が高く，軌道相互作用の相関図の作成にはきわめて強力な計算手法である．

【基礎事項6.1】 **化学結合の本質**

　ここで化学結合の本質を整理しておこう．化学結合のモデルを図6.9に示す．このモデルはFeynmanの「静電定理」（electrostatic theorem）から導かれる化学結合のモデルでBerlinダイヤグラムと呼ばれる．

　1価の陽電荷を持つ原子核が2個ある．原子核に挟まれた領域に電子が1個でもあると，2個の原子核は結合を作るので，この領域を結合領域と呼ぶ．このとき，電子と原子核の陽電荷の間のクーロン引力と原子核間のクーロン反発がつり合って，一定の距離をもつ化学結合が出来る．電子が2個結合領域にあると距離が短くなって，さらに強い結合が出来る．2個の原子核の外に電子があると，原子核は離れてゆくので，この領域を反結合領域という．結合領域と反結合領域のクーロンポテンシャルの境界は原子核を通る双曲線になる．これが共有結合の単結合の描像である．

　オクテット則を提唱したG. N. Lewis（1923）の表記に従えば，2個の原子の間（結合領域）に2個の電子があって化学結合が出来る場合，これを単結合とみなして1本の原子価（結合手：ボンド）で表す．これが**化学結合論**

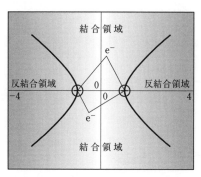

図 6.9 共有結合（単結合）の描像

の公理（基本仮定）である．このとき結合次数は 1 である．電子が 1 個結合領域に入っている場合には，電子が 2 個結合領域にある場合よりも，電子と原子核の間のクーロン引力が小さくなるので核間距離（結合距離）が長くなり結合力も弱くなる．この場合の結合次数は 0.5 となる．

　Lewis 式の化学結合論では，必然的に共有結合とイオン結合の間に明確な境界線が必要になる．しかし，本当のことを言えば境界線はない．水素分子のような完全な共有結合では電子は結合領域のほぼ全域を対称的に運動している．このような化学結合では，電子が見出される確率は結合領域においてほぼ対称的であるが，LiF のようなイオン結合では一方の原子核（F の原子核）の方に偏って電子は運動している．共有結合とイオン結合の差はそれだけである．2 つの原子核の間の，2 個の電子の共有のされ方が偏っているだけである．電子がどの程度一方の原子核に偏って運動しているかによって，化学結合のイオン性はさまざまに変化する．共有のされ方に境界線を引くことは難しい．したがって，どの程度共有されたら単結合とみなして 1 本のボンドを引いて良いかを決めるのは不可能である．

　強いイオン性を示す化学結合では，結合領域内での電子の運動領域の偏りが激しい．このような状況になると，2 つの原子核 A と B の電気陰性度は A の方が B より大きいとすれば，一般に $A^{-\delta}-B^{+\delta}$ のような分極状態になる．この状態でも A のほうに偏った電子は原子核 B とのクーロン引力によって共有されて化学結合を作り，一定の結合エネルギーを得て安定化する．これがイオン結合エネルギーであり，結晶を作れば格子エネルギーに生まれ変わる（第 12 章参照）．

6.4.3 HF分子の結合が強いのはなぜか？

HF分子の結合距離は0.9169 Å，結合解離エネルギーは569 kJ mol^{-1}である．HF結合は共有結合としては異常に強い．なぜだろうか？ この点を検討するために，HF分子のMOの成り立ちを考えてみよう．

CH分子の場合と異なるところは，Hの1s軌道のエネルギー準位がFの2つの外殻軌道（2s, 2p）の上位に存在することである（図6.10）．これは図6.5の(c)の相互作用モードに相当する．図6.11に結果を示す（F-H結合をx軸上に置いた）．

F-H結合をx軸上に置く．

① Fの2s軌道の変形では，まずHの1sが同位相で少し混じる．さらに，Fの2pがHの1sと同位相になるようにわずかに混合して2σとなる．これはCHの2σ軌道の形成過程（図6.8）と同じである．
② Fの$2p_x$軌道の変形では，まずHの1sが同位相で少し混じる．さらに，Fの2s軌道がHの1sと逆位相になるようにわずかに混合して3σとなる．
③ Hの1s軌道の変形では，Fの2sと2pが逆位相で少し混じって$4\sigma^*$となる．
④ Fの$2p_y$と$2p_z$は，相互作用せずにF原子上の2対の非共有電子対としてそのまま残る．
⑤ 通常，ハロゲン原子が関与する分子では，非共有電子対が3対あると考えられているが，④に述べたように，実際には，純粋な非共有電子対は2対（$2p_y$と$2p_z$）しかない．通常の化学の教科書では，②で述べた3σが3個目の非共有電子対とみなされ，ハロゲンには3対の非共有電子対があると考えられているが，この3σは立派にF−H結合に寄与しているので純

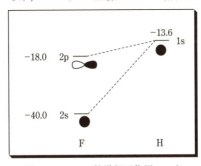

図6.10 HFの軌道相互作用モード

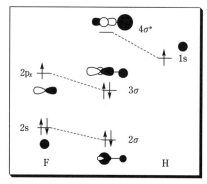

図 6.11　HF 分子の MO の組立て図（F-H 結合は x 軸上）

粋な非共有電子対ではない．水分子の非共有電子対と同様である（第 8 章【発展学習 8.1】参照）．

　図 6.11 の結果を見ると 2 個の MO（2σ, 3σ）が安定化している．F の外殻電子は合計 7 個あり，このうち 4 個は非共有電子対として残るので，F−H 結合に関与する電子は 4 個になる．この 4 個が 2σ と 3σ に 2 個ずつ入っている．**つまり，MO 法の枠組みでは，F−H 結合は二重結合とみなせる．**

　この定性的 MO の組立ての結論を確認するため，拡張ヒュッケル計算をしてみた．その結果を図 6.12 に示す．やはり，2 個の MO（2σ, 3σ）が安定化している．この 2 つの MO が F−H 結合の強度に影響する．

　単結合の定義（【基礎事項 6.1】）によれば，2 個の電子が結合領域にあれば単結合である．図 6.12 では 4 個の電子が安定化している．結合次数 = 安定化 MO に入っている電子数/2 という定義に従えば，4 個の電子が安定化しているので，FH の結合次数は 2 となり，**F−H は二重結合とみなすことができる．**この結論は化学結合論の公理に反しているが，MO 法の枠内ではあくまでも二重結合性を帯びていると結論される．すなわち，FH の大きな結合エネルギー（569 kJ mol^{-1}）は二重結合性を帯びているためである．しかし，これらの MO に入っている 4 個の電子の運動領域は，3 次元 MO 図（図 6.12）に示すように，結合領域だけでなく反結合領域にも広がっており，結合領域に 4 個の電子が常時存在しているわけではないので完全な二重結合ではない．

　もちろん FH のイオン結合性も強い結合の原因と考えられる．図 6.12 を見ると，H の 1s 軌道（−13.6 eV）の 1 個の電子が −18.10 eV に安定化してお

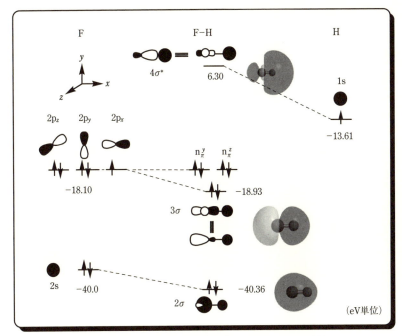

図 6.12 HF の分子軌道の成り立ち（拡張ヒュッケル法）

り，エネルギー差がかなり大きいので（$\Delta E = 4.5$ eV），他の AH 型分子の場合より HF 分子のイオン結合性が高くなっていると考えることもできる．分子の形成によって得られる安定化エネルギー（SE）の合計は 7.27 eV であり，このうち，4.5 eV が水素の 1s から F の 2p への落差であるから HF のイオン結合性はかなり大きいとみなせる．ただし，HF の融点（-83.4℃），沸点（20℃）を見るとかなり低く，HF は共有結合性がかなり高い分子であると考えざるをえない．他のハロゲン化水素の沸点・融点も低いので立派な共有結合性分子とみなせる．表 6.4 を見ると，イオン結晶の典型例である NaCl, KF などのハロゲン化アルカリ結晶の融点・沸点は 500〜1500℃ 程度でかなり高いが，ハロゲン化水素（網掛け）のそれらは室温以下である．ハロゲン化水素の結合はイオン性が少なく，基本的に共有結合とみなせる．

表 6.4　ハロゲン化水素とハロゲン化アルカリの沸点と融点

	b.p. (m.p.) (℃)[a]				
	H	F	Cl	Br	I
H	−252.8(−259.2)	20(−83.4)	−85(−114.2)	−66.4(−86.8)	−35.6(−51.9)
Li	(692)	1673(848.2)	1383(610)	1300(550)	1171(469)
Na	(245)	1704(996)	1465(800.7)	1390(747)	1304(661)
K	(619)	1502(858)	(771)	1435(734)	1323(681)
Rb	(170)	1410(795)	1390(724)	1340(692)	1300(656)

[a]*Handbook of Chemistry and Physics*, D. R. Lide, Ed., 87th Ed., CRC Press, **2006-2007**.

参考文献

拡張ヒュッケル法

- "*An Extended Hückel Theory. I. Hydrocarbons*", R. Hoffmann, *J. Phys. Chem.*, **1963**, *39*, 1397-1412.

第7章 2原子分子の分子軌道
——共有結合を考える

　前章で学んだ AH 型分子には対称軸以外には対称性がないので，典型的な軌道相互作用モデルの2つの組立て技法（1対1軌道相互作用，2対1軌道相互作用）をそのまま適用した．本章では少し複雑な軌道相互作用系——2原子分子——を考察する．等核2原子分子など，分子の中心に関する対称性（対称中心）がある場合には，それを利用して一見煩雑に見える軌道相互作用を単純化しながら MO の組立てが可能であることを学ぶ．

7.1 水素の2原子分子

7.1.1 水素分子（H_2）と水素分子カチオン（H_2^+）

　MO の組立て技法の復習を兼ねて，最も簡単な2原子分子である水素分子（H_2; 2電子系）と水素分子カチオン（H_2^+; 1電子系）の MO を組み立てながら純粋な共有結合に関する基礎事項を整理してみよう．

　これら2つの分子の拡張ヒュッケル法による計算結果を図7.1に示す．水素分子の Schrödinger 方程式の厳密解が与える水素原子の 1s 軌道準位は -13.61 eV である．この値は光電子分光法による第一イオン化エネルギーの実測値 13.59844 eV で確認されている．この 1s 軌道が2つ相互作用して (a) H_2（結合距離 $d=0.7414$ Å）または (b) H_2^+（$d=1.052$ Å）ができる．これら2つの分子では，結合距離 d が異なるので重なり積分 S も異なる：$S=0.636$（H_2）および 0.442（H_2^+）．カチオン H_2^+ の方が距離が長いので S の値が少し小さいが，H_2 の場合，共有結合としては異常に大きな重なり積分をもつ．この2つの分子の場合，重なり（S）の大小によって共鳴積分 β の相対的な大きさが決まる．

　式 (4.13) と (4.14) から，Wolfsberg-Helmholz の共鳴積分近似式を使って誘導される式 (7.1) と (7.2) により，相互作用の大きさ（安定化量 Δ, 不安定化量 Δ^*）も S で決まる．したがって S が大きいほど安定化量 Δ も不安定

化量 Δ^* も共に大きくなる.

$$\Delta = \frac{S\alpha - \beta}{1+S} \cong \frac{\alpha(1-K)}{\frac{1}{S}+1} > 0 \quad (\because \beta \cong KS\alpha, K=1.75) \tag{7.1}$$

$$\Delta^* = \frac{S\alpha - \beta}{1+S} \cong \frac{S\alpha(1-K)}{1-S} > 0 \quad (\because \beta \cong KS\alpha, K=1.75) \tag{7.2}$$

実際,図 7.1 に示すように,H_2 分子の安定化軌道 (σ_s) は -17.56 eV,H_2^+ の安定化軌道 (σ_s) は -16.71 eV であり,前者の方が安定化が大きい.したがって,水素分子 H_2 の方がカチオン H_2^+ より 1s 軌道間の相互作用が大きく ($\Delta(H_2) > \Delta(H_2^+)$),結合解離エネルギー ($D_e$) も大きい ($H_2$ の $D_e=436$ kJ mol^{-1}; H_2^+ の $D_e=256$ kJ mol^{-1}).これらの相互作用で生じる MO は結合性 MO $=\sigma_s$ と反結合性 MO $=\sigma_s^*$ である.

水素分子の第一イオン化エネルギー I は 15.42593 eV であり,水素原子のそれ (13.59844 eV) より 1.83 eV ほど大きくなっている.これは図 7.1 で見たように,分子になると 2 個の 1s 軌道が相互作用して安定化軌道(結合性 MO$=\sigma_s$)ができ,σ_s に異なるスピンの電子が 2 個収容されるからである.分子の HOMO 準位の絶対値が第一イオン化エネルギーに近似的に等しいと仮定すると,実験値から得られる原子と分子の第一イオン化エネルギーの差 (1.83 eV) が拡張ヒュッケル近似では安定化量 Δ (3.95 eV) に相当するとみなせる.

軌道相互作用による安定化量 Δ と不安定化量 Δ^* の大きさを比較してみると,第 3 章で述べたように,どちらの分子の場合にも $\Delta^* > \Delta$ という関係が成立していることが明らかである(図 7.1).H_2 分子では,$\Delta=3.95$ eV であるが $\Delta^*=17.81$ eV であり,かなり Δ^* が大きい.もちろんこの大小関係 ($\Delta^* > \Delta$) は非経験的 MO 計算でも変わらない[1].

H_2 と H_2^+ の結合解離エネルギー D_e の大きさの差の起源を,図 6.9(第 6 章【基礎事項 6.1】)で眺めてみよう(図 7.2).水素分子の 2 個の電子は結合領域に存在する確率が高く,2 個の原子核をクーロン力で強く結びつけるが,水素分子カチオンでは結合領域に電子が 1 個しかないので,2 個の原子核を結びつけるクーロン力は水素分子の場合より減少している.したがって,結合解離エ

---

[1] 軌道相互作用の議論を単純化するため,量子化学の参考書などにしばしば使われている近似 $\Delta \cong \Delta^*$ は「**重なり積分 S をゼロとした特殊な場合以外は成り立たない**」.このような近似は相当大胆な近似であって,一般の化学現象を議論するための近似としては不適当である.

7.1 水素の2原子分子 145

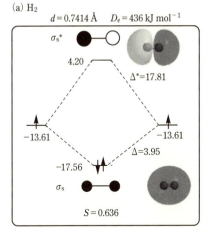
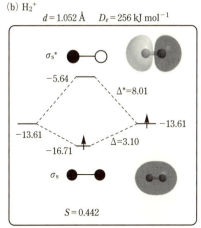

図 7.1 (a) 水素分子 (H_2) と (b) 水素分子カチオン (H_2^+) の MO の組立て
(拡張ヒュッケル法; エネルギーの単位：eV)

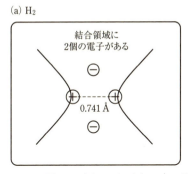
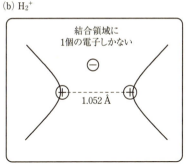

図 7.2 (a) H_2 と (b) H_2^+ の結合解離エネルギー D_e の差の起源

ネルギーの実測値 (D_e) は前者の方が大きい (H_2; 436 kJ mol^{-1} に対して H_2^+; 256 kJ mol^{-1}).

7.1.2 水素分子アニオン (H_2^-)

　水素分子に電子が1個付加されてできる水素分子アニオン (H_2^-) では原子間距離が長くなり，結合解離エネルギーは小さくなっていると予想される．水素分子アニオンでは，図 7.1(a) の相互作用系にさらに1個電子が加わる．パウリの原理により，3個目の電子は反結合性MOσ_s^*に入る．σ_s^*には，2つの

原子核の中央に節（node）があり，これは3次元では紙面に垂直な節面（nodal plane）であり，この面で波動関数の符号が変化する（図7.1参照）．

σ_s^* に入った電子（3個目の電子）は図7.2の結合領域から排除され，主として反結合領域（2つの原子核の外側の領域）で運動することを強制される．したがって，3電子系の H_2^- では，2個の電子は主に結合領域で運動しているが，3個目は反結合領域に存在するので，クーロン引力が減少し，結合距離が長くなり結合が弱くなると予想される．水素分子より電子数が1個多いからといって，結合が強くなるとは限らないことに注意しよう．パウリの排他原理（Pauli's exclusion principle）が分子軌道にも作用するためである．

高精度計算（HF/6-31+G(d)）では，H_2^- の結合距離は1.540 Å，水素分子より結合距離は長く結合は弱い．水素分子アニオン（H_2^-）は寿命 8 μs の短寿命化学種として存在は知られているが，非常に不安定なので構造・物性は未知である．

H_2^- $d = 1.540$ Å $S = 0.217$

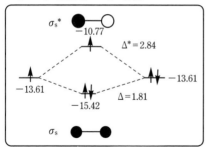
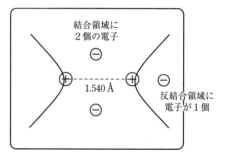

EHMO法；エネルギーの単位：eV

7.2 等核2原子分子のMOの組立て

上記の議論は1s軌道だけの相互作用だったので簡単な話で済んだが，炭素や酸素などの典型元素の外殻軌道は一般にp軌道を含むので話がやや複雑になる．しかし，軌道相互作用を2つの段階に分けて考え，原子軌道（AO）の対称性（symmetric property）を利用すると，すべての相互作用は第4章で学んだ1対1軌道相互作用に還元されるので，簡単なルールを使ってMOを組み立てることができる．AOなどの相互作用が分子の対称性によって支配される．分子内のすべてのAOが相互作用可能とは限らない．分子の持つ対称

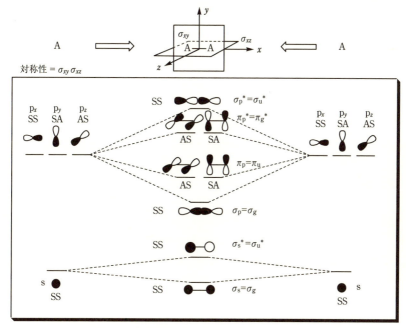

図7.3 等核2原子分子のMO組立ての第一段階

性によっては，相互作用が不可能な幾何学的（空間）配置にあるAOも存在するからである．

等核2原子分子のMOを，2つの段階に分けて組み立ててみよう．図7.3に示すように，無限遠から2個の典型元素Aが，1つは$+x$軸上に沿って，他の1つは$-x$軸上に沿って，いずれも原点の方向に向かって接近して相互作用し，一定の距離（原子間距離＝結合距離）に落ち着いて2原子分子（A_2）を形成する過程を考える．接近の途上にある系の重心は，常に3次元座標の原点にある．原子Aの外殻AOだけ（1つのs軌道と3つのp軌道（p_x, p_y, p_z））を考える．

7.2.1 第一段階（図7.3）

第一段階ではs軌道とp軌道の相互作用をひとまず無視して，s軌道同士，p軌道同士の相互作用をそれぞれ独立に考える．まずAOの対称性を考慮して，σ_{xy}, σ_{xz}の2つの対称面（鏡面）に関する対称性でAOを分類する．これらの2

つの対称面に関して；

① AOを鏡面に映すと関数の符号が変化すれば＝A（antisymmetric; 反対称）
② AOを鏡面に映しても関数の符号が変化しなければ＝S（symmetric; 対称）

　この条件に従ってAOの対称性をσ_{xy}, σ_{xz}の順に記して分類すると，sとp_xはSS，p_yはSA，p_zはAS対称となる．異なる対称性のAOは直交するので，重なりがゼロになり相互作用しないというルールを使ってMOを組み立てる．このように，対称性で軌道を分類すると，第一段階ではs軌道とp軌道の相互作用を考えないので，すべてのAOの相互作用は1対1相互作用に還元されて，簡単な考察でMOを組み立てることができる．

　まず，s軌道同士の相互作用では安定化MO（σ_s）と不安定化MO（σ_s^*）が出来る．SS対称の2個のp_x軌道の相互作用では，安定化軌道σ_pと不安定化軌道σ_p^*が生じる．SA対称の2個のp_y軌道の相互作用からは，安定化軌道π_pと不安定化軌道π_p^*が生じる．同様に，AS対称の2個のp_z軌道の相互作用からは，安定化軌道π_pと不安定化軌道π_p^*が生じる．互いに直交するこれらのπ軌道準位はそれぞれが二重に縮重している．

　このようにして出来上がった8個のMO（σ_s, π_p^*など）は，反転対称性（inversion symmetry）を考慮して，下付き添字（p, s）の代わりに下付き添字（g, u）を用いてσ_g, σ_u, π_g, π_uなどで表すことがある．添字g（gerade; 偶）は，対称中心に対してMO関数の符号（位相）が変わらない対称性を持つ場合，添字u（ungerade; 奇）は，対称中心に対してMO関数の符号（位相）が変わる対称性を持つ場合に用いる．図7.3のMOは両方の表式で示したが，本書では，どのAOの相互作用か，がイメージしやすいσ_s, π_p^*などの簡便な慣用表現を用いる．

7.2.2　第二段階（図7.4）

　第二段階では，s軌道とp軌道の間の相互作用を考慮する．この相互作用では，第一段階よりエネルギー差が大きいので，相互作用自身は小さく，教科書によっては，しばしば無視される．しかし，このs-p相互作用は，ホウ素やベリリウムなど，s-p間のエネルギー差が小さい場合には無視できない．まず，

7.2 等核2原子分子のMOの組立て　149

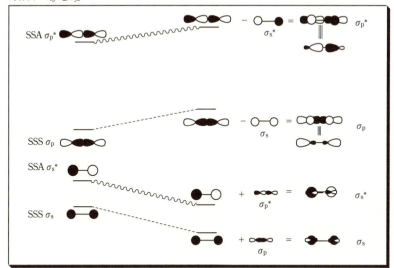

図7.4 等核2原子分子のMO組立ての第二段階

第一段階で出来上がったMO（図7.3; $\sigma_s, \sigma_s^*, \sigma_p, \sigma_p^*, \pi_p, \pi_p^*$）の対称性を考える．4個のπ軌道（$\pi_p$と$\pi_p^*$）は，σ軌道と直交しているので相互作用しない（s-p相互作用の対象にならない）．$\sigma_{xy}, \sigma_{zx}, \sigma_{yz}$の3つの対称面に関する対称性（反対称Aか対称Sか）によって，第一段階で出来た4個のMO（$\sigma_s, \sigma_s^*, \sigma_p, \sigma_p^*$）を分類する．この3つの対称面（$\sigma_{xy}, \sigma_{zx}, \sigma_{yz}$）の順に，対称性をSまたはAの記号で表す．たとえば，σ_s^*は対称面σ_{xy}に対して符号が変わらないのでS対称，対称面σ_{zx}に関しても符号が変わらないのでS対称，しかし対称面σ_{yz}に関しては符号が逆になるので反対称となりA対称なので，全体の対称性はこれら3つの対称操作の順に並べてSSAと分類される．同様にして，σ_sはSSS，σ_pもSSS，σ_p^*はSSAの対称性に分類される（図7.4）．

図7.4に示すように，異なる対称性のMOは相互作用できないと考えると，これら4個のMO（$\sigma_s, \sigma_s^*, \sigma_p, \sigma_p^*$）の相互作用は1対1軌道相互作用に還元されるので，破線の組（σ_sとσ_p）と波線の組（σ_s^*とσ_p^*）の，2種類の1対1軌道相互作用だけを考えればよい．たとえば，σ_s^*と同じ対称性（SSA）のMOはσ_p^*だけしかないので，σ_s^*はσ_p^*とだけ相互作用して，段違い相互作用と軌道混合則により，σ_s^*はσ_p^*を**同位相**で少し取り込んで変形する．逆に，σ_p^*はσ_s^*を**逆位相**で少し取り込んで変形する．

ここで，同位相で相手の軌道を取り込むということの意味を確認しておこう．第4章で述べたように，**同位相の相互作用では相互作用領域に電子の存在確率を高める**（相互作用領域に電子を溜める）．相互作用領域とは，2つの原子Aの間の領域（結合が形成される領域）である．これとは反対に，**逆位相の相互作用では相互作用領域から電子を排除する**．このことは，MOを組み立てる際の基本となる概念である．軌道が混合するとき，準位が上のほうから混合するときは同位相で混合するが，このとき，相互作用領域に電子が溜まるように相互作用しなければならないという条件がつく．逆に，ある軌道に下の準位の軌道が混合するときには逆位相で混合するが，この場合には，相互作用領域から電子を排除するように混合するという条件を満たすように混ざって不安定化する．この2つの条件だけを頭に入れておけば，MOを簡単な考察で組み立てることができる．

第二段階の相互作用は次のようにまとめることができる．

破線組の相互作用

① σ_s の変形：σ_s が主成分になり，σ_p がわずかに同位相混合（＝結合領域（相互作用領域）に電子を溜める）してエネルギーが低下する．

② σ_p の変形：σ_p が主成分になり，σ_s がわずかに逆位相混合（＝反結合領域（相互作用領域の外）に電子を溜める）してエネルギーが上昇する．元素によっては，σ_p が π_p よりも上の準位になる場合がある．

波線組の相互作用

① σ_s^* の変形：σ_s^* が主成分になり，σ_p^* がわずかに同位相混合（結合領域（相互作用領域）に電子を溜める＝結合領域の反結合性を減少させる）してエネルギーが低下．

② σ_p^* の変形：σ_p^* が主成分になり，σ_s^* がわずかに逆位相混合（結合領域の反結合性を増大させる＝結合領域から電子を排除して反結合領域に電子を溜める）してエネルギーが上昇．

7.3 酸素分子（O_2）のMOと性質

具体例として，拡張ヒュッケル法で得られた酸素分子のMOを図7.5に示す．酸素原子の電子配置は $(1s)^2(2s)^2(2p)^4$ である．2sは -32.3 eV，2pは -14.8 eV の準位にある．原子価電子は酸素原子1つに6個あるので，酸素分

7.3 酸素分子（O_2）の MO と性質　151

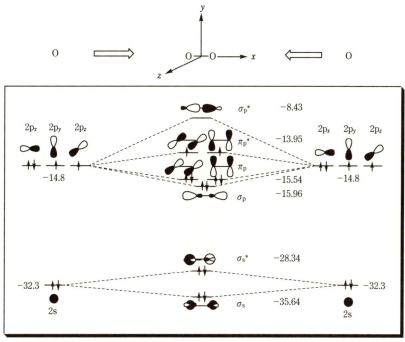

（エネルギー：eV）

図7.5　酸素の分子軌道（拡張ヒュッケル法）

子の外殻電子の総計は12個となる．分子が形成されると，σ_s, σ_s^*, σ_p, 二重に縮重したπ_pの合計5個の MO が2個ずつの電子で満たされ，残りの2個がπ_p^*に入る．このときπ_p^*は二重に縮重しているので，フント則により1個ずつスピンを揃えて入り，同じ向きのスピンの半占軌道が2個（不対電子が2個）出来るため三重項状態（triplet state）になる．そのため，磁性が生じて酸素分子は磁石の性質を帯びるようになる．実際に，液体酸素の蒸気は磁石に吸い付けられる．

　半占軌道を持たない（閉殻電子構造を持つ）通常の分子（N_2, F_2 など）では磁石に対して非常に弱い反発力が生まれるが，半占軌道を持つ（開殻電子構造を持つ）分子では磁石と引力的に相互作用する．前者を**反磁性**（diamagnetic），後者を**常磁性**（paramagnetic）という．

　酸素分子は常磁性である．O_2 は無色無臭の気体であるが，半占軌道を持つため反応性が高く，陽性の金属と室温で容易に反応して金属酸化物を生じる．

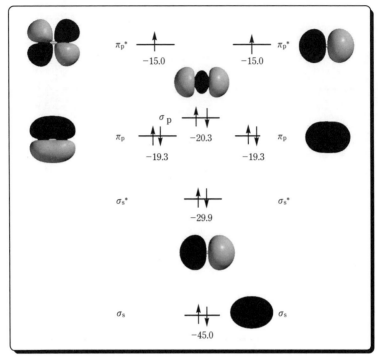

(HF/6-31G(d)；Energies in eV)

波動関数の位相は白がマイナス，黒がプラスを表す．MOのエネルギー準位（単位：eV）は，正確にはα-スピン状態とβ-スピン状態で少し異なるが，図ではその平均値で示す．π_p^*（-15.0 eV）に入っている平行スピンの2個の電子が三重項状態を実現する．

図7.6 基底三重項状態の酸素分子の分子軌道（HF/6-31G(d)）

高温ではほとんどの元素と反応し，爆発的に反応することが多い．O_2のイオン化エネルギーは 12.07 eV であり，酸素原子のそれ（13.618 eV）より小さい．これは，酸素原子の 2p 軌道より高い準位に酸素分子の HOMO（π_p^*）が存在するためである．

酸素分子の安定化エネルギーは主として，σ_p と π_p の 2 種類の MO に由来する．σ_s と σ_s^* は安定化に寄与しない（σ_s は安定化するが，σ_s^* は不安定化してキャンセルされる）．σ_p と π_p は**表面 MO** であることに注意せよ．結局，酸素分子の結合形成は 2 つの安定化相互作用（σ_p の電子 2 個と π_p の電子 4 個）で生み出される．不安定化軌道 π_p^* に 2 個の電子が入るので，残りの 4 個（σ_p 2 個と π_p 2 個分）で 2 組の安定化相互作用が生じることになり，**二重結合とみな**

すことができる．ここで，π_p^*に入る2個の電子はHund則に従って，三重項状態となる（半占軌道が2個出来る）．酸素の結合力，磁性，反応性などの性質が酸素の2p軌道の相互作用によって生まれていることに注意しよう．すなわち，**表面分子軌道**，特にフロンティア軌道で酸素分子の性質が決まっている．これは他の分子についても一般的に言える重要事項である．

図7.5のMOの関数形は，高精度分子軌道計算（HF/6-31G(d)）によっても支持される（図7.6）．拡張ヒュッケル法で得られたMOの形（図7.5）は，高精度計算のそれ（図7.6）と（σ_pとπ_pの準位の逆転を除いて）同じである．

7.4 等核2原子分子の電子配置・構造・性質

第2周期元素の等核2原子分子の外殻電子配置を図7.7に示す（1s軌道による内殻MOは省略）．HF/6-31G(d)レベルで計算した外殻MOの準位を図示したものが図7.8である．

高周期元素も含め，典型元素の2原子分子の構造と性質に関して表7.1にまとめた．結合数は，（結合性MOにある電子数－反結合性MOにある電子数）/2として定義され，結合の多重度を表す．結合数が1なら単結合，2なら二重結合，3なら三重結合と定義する．種々の2原子分子の構造と性質について簡単に触れておこう．

① H_2：結合性MOに2個の電子が入るので結合数は1となり単結合となる．単結合をもつ等核2原子分子としてはもっとも強い（結合解離エネルギー $D_e = 435.8$ kJ mol^{-1}）．被占軌道が，原子状態の1s軌道（-13.61 eV）からさらに安定化するので，エネルギー準位が低下し，イオン化エ

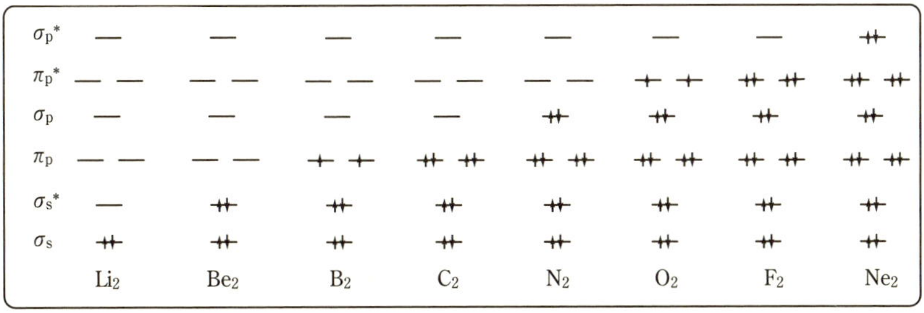

図 7.7 第2周期元素の等核2原子分子の外殻電子配置（拡張ヒュッケル法）

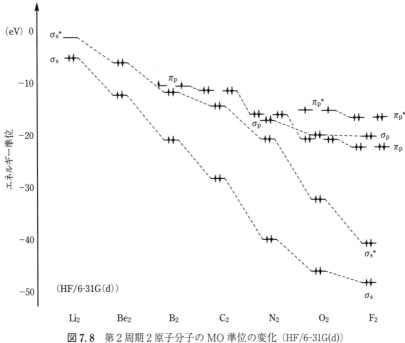

図7.8 第2周期2原子分子のMO準位の変化（HF/6-31G(d)）

ネルギー $I=15.43$ eV となる．この分子から電子を1個除去すると H_2^+ となり，結合数が0.5となり，結合距離も長くなり（1.052 Å），結合が中性分子より弱くなる（結合解離エネルギー $D_e=259.5$ kJ mol^{-1}）．H_2 に電子を1個付加して3電子系のラジカルアニオンにすると，3個目の電子はパウリの排他原理によって $2\sigma_s^*$ に入るので結合が弱くなると予想される．

② Li_2 も同様にs軌道どうしの相互作用だけで成り立つ．Liの2s軌道準位はかなり高いので（$I=5.392$ eV），結合解離エネルギーも小さく，結合としては弱く（110 kJ mol^{-1}），非常に不安定な分子として観測されている．結合距離も長い（$d=2.673$ Å）．同族の Na_2 も同様に弱い結合をもつ（74.8 kJ mol^{-1}）．K_2, Rb_2 になるとさらに結合が長く（それぞれ3.9051, 4.534 Å），弱くなる（それぞれ57.0, 48.9 kJ mol^{-1}）．一般に化学結合は高周期になると長く弱くなる．

③ Be_2 では，σ_s が安定化するが σ_s^* が不安定化するので結合数ゼロで不安定である．それでも結合距離を保持し（計算値; 1.820 Å），59 kJ mol^{-1} と

7.4 等核2原子分子の電子配置・構造・性質　155

表7.1 等核2原子分子・イオンの構造と性質

分子	外殻電子配置					結合数	d (Å)	D_e (kJ mol^{-1})	I (eV)	A (eV)	Bp (℃)	Mp (℃)
	σ_s	σ_s^*	σ_p	π_p	π_p^*							
H_2	2					1	0.741	435.8	15.43		-253	-259
H_2^+	1					0.5	1.052	259.5	—			
H_2^-	2	1				0.5	1.540^a	—	4.29^a			
Li_2	2					1	2.673	105.0	5.11			
Be_2	2	2				0	1.820^a	59	5.13^a			
B_2	2	2		2		1	1.590	290	8.46^a			
C_2	2	2		4		2	1.243	618.3	12.45^a	3.27		
N_2	2	2	2	4		3	1.0975	944.8	15.59		-196	-210
N_2^+	2	2	2	3		2.5	1.116	843.8				
N_2^-	2	2	2	4	1	2.5	1.190	765				
O_2	2	2	2	4	2	2	1.208	498.4	12.07	0.45	-183	-218
O_2^+	2	2	2	4	1	2.5	1.116	647.8				
O_2^-	2	2	2	4	3	1.5	1.350	395.6				
F_2	2	2	2	4	4	1	1.4119	158.7	15.7	3.08	-188	-220
F_2^+	2	2	2	4	3	1.5	1.322	325.4				
Cl_2	2	2	2	4	4	1	1.988	242.4	11.48	2.38	-34.1	-101
Br_2	2	2	2	4	4	1	2.284	193.9	10.52	2.55	58.8	-7.2
I_2	2	2	2	4	4	1	2.667	152.2	9.31	2.55	184.4	114
Na_2	2					1	3.079	74.8	4.89	0.43		
K_2	2					1	3.9051	57.0	3.57^b			
Rb_2	2					1	4.534^b	48.9	3.26^b			
Mg_2	2	2				0	3.891	11.3	6.14^b			
Al_2	2	2		2		1	2.567^b	133	5.34^b	1.1		
Si_2	2	2	2	2		2	2.246	310	7.54^a	2.20		
P_2	2	2	2	4		3	1.893	489.1	10.53	0.59		
Sb_2	2	2	2	4		3	2.471^b	301.7	8.05			
S_2	2	2	2	4	2	2	1.889	425.3	9.36	1.67		
Se_2	2	2	2	4	2	2	2.116	330.5	8.06^b	1.94		
Te_2	2	2	2	4	2	2	2.5574	257.6	7.48^b	1.92		

結合数=(結合の多重度)=(結合性 MO の総電子数−反結合性 MO の総電子数)/2.
^{a}HOMO の計算値（HF/6-31+G(d)）. ^{b}HOMO の計算値（HF/3-21G*）.

いうわずかな結合力をもつことが知られている．同族の Mg_2 の結合は，さらに弱く（~9 kJ mol^{-1}），結合距離も長い（d=3.891 Å）．

④ B_2 では $1\pi_p$ の方が $3\sigma_p$ より準位が低いので π_p に先に電子が入る．かなり安定である（290 kJ mol^{-1}）．同族の Al_2 は高周期なので，結合がさらに弱くなっている（133 kJ mol^{-1}）．

⑤ 炭素の2原子分子は結合数が2なので強く（618.3 kJ mol^{-1}），同族の

Si_2 では弱くなるが,かなり安定である($310\ \text{kJ mol}^{-1}$).

⑥ 窒素分子は結合数3であり,非常に強い結合を持ち($945\ \text{kJ mol}^{-1}$),核間距離も短い($1.0975\ \text{Å}$).これに電子を付加しても(N_2^-)電子を除去しても(N_2^+)結合は弱くなり($\sim 800\ \text{kJ mol}^{-1}$),核間距離は長くなる(それぞれ 1.116, $1.190\ \text{Å}$).N_2^- では反結合性軌道 $1\pi_p^*$ に電子が入り,N_2^+ では結合性軌道 π_p から電子が失われるからである.同族の P_2 も三重結合であるが,高周期であるため結合距離は長く,強さは半分程度になる($1.893\ \text{Å}$, $489.1\ \text{kJ mol}^{-1}$).

⑦ 酸素分子は結合数2であり,かなり強く核間距離も短い($498\ \text{kJ mol}^{-1}$, $1.208\ \text{Å}$).さらに電子を1個付加して O_2^- アニオンにすると $1\pi_p^*$ に入るので反結合性が増して(結合数が減少して1.5になり)結合が弱くなり($396\ \text{kJ mol}^{-1}$),核間距離が増大する($1.350\ \text{Å}$).逆に,酸素分子から電子を1個除去して O_2^+ カチオンにすると,反結合性軌道 π_p^* から電子が1個失われるので結合性が増大して結合数が2.5になり強くなる($648\ \text{kJ mol}^{-1}$)と同時に短くなる($1.116\ \text{Å}$).

同族の S_2, Se_2, Te_2 も観測されており,結合数は酸素と同じ2だが高周期になると,HOMO が上昇し(O_2, S_2, Se_2, Te_2 の順に,$I=12.07$, 9.36, 8.06^b, 7.48^b; $b=$計算値),電子親和力(A)が上昇し(O_2, S_2, Se_2, Te_2 の順に,0.45, 1.67, 1.94, $1.92\ \text{eV}$),結合が次第に弱くなる(498, 425, 331, $258\ \text{kJ mol}^{-1}$).

⑧ ハロゲン分子では(酸素分子と比較すると)$1\pi_p^*$ にさらに電子が2個入るので反結合性が強くなり,結合数が1となり結合は弱くなる($160\sim 240\ \text{kJ mol}^{-1}$).$F_2$ が最も弱く($158.7\ \text{kJ mol}^{-1}$),$Cl_2$ が最も強い($242.4\ \text{kJ mol}^{-1}$).ハロゲンの非共有電子対どうしの交換反発は2対あるが,それらによる不安定化は,MO 相関図では π_p の安定化と π_p^* の不安定化相互作用(2セットある)と等価である.

F_2 から電子を1個除去して F_2^+ にすると,$1\pi_p^*$ から電子が1個失われるので反結合性が減少して結合が強くなる($325.4\ \text{kJ mol}^{-1}$).高周期になるとハロゲン原子の AO 準位が上昇するためイオン化エネルギーが減少する(F_2, Cl_2, Br_2, I_2 の順に,$I=15.7$, 11.48, 10.52, $9.31\ \text{eV}$).

【発展学習7.1】 希ガスの2原子分子の結合力

希ガスの2原子分子では，分子が形成されたとしても，σ_p^*（Heの場合はσ_s^*）まで完全に電子で満たされ，軌道相互作用機構によって交換反発力が生じ，もとの解離状態より不安定になるため2原子分子は形成されない．しかし，希ガスの2原子分子は存在することが実験的に確認されており，その結合強度や核間距離などが定量的に評価されている．表7.2に，そのデータを希ガス原子のデータとともに示した．

希ガスの2原子分子の解離エネルギー（D_e）は，通常の化学結合のエネルギーに比較してきわめて小さい（4～6 kJ mol^{-1}）．しかもその周期表上での変化は，高周期になると増大し，通常の化学結合の周期表上の変化とは逆の傾向を示す．核間距離はかなり長い（3～4 Å）．以上の3つの理由によって，これらの分子はファンデアワールス力で結合していると考えられている．

表7.2 希ガスの2原子分子の構造と性質

分子	d (Å)	D_e (kJ mol^{-1})	分子	D_e (kJ mol^{-1})
He$_2$	2.96	3.8	Ar-He	3.96
Ne$_2$	3.03	3.93	Ar-Ne	4.37
Ar$_2$	3.76	4.91	Ar-Kr	5.11
Kr$_2$	4.01	5.23	Ar-Xe	5.28
Xe$_2$	4.36	6.134	Kr-Xe	5.66

希ガスの2原子分子から電子を1個除去すると，希ガスの2原子分子カチオンが生成する（表7.3）．このカチオンでは反結合性MOであるσ_p^*（Heの場合はσ_s^*）から電子が除去されるので結合数が0.5になり，その結果，化学結合力が生まれて核間距離が短くなる．これはまさに，軌道相互作用の結果生まれた通常の化学結合力（共有結合）であり，高周期になると減少し（230→100 kJ mol^{-1}），核間距離も長くなる（1.081→3.17 Å）．

表7.3 2原子分子カチオンの構造と性質

カチオン	電子配置						結合数	d (Å)	D_e (kJ mol^{-1})
	σ_s	σ_s^*	σ_p	π_p	π_p^*	σ_p^*			
He$_2^+$	2	1					0.5	1.081	229.7
Ne$_2^+$	2	2	2	2	2	1	0.5	—	125.3
Ar$_2^+$	2	2	2	2	2	1	0.5	2.48	130.3
Kr$_2^+$	2	2	2	2	2	1	0.5	2.79	111.0
Xe$_2^+$	2	2	2	2	2	1	0.5	3.17	99.6

7.5 AB 型分子

7.5.1 一酸化炭素（CO）の MO

AとB（A≠B）が共に水素以外の原子で構成される AB 型 2 原子分子では，MO 相関図が少し複雑になるが，AとBの原子軌道のエネルギー準位差があることを除いて，等核 2 原子分子の場合と同様である．代表的な例として，一酸化炭素（CO）の MO 組立て相関図を図 7.9 に示す．

CO の性質で興味深いのは，この分子の実験で確認されている極性（$C^{\delta-}$-$O^{\delta+}$）が，電気陰性度から予測される極性（$C^{\delta+}$-$O^{\delta-}$）と逆になっていることである．電気陰性度では説明不可能な現象でも分子軌道法で説明できる．

図 7.9 ではCとOがx軸上を接近して CO 分子を形成するとして軌道相互

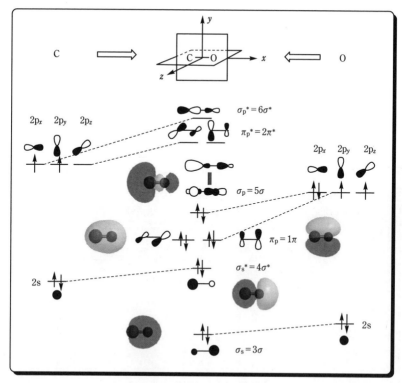

図 7.9　CO の MO 組立て相関図

作用を考える．内殻 AO（C と O の 1s 軌道）は，ほとんど相互作用に関与しないので省いてある．O の 1s から成る MO が 1σ，C の 1s から成る MO が 2σ であり，外殻 AO の相互作用によって出来る MO は 3σ 以上の準位の MO である．3σ は O の 2s 軌道が主成分となり，C の 2s 軌道が同位相でこれに混合して出来上がる MO である．したがって，この MO に入っている 2 個の電子は酸素原子に偏っている．3σ の上には，C の 2s が主成分となり，O の 2s が逆位相で混合した $4\sigma^*$ が出来る．

3σ と $4\sigma^*$ の 2 つの MO には，第二段階の相互作用で上から C と O の $2p_x$ 軌道が同位相で少し混合する．同位相とは，相互作用領域（C と O の中間領域）に電子を溜めるように相互作用するということである．C と O の 2 つの $2p_x$ 軌道のうち，エネルギー準位が低い O の $2p_x$ の方が影響が大きい．この同位相混合で，これら 2 つの MO は若干安定化する．

その上の縮重軌道 1π は $2p_y$ どうしと $2p_z$ どうしが相互作用して出来上がり，いずれも酸素上に電子の存在確率が高くなるので酸素の方向への分極に寄与している．

CO の分極方向の異常性（$C^{\delta-}-O^{\delta+}$）を支配しているのは，その上に現れる 5σ（σ_p）である．CO の結合は π 結合（1π）が 2 個，σ 結合（5σ）が 1 個あり，合計で三重結合とみなせる．5σ は，第一段階で $2p_x$ どうしの強い相互作用により生まれ準位もかなり低くなるが，第二段階の相互作用で下の $4\sigma^*$ が逆位相で混合してくるため準位が上昇し，1π の準位を超えてフロンティア軌道（HOMO）になる．逆位相で混合するということは，相互作用領域から電子を排除する傾向を増大させる混合の仕方であるから，このとき，5σ は C の延長線左（$-x$）方向に大きく広がる MO に生まれ変わる．このようにして出来上がった 5σ に入っている電子は炭素の方向に大きく分極しており，この MO が CO の分極の異常性（$C^{\delta-}-O^{\delta+}$）の起源となる．

CO では，低準位の MO（分子の内部）で，電気陰性度で予測される C から O への分極が起きているが，その反動として分子の表面軌道（5σ）で O から C への分極が起きており，これが原因で電気陰性度で予測されるのとは逆の分極（$C^{\delta-}-O^{\delta+}$）が観測されることになる．

相関図（図 7.9）からもわかるように，CO の結合力は，C または O の 2s 軌道ではなく，2p 軌道の相互作用で生まれている（5σ と 2 つの 1π で合計 3 個の結合があるとみなせる）．結合力も分極の方向も，表面分子軌道，特に分極はフロンティア軌道で決まっていることに注目しよう．

表7.4 AB型2原子分子の構造と性質

分子	極性 $A^{\delta-}B^{\delta+}$	電子数 (外殻)	d^a (Å)	D_e^b (kJ mol^{-1})	I^c (eV)	A^d (eV)	μ^e (D)	bp (℃)	mp (℃)
LiF	$Li^{\delta-}F^{\delta+}$	12 (8)	1.5639	577	—	—	6.28	1673	848.2
CO	$C^{\delta-}O^{\delta+}$	14 (10)	1.1283	1069	14.01	—	0.112	−191.5	−205
BF	$B^{\delta-}F^{\delta+}$	14 (10)	1.2626	745	11.12	—	0.86	—	—
NC	$N^{\delta-}C^{\delta+}$	13 (9)	1.1718	748	13.6	3.862	—	—	—
ON	$O^{\delta-}N^{\delta+}$	15 (11)	1.1506	632	9.26	0.026	0.159	−151.7	−163.6
CS	$C^{\delta+}S^{\delta-}$	22 (10)	1.5349	713	11.33	0.205	1.958	—	—
SO	$S^{\delta+}O^{\delta-}$	24 (12)	1.4811	517	10.29	1.126	1.55	—	—

データは *Handbook of Chemistry and Physics*, Lide, D. H., 84th Ed., **2003** より採用．網掛けした分子は，分極の方向が電気陰性度の予測と逆になる場合．^{a}核間距離．^{b}結合解離エネルギー．^{c}第一イオン化エネルギー．^{d}電子親和力．^{e}(電気)双極子モーメント．

7.5.2 AB型2原子分子の構造と性質

表7.4にAB型2原子分子の構造と性質を示す．LiFはイオン結合性が大きな分子である（bp, mpが高い）．結晶状態での核間距離は2.001Åであるが，気相では1.5639Åとかなり短くなっており，気相では立派な分子として存在している．結合解離エネルギー（D_e）も577 kJ mol^{-1}でかなり大きいが，双極子モーメント（μ）も非常に大きい（6.28 D）．

網掛けしたCOとBFでは，結合の極性が電気陰性度の予測に反することが実験的に知られている．いずれの場合も，分子軌道の深いところ（低準位）では電気陰性度の予測どおりの分極をしているが，表面の軌道で電子が逆流して分極が逆転（$C^{-\delta}O^{+\delta}$, $B^{-\delta}F^{+\delta}$）していると考えられる．

表中のLiF以外の分子は多重結合を持つので，高周期元素を含むCS (713 kJ mol^{-1}), SO (517 kJ mol^{-1}) でもかなり結合解離エネルギーが大きい．これらの分子では電気陰性度の予測とは裏腹に双極子モーメントもかなり大きい．これも，表面における電子の流れが大きく影響しているものと考えられる．

第8章 AH$_2$型分子の分子軌道
——水分子はなぜ屈曲構造か？

　第8～10章では，分子構造の議論に焦点を当てながら，対称性を持つ分子のMO組立て技法を紹介する．水分子（H$_2$O）やカルベン（CH$_2$）などが屈曲構造をとるのはなぜか（第8章）．アンモニア分子（NH$_3$）は非平面構造であるのに，メチルカチオン（CH$_3^+$）は平面正三角形構造である（第9章）．メタンはなぜ正四面体構造をとるのだろうか（第10章）．

　約半世紀前，化学者たちは分子構造の支配因子について大論争をしていた．分子構造は，「分子全体の最大安定化で決まる」と考える分子軌道論派と「電子間の反発による不安定化を最小にすることによって決まる」と考えるVSEPRモデル説（valence shell electron pair repulsion model; 原子価殻電子対反発モデル）．不安定化を最小にすることは必要条件であるが十分条件ではない．VSEPRモデルは，よく考えないと一見正しそうに見えてしまう．

　本章では，MO組立ての過程で，これらの問題点についても触れながら議論をすすめる．まず，現代化学の歴史において白熱論争があった水分子の構造に関する議論を見てゆく．

8.1　H$_3^+$分子のMO

　水分子のMOを組み立てる前に，もっとも簡単なAH$_2$型分子であるH$_3^+$分子のMOを組み立ててみよう．

8.1.1　H$_3^+$分子のMO組立て戦略

　水素原子が3個集合し，そこに2個の電子があるとき，すなわち水素分子がプロトン化された化学種（H$_3^+$）はどのような分子構造をとるだろうか．この分子は1911年，J. J. Thomsonによって発見され，わが国の岡武史によって観測され，構造と結合強度が実測されている．自然界では星間物質として古くから確認され，天文学では最もよく研究された不安定分子である．この分子は

162　第8章　AH₂型分子の分子軌道——水分子はなぜ屈曲構造か？

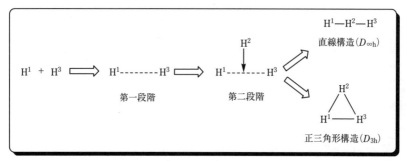

図8.1　H_3^+ 分子の MO 組立て順序

AH₂型分子の基本形であり MO 組立ての基礎技法を学ぶための最適なモデルである．

　H_3^+ 分子の構造として，対称直線構造（点群; $D_{\infty h}$）と正三角形構造（点群; D_{3h}）の2つの可能性が考えられる．MO 法ではどのような結論になるだろうか．図8.1に H_3^+ 分子の2つの可能な構造の MO 組立てチャートを示す．

　この分子は対称なので MO 組立てには対称性を利用する．H_3^+ 分子（H^1-H^2-H^3）を対称性を崩さないように分解して，2つのフラグメント（分子片）に分ける．「対称性を崩さないように分解する」のは「分子が持っている対称要素をなるべく利用して MO を組み立てるため」である．対称性を利用すると波動関数の相互作用を単純化することができる．H_3 分子の場合，対称性を崩さないように分解するには，両端の2個の水素原子の集合（H^1……H^3）と中央の水素原子（H^2）の2つのフラグメントに分ければよい．図8.1のように MO 組立て操作は2段階に分けて行う．

　第一段階では H^1……H^3 の MO を組み立てる．第二段階ではその中央に H^2 の原子軌道を相互作用させて直線構造または正三角形構造をつくる．

8.1.2　直線構造の H_3^+ 分子

　まず直線構造の MO を組み立ててみよう．図8.2（第一段階）と図8.3（第二段階）に具体的な組立て操作方法を示す．

① まず H^1……H^3 の相互作用を考える（図8.2）．直線構造なので H_1……H_3 は直接結合していない．しかし相互作用はしている．波動関数は3次元空間に無限に広がっているので，いくら遠くに離れていても何らかの相互作用は必ず存在するからである．このとき，2原子間の距離を2Åとす

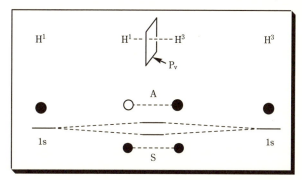

図 8.2 H_3^+ 分子の MO 組立て相関図（図 8.1 の第一段階）

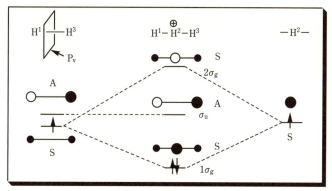

図 8.3 直線構造の H_3^+ の MO 組立て相関図（図 8.1 の第二段階）

ると，2 個の 1s 軌道の重なり積分 $S=0.111$ である．

② この場合でも相互作用を考えるに際して波動関数の対称性を利用すると簡単になる．$H^1 \cdots\cdots H^3$ を垂直に 2 等分する面（P_v）を考える．この P_v に関して対称であれば（鏡面 P_v で波動関数の符号が変わらなければ）S 対称（symmetric），反対称であれば（鏡面 P_v で波動関数の符号が変われば）A 対称（antisymmetric）とする．

③ 次に図 8.1 の第二段階に示すように，H^2 の 1s（右端）を $H^1 \cdots\cdots H^3$ の中央で相互作用させる（図 8.3）．

④ 同じ対称性の波動関数どうしでなければ相互作用は起こらない．対称性が異なると，重なり積分がゼロになるからである．

⑤ 左端の A 対称の MO は，相互作用することなくそのままで残って σ_u となる．

⑥ 左端のS対称のMOと右端のS対称の軌道（H^2の1s）だけが相互作用して新しいMOに生まれ変わる（$1\sigma_g, 2\sigma_g$）．同位相混合して安定化すると$1\sigma_g$が生まれる．同時に，逆位相混合して$2\sigma_g$が生まれる．

⑦ 2個の電子は最も安定なMO（$1\sigma_g$）に入る．

8.1.3 正三角形構造

次に正三角形型H_3^+分子のMOを組み立ててみよう．図8.4に（図8.1の）第二段階だけを示す．第一段階で組み立てたH^1–H^3の2つのフラグメントMO（左端；A対称σ_AとS対称σ_S）に，H^2の1s軌道（右端）を，正三角形を作るように，H^1–H^3の対称面に沿って相互作用させる．直線構造の場合のMO（前節）と同様，A対称のフラグメントMO（σ_A）はH^2と相互作用しないので，そのままA対称のMO φ_3となる．左右に1個ずつあるS対称のフラグメントMO（σ_SとH^2）が相互作用して，安定化軌道（同位相混合でφ_1）と不安定化軌道（逆位相混合でφ_2）が出来上がる．

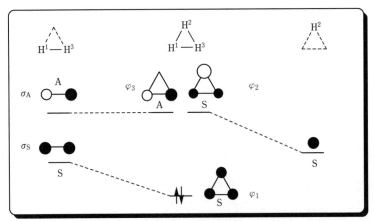

図8.4 正三角形構造のH_3^+のMO組立て相関図（図8.1の第二段階）

8.1.4 2つの構造の比較

次に，図8.3のようにして出来上がった直線型H_3^+分子の両端を接近させて正三角形H_3^+分子に構造変化させるとMOのエネルギー準位と形はどのように変化するかを考えてみる．H–H距離の実測値0.90 Åを用いた高精度計算（HF/6-31G(d)）の結果を図8.5に示す．

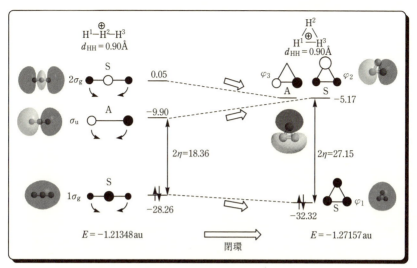

図 8.5 H_3^+ の構造と分子軌道（HF/6-31G(d); eV 単位）

まず定性的な議論で安定構造を予測してみよう．両端（H^1 と H^3）を接近させて分子を屈曲させると，それぞれの直線型ＭＯのエネルギーは；

① 両端の位相が同位相であれば安定化（$1\sigma_g$, $2\sigma_g$）．
② 両端の位相が逆位相であれば不安定化（σ_u）．
③ 2 個の電子は $1\sigma_g$ に入っているから 3 員環になると安定化する．
④ ゆえに H_3^+ 分子は直線構造より 3 員環構造が安定になると予想される．

実際に H_3^+ 分子の場合，高精度分子軌道計算（HF/6-31+G(d)）では 3 員環構造（$d_{HH}=0.844$ Å）が安定になる．1980 年，分光学実験によって HH 結合距離が 0.90 Å の正三角形構造であることが確認された．HH 結合エネルギーは 104 kcal mol^{-1}（435 kJ mol^{-1}）と測定された．かなり強い結合で出来ている．図 8.5 の下に示された全電子エネルギー E を比較すると，3 員環構造（$E=-1.27157$ au）の方が，直線構造（$E=-1.21348$ au）より 152 kJ mol^{-1} も安定である．この分子では，安定構造のフロンティア軌道が φ_1（HOMO）と φ_2 または φ_3（LUMO）である．HOMO-LUMO エネルギー差（ΔE）を見ると，3 員環構造（$\Delta E=2\eta=27.15$ eV）の方が直線構造（$2\eta=18.36$ eV）より大きいことから，最大ハードネスの原理（第 5 章;【発展学習 5.1】）が効いて

いることがわかる．

8.2 AH$_2$型分子のMO

8.2.1 MOの組立て戦略

AH$_2$型分子がとれる可能な構造は対称直線構造（linear form; 点群 $D_{\infty h}$）と対称屈曲構造（bent form; 点群 C_{2v}）の2つである．MOを組み立てるには分子を（対称性を崩さないように）2個の水素原子の部分（水素フラグメント）と中央の原子Aの部分とに分け，二段階に分けて考えると組み立てやすい．図8.6に組立てチャートを示す．

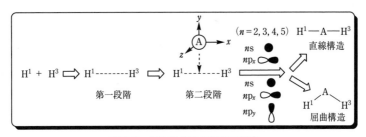

図8.6　AH$_2$型分子の組立て順序

第一段階は水素フラグメントのMOの組立てである．これについては前節で述べた．第二段階では水素フラグメントのMOに原子Aの外殻軌道（ns，np$_x$，np$_y$，np$_z$；nは主量子数）を相互作用させる．すなわち，この段階での相互作用領域は水素フラグメントと原子Aの間の領域である．このとき分子の対称性を考慮する．直線構造では，原子Aのs軌道とnp$_x$軌道が水素フラグメントのMOに混合するが，np$_y$，np$_z$の2つの軌道は相互作用に関与せず非共有電子対の軌道として残る．屈曲構造ではs，np$_x$，np$_y$の3つが水素フラグメントのMOに混合し，分子面外のnp$_z$軌道だけが相互作用に関与せず，非共有電子対として残る．

直線構造のMO組立てからはじめよう．

8.2.2 直線型構造のMO

図8.7に従って，AH$_2$分子の対称直線構造のMOを組み立ててみよう．この組立て操作で重要なのは，（p軌道の対称性に対応して）3つの直交する対称面（P$_{xy}$P$_{yz}$P$_{zx}$）を利用することである．これらの3つの対称面に関するAO

対称性 = $P_{xy} P_{yz} P_{zx}$

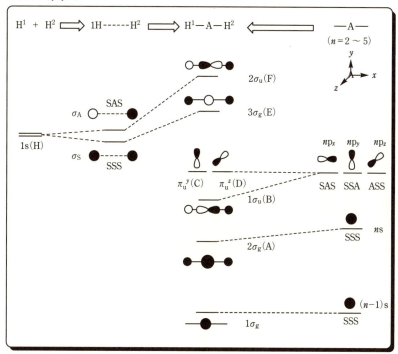

図 8.7 直線構造の AH_2 型分子の MO 組立て操作

の対称性を，この順序 ($P_{xy}P_{yz}P_{zx}$) にならべて SSS, SSA などと表す．S は対称操作に対して関数の符号が変わらない場合 (symmetric)，A は対称操作に対して関数の符号が逆になる場合 (antisymmetric) である．同じ対称性の AO でないと相互作用しないことを利用すると，すべての相互作用は 1 対 1 軌道相互作用に還元されるので組立てが非常に簡単になる．

MO 組立て操作:
① 左：H^1 と H^2 の相互作用だけをまず考える．SSS 対称の結合性軌道 (σ_S) と SAS 対称の反結合性軌道 (σ_A) ができる．
② 次に右の A の原子軌道 AO と①で作った 2 個の MO (σ_S と σ_A) とを相互作用させる．その際に対称性を利用する (P_{xy}, P_{yz}, P_{zx} の 3 つの対称面を考えて MO と AO の対称性を分類する)．
③ 同じ対称性の関数だけが相互作用可能と考えて，中央の MO が出来上

④ $(n-1)$s は内殻軌道なのでほとんど相互作用しない（無視できる；$1\sigma_g$ となる）．

⑤ 外殻軌道の ns, np が相互作用に関与する．しかし，np$_y$, np$_z$ は対称性の関係で（同じ対称性の）相手がいないので相互作用せずに残る（縮重MO；π_u^y, π_u^z）．

⑥ 左右を眺めると，SSS 対称が 1 組，SAS 対称が 1 組あるので，これらが相互作用する（1 対 1 軌道相互作用）．

⑦ 相互作用後，SSS 対称の組は $2\sigma_g$ と $3\sigma_g$，SAS 対称の組は $1\sigma_u$ と $2\sigma_u$ となる．

8.2.3 屈曲型構造の MO

一方，屈曲構造（点群 C_{2v}）の AH$_2$ 型分子の MO の組立て操作は図 8.8 のようになる．3 つの対称要素（C_2（2 回回転軸），2 つの対称面 σ_v（分子面に垂直な鏡面），σ_h（分子面））で組立ユニットの対称性を分類して MO を組み立てる．直線型（点群 $D_{\infty h}$）の場合と異なるのは，外殻 AO から成る SSS 対称のユニットが合計 3 個（左に 1 個 σ_S，右に 2 個 np$_y$, ns）あり，相互作用が少し複雑になることである．外殻軌道だけを考える．相互作用領域は 2 つの H…A 原子間の領域である．下記の記号 2a$_1$, 3a$_1$, 4a$_1$, 1b$_1$, 2b$_1$, 2b$_2$, などは群論で使われる軌道の分類記号である．

① まず分子平面に垂直な ASA 対称の np$_z$ 軌道は相互作用相手がないのでそのまま残る（D'；1b$_1$＝n$_\pi$ となる）．

② 次に AAS 対称のユニット（σ_A と np$_x$）が 1 対 1 相互作用して，B'（1b$_2$）と F'（2b$_2$）ができる．np$_x$ が σ_A を少し同位相で取り込んで B' になる．一方，σ_A は np$_x$ を少し逆位相で取り込んで F' になる．

SSS 対称のユニット（σ_S, np$_y$, ns）の相互作用はすこし複雑である．

③ まず ns 軌道の変形では，σ_S が同位相で少し混合し，次に np$_y$ が σ_S に対して同位相で少し混合して A'（2a$_1$）になる．

8.2 AH₂型分子のMO

対称性 = $C_2/\sigma_v/\sigma_h$

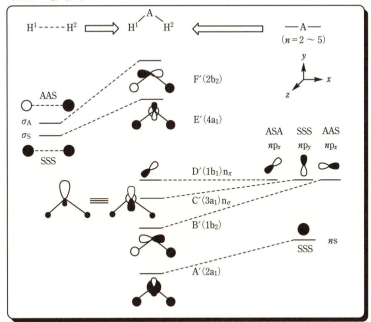

図 8.8 屈曲構造の AH₂ 分子の MO 組立て操作

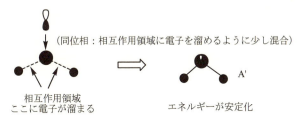

④ 次に np_y の変形では，σ_S が同位相で少し混合し（σ_S は np_y より上にあるので），次に ns が σ_S に対して逆位相で少し混合して C′(n_σ, 3a₁) になる．

⑤ さらに，σ_S の変形では，σ_S と同じ対称性の np_y, ns が共に逆位相で混

合して E′($4a_1$) になる.

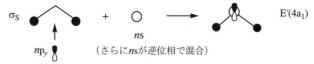

(相互作用領域から電子を排除するようにnp_yがσ_Sに混合)　(さらにnsが逆位相で混合)

8.2.4 Walsh ダイヤグラム

このようにして出来上がった2つの構造の MO をもとに，直線型から屈曲型への移行に際してのそれぞれの MO のエネルギー変化を示したのが図8.9である．直線型 MO の両端（H^1, H^2）を接近させて屈曲型の MO に移行する．屈曲型への移行は分子面内（xy 平面内）の構造変化であるから D のエネルギーだけが構造が変化しても変わらない（D→D′）．両端（H^1, H^2）が接近する際に，相互作用領域（H^1 と H^2 の間）に電子が溜まれば安定化し，そうでなければ不安定になる．

このような2つの構造異性体についての MO 相関図は，提唱者に因んで

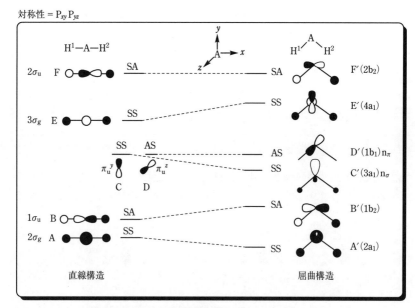

図 8.9　AH$_2$ 型分子の構造変化による MO 準位の変化

Walsh ダイヤグラムと呼ばれる．これら2つの構造のうち，AH_2 型分子がどちらの安定構造をとるかは原子 A の性質によって決まる．A のどのような性質によって安定構造が決まるのだろうか？　図 8.9 の Walsh ダイヤグラムをもとに水分子（A=O; 酸素原子）の安定構造を予測してみよう．

8.2.5　水分子の構造——非共有電子対の役割
(1)　古典的説明

AH_2 型分子の代表例である H_2O 分子の構造に関しては，分子軌道法の黎明期の 1950 年代から論争があった．2つの OH 結合距離は 0.9575 Å である．問題はその結合角度である（104.51°）．3つの説があった（図 8.10）．

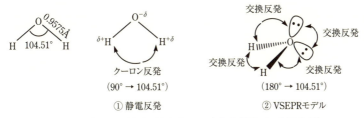

図 8.10　水分子の構造（左）とその古典的説明（下記①と②）

① **静電相互作用説**：本来 O の 2p 軌道と H の 1s 軌道の相互作用で OH 結合が出来るので結合角度は 90° なのだが，2つの $O^{-\delta}$-$H^{+\delta}$ 結合のクーロン反発によって角度が広がるという考え方．
② **VSEPR 説**：本来は直線構造なのだが，非共有電子対と結合電子対の間の交換反発が釣り合って HOH 平面を垂直に2分する面内に2つの非共有電子対が来る構造になる（2つの OH と2つの非共有電子対が正四面体（O 原子が sp^3 混成）に近い構造をとる）．
③ **MO 法による説明**：AO 間の相互作用による最大安定化で構造が決まる．

上記①と②は部分的に正しいが，構造支配因子として本質的ではない．③が正しいことを MO 法を用いて考えてみよう．

(2)　H_2O の構造が屈曲型になる理由

水分子の外殻電子は合計8個である．図 8.11 に示すように，これらが A, B,

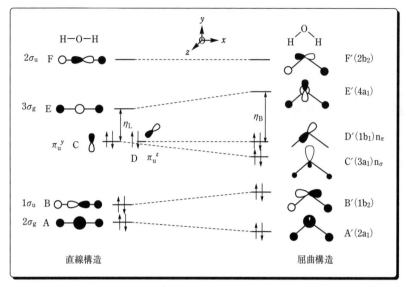

図 8.11 水分子の Walsh ダイアグラム

C, D の 4 つの MO に，パウリの原理に従ってエネルギーが低い MO から順に 2 個ずつ入り，被占軌道が 4 つ出来る．直線構造のフロンティア軌道は，HOMO が C と D，LUMO が E である．A の MO は屈曲構造になるとエネルギーが安定化するが B は不安定化するので，それぞれの MO の安定化量と不安定化量が近似的に同じであれば，これら 2 つの MO の構造変化に対する影響はほとんどないと考えられる．D は構造変化によってエネルギーは変化しないので，構造に対する影響はない．

一方，C はエネルギー的に近い LUMO の E と相互作用して，屈曲構造で安定になる（同位相混合）．結局，C の MO のエネルギー変化で構造が決まっていると考えられる．この推定が正しいかどうかを高精度計算（HF/6-31G(d)）で確認した結果が図 8.12 および 8.13 である．

図 8.12 を見ると，直線構造から屈曲構造への移行（左から右）に際して，前述の推定どおり A は安定化し（安定化量；-1.32 eV），B は不安定化する（不安定化量；$+1.58$ eV）．それらの変化量の絶対値はほぼ等しいので，A と B は構造変化にほとんど寄与しないか，両方の MO によって屈曲構造がわずかに不安定化する．D は高精度計算では，ほんのわずかに（0.93 eV）安定化している．ところが，C は屈曲構造になると 2.92 eV も安定化している．これ

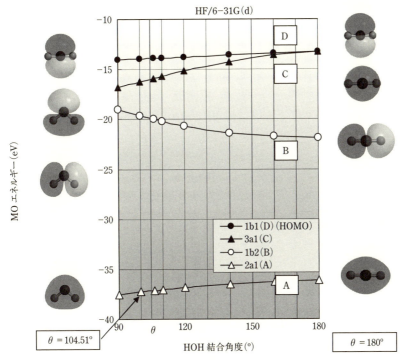

図 8.12 水分子の Walsh ダイヤグラム
HF/6-31G*

は先ほどの定性的議論の結果と一致している．分子の全エネルギーを 2 つの構造で比較してみると，屈曲構造が -77.01052 au，直線構造が -76.94863 au なので，直線構造に比べて屈曲構造が 1.682 eV（162 kJ mol^{-1}）だけ安定となる．この差は，分子軌道 C の構造変化による安定化量（2.91 eV）よりかなり小さい．C の寄与が分子の安定化に大きく寄与していることがわかる．

構造変化に対してほとんどエネルギー変化を示さない面外 MO の D を除けば，C はエネルギー準位が高く，面内の MO として最高被占軌道（HOMO）であり，フロンティア軌道とみなせる．

このように，一般に，**分子の安定性はフロンティア軌道の相互作用によって決まる**．これは最大ハードネスの原理（第 5 章【発展学習 5.1】）と深い関係がある．すなわち，一般に，1 つの分子で種々の可能な分子構造がとれる場合，フロンティア軌道間のエネルギー差（ΔE）が最大の構造が最安定となる．水分子

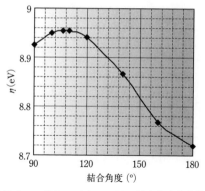

図 8.13 H_2O 分子のハードネス (η) の HOH 結合角度依存性 (HF/6-31G(d))

の場合には，分子軌道 E′ が LUMO で，D′ が HOMO である．図 8.13 に HOH 結合角度に対するハードネス (η; HOMO-LUMO エネルギー差 $\Delta E = 2\eta$) の変化を示す．これを見ると，直線構造では η の値が最小となり，屈曲構造 (HOH 角度 = 104.51°) の η の値が最大になっている．

　上記の議論から分子軌道 C が水分子の構造に決定的な影響を与えていることはわかった．しかし，分子軌道 C はなぜ屈曲して安定化するのだろうか？直線構造では C と D は互いに直交する酸素の $2p_y$, $2p_z$ 原子軌道であった．それぞれの 2p 軌道には電子が 2 個ずつ入っている．直線構造の場合，$2p_y$, $2p_z$ 軌道はいずれも水素の 1s 軌道と直交しているから，これらの電子は水素の原子核とは相互作用できず，OH 結合にはまったく関与しない非共有電子対として存在している．しかし，ひとたび屈曲が xy 平面内（分子面内）で起こると，分子面内にある $2p_y$ 軌道は水素原子核との相互作用が出来るようになり，水素の原子核とのクーロン引力で安定化する（分子面に垂直な $2p_z$ 軌道のエネルギーは変化しない）．この安定化が推進力となって水分子は屈曲するのである．
一般に，**非共有電子対はなるべく他の原子の核と相互作用して安定化しようとする傾向（非局在化傾向）**があり，この傾向が水分子を屈曲構造にしている．この非共有電子対の**非局在化傾向**の典型的な例が水素結合であるが，他にもいろいろな場面でこの傾向が分子の構造・性質・反応性に大きな影響を及ぼしていることがわかっている．次章で述べるアンモニアの構造がピラミッド型になるのも窒素原子の非共有電子対の非局在化傾向が原因である．

【発展学習 8.1】 水分子の非共有電子対は非等価である

水分子には2個の非共有電子対（lone pair electrons (LP); 化学結合に関与していない電子対）があると考えられている. 原子価結合法（ボンドの化学）の枠組みでは，これら2つのLPは等価であると仮定され，水分子などでは下図に示すような rabbit-ear model（兎耳モデル）で表現される. 酸素原子が sp^3 混成となり，2対のLPを含めた正四面体構造をとると考える. この描像は，水分子に存在する（内殻電子を含めた）全電子の電子分布を平均化して表現したモデルであり，分子の描像を私たちに理解しやすいように表現した化学者の工夫であり，実像ではない.

MO理論では，図8.11に示すように，直線構造のCとDに由来する2つのMOは2個とも，屈曲構造の水分子においても非共有電子対（C′, D′）と考える. C′は分子面内の非共有電子対（non-bonded electron; n_σ）であり，2個の水素原子と少し相互作用しているので真の非共有電子対ではないが，非共有電子対とみなして n_σ と表記される. D′は純粋な酸素の2p軌道であり分子面に垂直に広がるので n_π と表記される（下図）. これらの非共有電子対はあきらかに非等価である.

兎耳モデル（古典的）
(2つのLPは等価)

分子軌道(MO)モデル
(2つのLPは非等価)

このMO法の結論は真実だろうか？ これが真実であることは光電子分光法で実験的に裏付けられており，そのイオン化エネルギーの実測値（I）は 14.74 eV（n_σ）および 12.62 eV（n_π）である（図8.14）.

n_σ

n_π

① n_π に帰属される 12.62 eV に出るピーク(1)は結合を作っていないので，鋭いピークとして観測される.

② 結合角度に大きな影響を与える n_σ は 14.74 eV に振動構造を持つピーク(2)として観測される. この振動構造は水の結合角の変角振動（ν_2 = 1595 cm^{-1}）に由来し，この MO が屈曲構造の原因であることを示している．

③ 18.51 eV に広幅ピーク(3)として観測されるスペクトルは分子の振動状態による微細分裂を伴う．この軌道にある電子は OH 結合に関係し，2つの OH の伸縮振動（$\nu_2=3657$ cm^{-1}，対称伸縮 $\nu_2=3756$ cm^{-1}，逆対称伸縮）の影響を受けるためである．

光電子スペクトルの 3 つのピーク（12.62, 17.74, 18.51 eV）に対応して，MO 計算（HF/6-31G(d)）では -13.40，-15.53，-19.44 eV に準位が出てくる．これらの MO は，準位だけでなく空間的広がりも定量評価され，MO 存在の証拠とされている．

水分子の酸素原子が VB 法で 2 対の等価な非共有電子対として記述される従来の考え方は，MO 法および光電子分光学で完全に否定された．図 8.14 の実験結果は，MO は AO が分子内相互作用によって変形したものであることの証明となった．

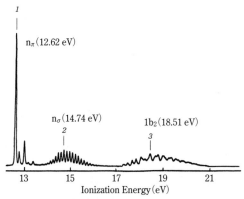

(K. Kimura, S. Katsumata, Y. Achiba, T. Yamazaki and S. Iwata, *Handbook of HeI Photoelectron Spectra of Fundamental Organic Molecules*, Halsted Press, New York, p. 27, 1981 より転載)

図 8.14 水分子の光電子スペクトル

8.3　AH$_2$ 型分子の構造と性質

水分子に関する上記の議論を他の AH$_2$ 型分子の構造の予測に適用してみよう．表 8.1 に AH$_2$ 型分子の構造と性質を示す．

表 8.1　AH₂ 型分子の構造と性質

分子	S^a	Ne^b	MO の価電子数				$d_{AH}{}^c$ (Å)	θ^d (°)	$D_e{}^e$ (kJ mol^{-1})	I^f (eV)	A^g (eV)	$\lambda_{max}{}^h$ (eV)
			A (2a₁)	B (2b₂)	C (3a₁)	D (1b₁)						
BeH₂	1	4	2	2			1.339	180	—	12.18	—	
BH₂	2	5	2	2	1		1.181	131	—	—	—	
CH₂	1	6	2	2	2		1.111	102.4	424.0	10.396	—	
CH₂	3	6	2	2	1	1	1.078	136	—	—	0.652	
NH₂	2	7	2	2	2	1	1.024	103.3	395	11.14	0.771	
NH₂⁻	1	8	2	2	2	2	1.03	104	—	—	—	
OH₂	1	8	2	2	2	2	0.958	104.5	494	12.61	—	167
SiH₂	1	6	2	2	2		1.516	92.1	351	8.244	1.124	
PH₂	2	7	2	2	2	1	1.418	91.7	—	—	1.271	
SH₂	1	8	2	2	2	2	1.336	92.1	381.6	10.47	1.097	196
SeH₂	1	8	2	2	2	2	1.46	90.6	334.9	9.88	—	197
TeH₂	1	8	2	2	2	2	1.658	90.3	277	9.14	—	200

データは Handbook of Chemistry and Physics, Lide, D. H., 84th Ed., 2003 より採用．^{a}スピン多重度：1＝一重項；2＝二重項；3＝三重項．^{b}外殻電子数．^{c}AH 核間距離．^{d}HAH 結合角度．^{e}結合解離エネルギー．^{f}イオン化エネルギー．^{g}電子親和力．^{h}紫外線吸収スペクトル．

① BeH₂

外殻電子数は合計 4 個であるから図 8.9 の表記で言えば分子軌道 A と B が被占軌道になる．これらは屈曲構造への変化に際して，A は安定化，B は不安定化するのでエネルギー変化だけではどちらの構造が有利かを決めることはできない．しかし，最大ハードネスの原理を適用すると，HOMO は B, LUMO は C であるから，これらの MO のエネルギー差が最大になる直線構造の方が有利であると結論できる．実際，表 8.1 から，BeH₂ 分子の結合角度は 180° である（直線構造）．また，この分子には非共有電子対が存在しないので屈曲構造になって安定化する必然性もない．

② BH₂

外殻電子が 5 個あり，分子軌道 C に電子が 1 個入って HOMO となる．LUMO が D となり，図 8.9 から屈曲したほうが，C が安定化するだけでなく，最大ハードネスの原理から言っても HOMO-LUMO エネルギー差が大きくなるから有利である．この分子の場合，HOMO（分子軌道 C）は半占軌道であり，この軌道に入っている 1 個の電子が屈曲構造になって水素の原子核と相互作用して安定化しようとするが，HOMO-LUMO エネルギー差もあまり大きくないので，屈曲角度もあまり大きくならないで 131° になっている．

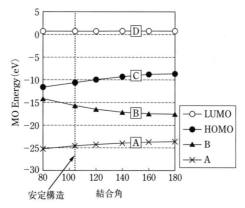

図 8.15 一重項カルベンの Walsh ダイアグラム（HF/6-31G(d)）

③ NH_2, NH_2^-

外殻電子数はそれぞれ 7 個, 8 個である. いずれも分子軌道 D が HOMO になる. 屈曲に関与するのは電子が 2 個入った C の分子軌道であり, 結合角度 (θ) は 103.3°, 104° となり, 水分子に似た構造になっている.

④ SiH_2, PH_2, SH_2, SeH_2, TeH_2

これらの分子は CH_2, NH_2, OH_2 の同族体なので, すべて屈曲構造をとるが, その結合角度 θ はきわめて 90° に近くなる.

⑤ CH_2

この分子はカルベン（carbene）と呼ばれ, 有機化学反応の不安定中間体として知られている. 6 個の外殻電子を持っており, スピン多重度が一重項と三重項の 2 種類が知られていて, 前者は分子軌道 C が HOMO（2 電子被占軌道）, 後者は C と D がともに半占軌道になっている. 一重項カルベン（$\theta=102.4°$）では C に 2 個電子があり, これが屈曲構造で安定化するため, 結合角度 θ が三重項カルベン（$\theta=136°$）より小さい. 図 8.15 に高精度 MO 計算で求めた一重項カルベンの Walsh ダイヤグラムを示す. 水分子の場合と同様に屈曲によって分子軌道 A は安定化するが B は不安定化するので, この 2 つの MO は構造変化の過程であまり影響を与えない. しかし, HOMO である C が屈曲過程で安定化する. 結局水分子と同様に表面 MO である C が安定構造を決定付ける役割をしている.

8.4 VSEPRモデルの問題点——分子構造は最大安定化で決まる

8.4.1 VSEPRモデル

構造に関する上記の議論のベースになったMO法とVSEPRモデルを比較してみよう．VSEPRモデルでは，分子を結合電子対（bond pair; bp）と非共有電子対（lone electron pair; lp）の集合体とみなす．ボンド（—）で表す単結合は2個の電子で作られ，これが結合電子対（bp）である．VSEPRモデルでは，lpとlp, lpとbp, bpとbpの間の交換反発【発展学習8.2】による不安定化が最小になるように分子構造が決まり，この順に交換反発が減少すると仮定する．この前提には論理上の問題がある．つまり，不安定化が最小になる条件は，構造支配因子として必要条件であるが十分条件ではないという本質的な問題があるのである．反発力のつり合いによって直線構造の水分子が自然に屈曲構造になるという過程（下式）はイメージしにくい．**屈曲構造を安定化させる別の因子が存在しなければ，このようなことは起こらない．**

この別の因子（屈曲構造を安定化させる別の因子）がMOの安定化相互作用である．VSEPRモデルは分子構造を微妙に調整する副因子と考えるべきであろう．

8.4.2 不安定化を最小にする因子は副因子

VSEPRモデルは，量子化学が未発達な時代（1950年代）に考え出された説明である．その基本的な主張点は，「分子構造は電子対間反発の最小化で決まる」というものであり，当時，黎明期にあった分子軌道論の基本的立場と真っ向から対立し，激しい論争となった．VSEPRモデルは，より複雑な思考力を必要とするMO法のアプローチに比べると，あまりにも簡単で便利で使いやすかったため，たちまち世界中の化学者の知るところとなり，当時の構造化学

の分野を席巻してしまった.

　分子構造に関する歴史においては，すでに60年以上前にVSEPRモデルはMO法に駆逐されている．R. S. Mulliken, A. D. Walsh, B. M. Gimarc, R. Hoffmann, L. C. Allenらが1950年代初頭から1980年代の30年余にわたって，拡張ヒュッケル法などの分子軌道法を使って多数の簡単な分子の構造を見事に説明した．その論理は「**分子構造は最大安定化で決まる**」であった．ごく自然な立場である．分子軌道法の美しさと有用性を見事に証明した化学史に残る画期的成果であった．

　VSEPRモデルの基本仮定（反発による不安定化を最小にすることで構造が決まる）をよく考えてみると，「交換反発による不安定化」だけを考慮し，分子全体を安定化させる「構造安定化因子」の存在を完全に無視している．**VSEPRモデルの基本仮定は，よく考えないと一見正しそうに見える.**

　つまり，当然のことだが，分子の安定構造は全エネルギーが最低になることで決まっている．これが分子構造を考える基本的立場でなければならない．理由は明白である．「被占軌道どうしの反発による不安定化（交換反発）は分子構造に影響を及ぼす一因子にはなりえても，構造を決める本質的因子にはなりえない」のである．つまりVSEPRモデルには論理的齟齬が内在している．

　VSEPRモデルの考え方は簡単で理解しやすく，多くの基礎化学の教科書に採用されているので，一見正しそうに見える．しかし，例外が多いことを知っておく必要がある．【発展学習8.2】でその典型例を挙げた．MO法は分子構造を理解する理論としても，基礎化学の教育に不可欠な概念である．

【発展学習8.2】　カルベンの構造とVSEPRモデル

　カルベンの構造を考える中でVSEPRモデル（valence shell electron-pair repulsion model; 原子価殻電子対反発モデル）の問題点を整理しておこう．VSEPRモデルでは電子対間の反発の大きさが，lp-lp＞lp-bp＞bp-bpの順に減少すると仮定する（lp＝lone pair（非共有電子対），bp＝bond pair（結合電子対））．反発力の発生源は，このモデルが最初に提出されたときには，電子間クーロン反発であったが，後に交換反発（exchange repulsion）に修正された．交換反発は，下図に示すように，被占軌道どうしの相互作用によって生じる不安定化相互作用である．

8.4 VSEPR モデルの問題点

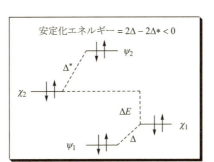

交換反発の起源

前述のように，カルベンには励起一重項（S; singlet）と基底三重項（T; triplet）の2つの状態がある．

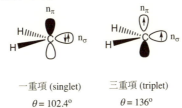

一重項 (singlet) 三重項 (triplet)
$\theta = 102.4°$ $\theta = 136°$

S状態では分子面内にある非共有電子対（n_σ）とCH結合電子対（bond pair; bp）および bp どうしの反発相互作用（交換反発）が考えられるので屈曲構造が VSEPR モデルで矛盾なく説明できる．しかし，T 状態では 2 つの bp 間反発相互作用以外には交換反発による不安定化は起こらないので直線構造をとると予想される．bp-n_σ と bp-n_π 相互作用はいずれも 2 軌道 3 電子系相互作用になるので交換反発は生まれない．カルベンの構造の例は VSEPR モデルが構造予測手段として役立たない典型的な例である．

参考文献
- A. D. Walsh, "The electronic orbitals, shapes, and spectra of polyatomic molecules. Part I. AH$_2$ molecules", *J. Shem. Soc.*, 2260（1953）.
- B. M. Gimarc, "The shapes of simple polyatomic molecules. II. Series AH$_2$, AH$_3$, and AH$_4$", *J. Am. Chem. Soc.*, **93**, 593（1971）.

第9章 AH_3 型分子の分子軌道
——アンモニア分子の構造を考える

　光電子分光法によると，前章で考察した水分子の2対の非共有電子対（n_σ，n_π）は等価でないこと（第8章【発展学習8.1】）．そして水分子が屈曲構造をとるのは，分子面内に広がる非共有電子対（n_π）が2個の水素原子との引力的相互作用を最大化するため，屈曲して安定化することなどがわかった．本章では，前章と同様の方法で，アンモニア分子（NH_3）などの AH_3 型分子の MO を組み立て，アンモニア分子がなぜピラミッド構造をとるかという問題について考える．

9.1　メチル基（CH_3）の MO の組立て戦略

　メチル基の MO は有機化学の議論ではよく使うので，その成り立ちをまとめておこう．
　組立てに際しては，3段階に分けて行うとわかりやすい（図9.1）．MO を組み立てる際の最初の段階は，なるべく対称性を壊さないように分子をいくつかのフラグメントに分解することである．メチル基は1個の炭素（C）と3個の水素原子（H^1, H^2, H^3）で成り立つので，この2つのフラグメントに分割し，次の3段階に分けて MO を組み立てると考えやすい．結合距離と結合角度については，メタンの構造を仮定する．図9.1にその操作の順序を模式的に示す．図9.2（第一段階と第二段階）と図9.3（第三段階）に組立て操作と出来上がった MO を示す．エネルギー値は拡張ヒュッケル法による計算値である（単位：eV）．
　3つの水素原子の集合系の MO の組立てから始めよう（第一段階と第二段階）．
　① 第一段階：3個のメチル基の水素原子が作る正三角形構造の集合の MO を求めるに際して，まずメチル基の2個の水素原子の集合（H^1 と H^2）の MO を組み立てる．この2個の水素原子間の距離は 1.780 Å である．相互作用前

184　第9章　AH₃型分子の分子軌道——アンモニア分子の構造を考える

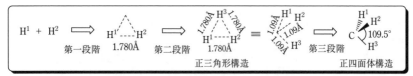

図9.1　メチル基のMO組立て操作の順序

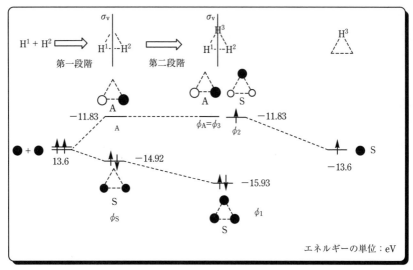

図9.2　メチル基の3個の水素のMO組立て相関図（EHMO法）

の2個の水素原子のエネルギー準位は -13.6 eV であるが，相互作用後には結合性MO（ϕ_S）が -14.92 eV に，反結合性MO（ϕ_A）が -11.83 eV に出来る．

② 第二段階：3個の水素原子の集合系のMOの組立てである．第一段階で組み立てた ϕ_S と ϕ_A に3個目の水素原子の1s軌道が正三角形構造（1辺の長さが1.780 Å）になるように相互作用させる．このときの相互作用には対称性（σ_v：分子面に直交し，H^1-H^2 を2分する対称面）を利用する．σ_v に関して関数の符号が変化しなければ S（symmetric），符号が反転すれば A（anti-symmetric）で示す．H^3 の1s軌道は対称面上にあり，σ_v の対称操作によって符号が変化しないのでS対称に分類される．したがって，ϕ_A は H^3 の1s軌道と相互作用せず，同じエネルギー準位の軌道としてそのまま残る（$\phi_A \to \phi_3$）．

一方，同じS対称の ϕ_S と H^3 の1s軌道は相互作用して，安定化軌道（ϕ_1）と不安定化軌道（ϕ_2）を与える．これらのMOのエネルギー準位はそれぞれ

9.1 メチル基（CH₃）のMOの組立て戦略　185

対称性 = $\sigma_v C_3$

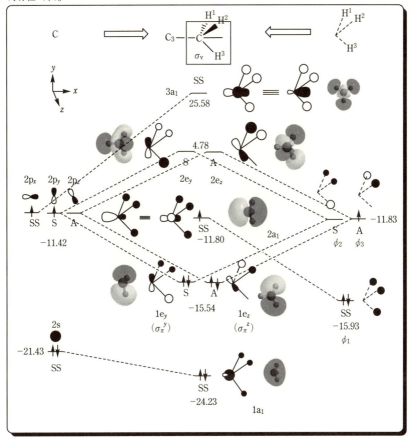

図 9.3 メチル基の MO の組立て相関図（EHMO 法）

−15.93 eV と −11.83 eV となり，ϕ_2 は ϕ_3 と同じエネルギー準位にあり縮重している．

次に，このようにして得られた3個の水素原子の集合系のMOを炭素原子の外殻軌道と相互作用させる．図9.3にその軌道相関図を示す．その組立て過程を追ってみよう．

この段階のMOの組立ては少し複雑である．しかし，対称性（点群 C_{3v}）があるので，これを利用して組立てを単純化できる．点群 C_{3v} の分子の対称要素は1本の C_3（炭素原子を通る120°回転軸）と3枚の σ_v（炭素原子を含む鏡

面）である．メチル基の3次元座標を図9.3のように置き，Cを座標軸の原点，H^3 を x-y 平面，H^1, H^2 をそれぞれ $-z$, $+z$ 方向にとる．

図9.3に示されている相互作用前のAO（左端; Cの4つの外殻AO）またはMO（右端; 3個の水素原子の集合系のMO=ϕ_1, ϕ_2, ϕ_3）に適用できる対称要素は C_3 と 1枚の σ_v である．このうち，σ_v は炭素原子と H^3 を含み $H^1 \cdots\cdots H^2$ を垂直に二分する平面（x-y 平面）である．この2つの対称要素を利用して左右に置いてあるAOとMOの対称性を分類する．

C-2s と $2p_x$：いずれの対称操作に対しても関数の符号は不変なのでSS対称となる．
C-$2p_y$：σ_v で関数の符号が不変なのでS対称．C_3 は適用できない．
C-$2p_z$：σ_v で関数の符号が変わるのでA対称．C_3 は適用できない．
ϕ_1：いずれの対称操作に対しても関数の符号は不変なのでSS対称となる．
ϕ_2：σ_v で関数の符号が不変なのでS対称．C_3 は適用できない．
ϕ_3：σ_v で関数の符号が変わるのでA対称．C_3 は適用できない．

結局，相互作用する軌道（要素軌道）は，SS対称の軌道が左に2個（2s, $2p_x$）と右に1個（ϕ_1），S対称の軌道が左右に1個ずつ（$2p_y, \phi_2$），A対称の軌道が左右に1個ずつあることになる（$2p_z, \phi_3$）．相互作用が複雑なのはSS対称の3個であり，残りの軌道の相互作用は1対1軌道相互作用の原理で話が済む．相互作用領域は炭素原子と3個の水素原子の集合の中間領域である．まず，SS対称の炭素（C）の2sの変形から始めよう．SS対称の要素軌道は3個ある（2s, $2p_x$, ϕ_1）．

①C-2sの変形

C-2s（-21.43 eV）は同じSS対称の要素軌道のうち最もエネルギーが低いので，他の2つの同じSS対称の要素軌道（$\phi_1, 2p_x$）はいずれも副成分としてC-2sに同位相で混合する．軌道相互作用の原理によれば，同位相混合とは，相互作用領域に電子を溜めるように相互作用してエネルギー的に安定化するような混合様式である．したがって，$2p_x$ はH原子団の領域（相互作用領域）に電子を溜めるように相互作用して安定化する．

9.1 メチル基（CH₃）のMOの組立て戦略　187

SS　2s　＋　ϕ_1　＋　$2p_x$　→　$1a_1$
−21.43 eV　−15.93 eV　−11.42 eV　　−24.23 eV
主成分　副成分　副成分

② ϕ_1 の変形

C-2s は ϕ_1 よりエネルギー的に低いので ϕ_1 に逆位相混合する．逆位相混合とは相互作用領域から電子を排除する混合様式である．$2p_x$ は ϕ_1 よりエネルギー的に上位なので同位相混合して相互作用領域に電子を溜めて相互作用系を安定化させる．したがって，次のような混合パターンになる．

SS　ϕ_1　−　2s　＋　$2p_x$　→　$2a_1$
−15.93 eV　−21.43 eV　−11.42 eV　　−11.80 eV
主成分　副成分　副成分

③ $2p_x$ の変形

$2p_x$ は，SS 対称の 3 個の要素軌道のうちエネルギー的に最高位にある（−11.42 eV）．したがって，ϕ_1 と 2s はいずれも $2p_x$ に逆位相混合して相互作用領域から電子を排除するような相互作用をして，不安定化を引き起こし 25.58 eV の高準位の軌道 $3a_1$ を生じる．このとき，低い準位にある 2s は ϕ_1 に対して逆位相混合して結合領域から電子を排除することに注意せよ．

SS　$2p_x$　−　ϕ_1　−　2s　→　$3a_1$
−11.42 eV　−15.93 eV　−21.43 eV　　25.58 eV
主成分　副成分　副成分

④ A 対称の軌道（$2p_z$ と ϕ_3）の変形

これら 2 つの要素軌道のエネルギー準位はほとんど等しいので，約 1 : 1 で混合する．同位相混合（＋）では相互作用領域に電子が溜まるような混合をして安定化して $1e_z$ に落ち着く（$1e_z$ は⑤で述べる $1e_y$ と二重に縮重しているの

で，群論の表記では e と表記する）．$1e_z$ は被占軌道となり，メチル基の超共役（π電子系との相互作用）[1]などに重要な役割をする MO 片（MO fragment）なので σ_π とも呼ばれている．

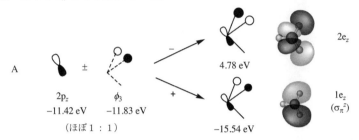

同様に，逆位相混合（−）では，相互作用領域から電子が排除されるので不安定化し 4.78 eV の高準位の MO（$2e_z$）となる．$2e_z$ は⑤の $2e_y$ と縮重しているがいずれも空軌道である．

⑤ S 対称の軌道（$2p_y$ と ϕ_2）の変形

④のケースと同様にエネルギーが近いのでほぼ 1:1 で混合する．同位相混合（＋）では，相互作用領域に電子が溜まり，低準位（−15.54 eV）に落ち着いて $1e_y$ 軌道となる．$1e_y$ は $1e_z$ と同様，メチル基の π 型相互作用に重要な役割をするので，有機化学ではメチル基の σ_π 軌道と呼ばれる．

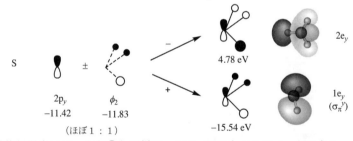

逆位相混合では，上記⑤と同様に，4.78 eV のところに $2e_y$ ができる．

9.2 CH$_3$ の構造異性

反応化学種としてのメチル（CH$_3$*）は，ラジカル（*=・；電子数 9 個），カ

---

[1] 超共役（hyperconjugation）は，分子内の電荷移動相互作用（CT 相互作用）である．一般に，π 型の 2 電子被占軌道と σ 型の空軌道の分子内相互作用による安定化のことを指す．

9.2 CH₃ の構造異性

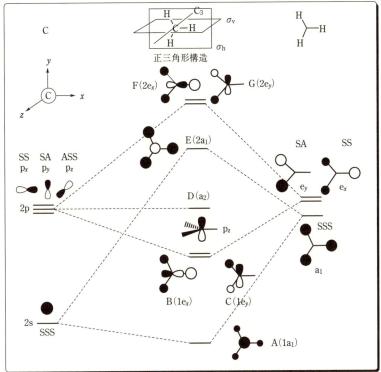

図 9.4 正三角形構造のメチル基の MO 組立て相関図

チオン（*=＋；電子数8個），アニオン（*=－；電子数10個）の3種類が知られている．これらの化学種がとりうる構造はピラミッド構造と平面正三角形構造の2つである．前節ではピラミッド構造のメチルの MO を組み立てた．ここでは正三角形構造の MO を組み立ててみよう．

図9.4に組立て相関図を示す．組立てに利用する対称要素は分子面（σ_h），分子面を垂直に二分する鏡面（σ_v），中心炭素を通る3回回転軸（C_3）の3つである．これらの対称操作で軌道関数の符号が変わらなければ対称（S），変われば反対称（A）としてこれらの対称要素の順に並べて MO の対称性を表す（C_3 が適用外の MO ではこの対称性だけ省略）．右端に3個の正三角形の頂点に位置する水素原子の MO を示す（群論の表記で a_1（SSS），e_y（SA），e_x（SS））．この3つのうち，e_y と e_x では C_3 が適用できず，対称性表示は略して

あり，2個しか示されていない．e_y と e_x は二重に縮重している．

図 9.4 の左端に示す炭素原子の外殻軌道（2s, $2p_x$, $2p_y$, $2p_z$）と，右端の 3 つの軌道（a_1, e_x, e_y）の間で，対称性が同じであれば相互作用が起こる．対称性を考慮すると，相互作用はすべて 1 対 1 軌道相互作用の原理で話が済む．SSS 対称の軌道（2s, a_1），SS 対称の軌道（e_x, p_x），SA 対称の軌道（e_y, p_y）がそれぞれ左右に 1 対あるので，それぞれの対が 1 対 1 軌道相互作用の原理に従って相互作用して新たな MO に生まれ変わる．たとえば，2s 軌道は右の a_1 を同位相で少し取り込んで安定化して A($1a_1$) に生まれ変わる．逆に a_1 は 2s を逆位相で少し取り込んで不安定化して E($2a_1$) に生まれ変わる．SS 対称の e_x と p_x は同位相混合で安定化して B($1e_x$) に，逆位相混合で F($2e_x$) となる．一方，SA 対称の e_y と p_y は同位相混合で安定化して C($1e_y$) に，逆位相混合で不安定化して G($2e_y$) に変形する．残った ASS 対称の p_z 軌道は相互作用する相手がいないので相互作用せずにそのまま残り D(a_2) となる．

次に，このようにして組み立てた正三角形構造からピラミッド構造への構造変化にともなう各 MO のエネルギー準位の変化を考えてみよう．図 9.5 にその Walsh ダイヤグラムを示す．水分子の場合と同様の議論が可能である．平面構造（左）からピラミッド構造（右）への変化にともなって次のような理由でそれぞれの MO のエネルギーが変化する．この構造変化のプロセスの相互作用領域は 3 つの水素原子がつくる傘の下である．この変形の過程で対称面（分子面）σ_h に関する対称性だけが崩れて，A と E の変形に際して（A には同位相で，E には逆位相で）D が少し混じる．

① A は 3 個の水素が同位相なのでピラミッド化に伴って安定化する．その過程で D が上から同位相（相互作用領域に電子がたまる）で混合して安定化する．
② B と C では水素どうしの逆位相相互作用が勝るので不安定化する．B, C は縮重しており，ピラミッド型になると結合性が減少し反結合性の増大があるのでエネルギー準位は上昇する．
③ D の混合によって，E は不安定化するはずであるが，E は 3 個の水素の結合性増大があり，安定化も期待されるので微妙である（図では，E のエネルギー準位は E′ に至る過程でほとんど不変と仮定）．
④ D の変形にエネルギーが近い E が少し同位相で混じる（A はエネルギー準位が D と遠いのでほとんど混合しない）．このとき D はかなり大き

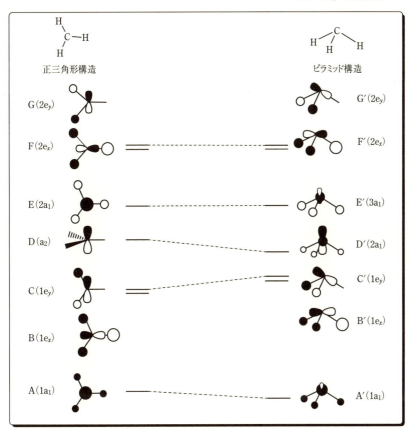

図 9.5 メチル（CH_3）の Walsh ダイアグラム

く安定化する．
⑤ F, G は縮重しており，この場合には，結合性と反結合性の増大・減少がありエネルギー変化は一概には言えない．

以上のように，構造変化で大きく準位が変化する MO は B, C, D の 3 つであり，A が少し変化すると予想される．したがって外殻電子数 6 個のメチルカチオンの場合には C までの MO が被占軌道になるので正三角形構造，外殻電子数 8 個のメチルアニオンの場合には D までが被占軌道になるのでピラミッド構造を好むと予想される．最大ハードネスの原理からも同じ予想ができる．

ピラミッド構造を持つメチルアニオンについて高精度計算の結果を使ってこ

192　第 9 章　AH₃ 型分子の分子軌道——アンモニア分子の構造を考える

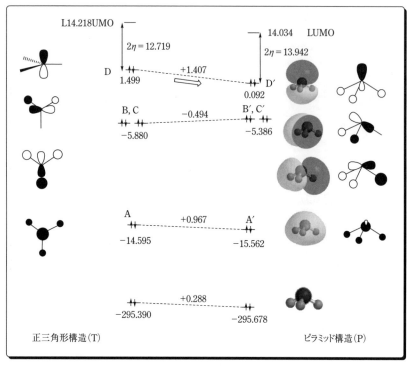

図 9.6　メチルアニオンの Walsh ダイアグラム（HF/6-31G(d): eV）.

の予想を確かめてみよう．図 9.6 にメチルアニオンの 2 つの構造の被占軌道の Walsh ダイアグラムを示す．

① 内殻分子軌道（〜−295 eV）の準位の変化は最小である（+0.288 eV; 安定化）．
② A→A′ への変化は 3 つの H の同位相相互作用になるので少し安定化 (+0.967 eV)．
③ B, C はわずかに不安定化する（−0.494 eV）．
④ しかし，D は 1.407 eV も安定化している．この MO がピラミッド構造の安定化に最も大きな寄与をしている．

DのMOは非共有電子対であり，ピラミッド構造になることにより3個の水素原子の原子核とのクーロン引力で安定になる．すなわち，DのMOの安定化によってメチルアニオンはピラミッド構造をとるのである．

9.3 アンモニア分子（NH₃）のMOと構造

NH₃は8個の価電子を持つ．ピラミッド構造（pyramid; P）と平面正三角形構造（triangular; T）の2つの可能性があるが，実際にはNH結合距離1.012 Å，結合角度106.7°の3回回転軸を持つC_{3v}対称のピラミッド構造の分子である．アンモニアの2つの可能な構造のMOの形はメチル基のMO組立て作業と同じプロセスで組み立てることができる．

高精度分子軌道計算で作成したWalshダイヤグラムを図9.7に示す．この図では正三角形構造のMOをTi，ピラミッド構造のMOをPiと略称する（i=1〜5）．

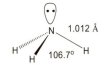

① 最も低準位のMO（−422 eV付近のP1, T1）は，ほとんど窒素の1sから成る内殻MOなのでエネルギー準位は構造変化によってほとんど変化しない．

② 2番目のP2, T2から外殻MOになる．平面正三角形構造（T2）からピラミッド構造（P2）に移行すると，3個の水素の1sの同位相相互作用により0.34 eV（33 kJ mol^{-1}）安定化する．そのとき，上から窒素の2p軌道が相互作用領域（3つのHが作る傘の内側の領域）に電子を溜めるように少し混合する（同位相混合）．

③ その上のMO（P3, P4, T3, T4）は二重に縮重している．平面正三角形からピラミッド構造へ移行すると，H1sとN2p$_x$（またはN2p$_y$）の間の結合性が減少し，H1s間の反結合性が増大するので，エネルギーがわずかに上昇する（−0.19 eV）．

④ その上のMO（P5, T5）がフロンティア軌道のHOMOである．T5→P5の変化ではT5の非共有電子対（純粋な面外2p軌道）が3個のH(1s)と相互作用して**安定化**する．その安定化量は非常に大きい（+1.36 eV; 131

194　第9章　AH₃型分子の分子軌道——アンモニア分子の構造を考える

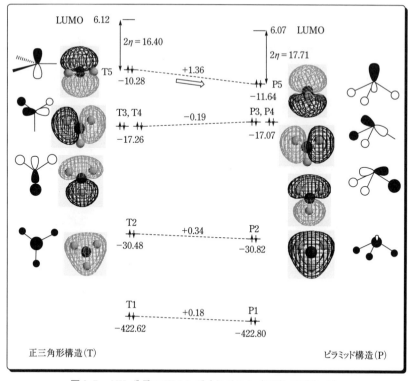

図9.7　NH₃分子のWalshダイヤグラム（HF/6-31G(d): eV）．

kJ mol^{-1})．すなわち，アンモニア分子の構造に関しても表面分子軌道が重要な役割を果たしていることがわかる．この表面分子軌道は非共有電子対であり，非共有電子対の非局在化傾向（3つのHの原子核と相互作用したがる傾向）が構造を支配しているのである．これは水分子の場合と同じである．

⑤　LUMOは正三角形構造では6.12 eV，ピラミッド構造では6.07 eVでありほぼ同じ準位であるが，フロンティア軌道のHOMO-LUMOエネルギー差2ηはピラミッド構造のほうが明らかに大きい（ピラミッド構造で$2\eta=17.71$ eVに対して正三角形構造では$2\eta=16.40$ eV）．

⑥　2つの構造の全エネルギーの計算結果を比較してみよう．ピラミッド構造の全エネルギーは-56.1841173 au，正三角形構造は-56.1723954 auである．その差は，0.319 eV（30.8 kJ mol^{-1}）であり，T5→P5の変化で

の安定化エネルギー（+1.36 eV; 131 kJ mol^{-1}）が，あらゆる不安定化相互作用を凌駕して，いかに分子の安定化に大きな寄与をしているかがわかる．

以上のようにアンモニア分子がピラミッド構造をとるのは，VSEPR モデルが主張するように非共有電子対と NH 結合電子対の交換反発が最小になってつり合うからではない．水分子の場合もアンモニア分子の場合も，共に表面 MO としての非共有電子対が他の原子核（これらの場合は水素原子の原子核）とクーロン引力で安定化する傾向（**非局在化傾向**）を示すためにこのような構造になるのである．あくまでも安定化が構造を決めるのであり，**VSEPR モデルが主張する不安定化が最小になる条件は，安定構造実現には必要条件であっても十分条件にはなりえないのである**．したがって VSEPR モデルが提唱する交換反発は構造支配の副因子と考えるべきであろう．

【発展学習 9.1】 窒素の非共有電子対の非局在化傾向

アンモニア分子などの非共有電子対（lone pair; lp）の非局在化傾向のもっとも典型的な例は水素結合である．酸素原子（O）や窒素原子（N）の非共有電子対が分子内または他の分子の水素原子に接近して，OH……O, OH……N などの弱い結合（……）をつくる．

N 原子の lp の非局在化傾向は，アンモニア分子以外の分子でも観察される．メチルアミンの場合，N の lp が隣接のメチル基と共役して，∠CNH および ∠HNH 角の角度（110.3°, 107.1°）がアンモニアの ∠HNH（106.7°）より大きくなっている．ホルムアミドでは，N 原子の lp とカルボニル基の π^* 軌道との相互作用がかなり大きいので N は平面構造（sp^2 混成）をとっている（図 9.8）．アニリンでは N が，ベンゼン環の π 軌道との相互作用によって非局在化するため，かなり平面的になっている（∠HNH = 113.9°）．

このように，lp の非局在化傾向によって，N 原子の混成が sp^2 的になることがいろいろな例で確認されている．

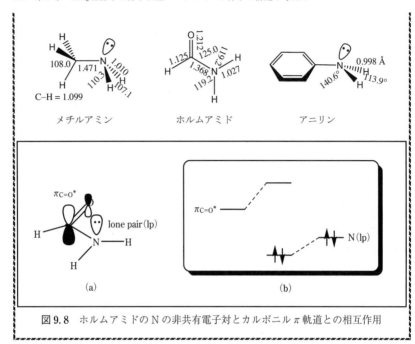

図 9.8 ホルムアミドの N の非共有電子対とカルボニル π 軌道との相互作用

9.4 AH₃ 型分子の構造と性質

表 9.1 に典型元素の AH_3 型分子の構造と性質を示す．図 9.6 はメチル基以外の AH_3 型分子に通用する．この Walsh ダイヤグラムを見ながら AH_3 型分子の MO と構造の関係を考えてみよう．

① BH_3（ボラン; borane）の外殻電子数は6個である．下から3番目までの MO (A, B, C) が被占軌道になるので C′ から C への安定化が期待され，正三角形構造をとると予想される．また，LUMO が D または D′ になることを考えると最大ハードネスの原理から HOMO-LUMO エネルギー差が大きい平面正三角形構造が好ましい．BH_3 の化学的性質の特徴は LUMO (D) に由来する．LUMO は低準位の空の 2p 軌道であるため電子受容性が強く Lewis 酸としてアンモニアなどの Lewis 塩基と反応して安定な化合物を与える．また，BH_3 の単量体は低い LUMO ($A = 0.038$

9.4 AH₃型分子の構造と性質　197

表 9.1　AH₃ 型分子の構造と性質

分子	価電子数	結合距離 (Å)	結合角度 (°)	D_e^a	I (eV)^b	A (eV)^c	λ_{max} (nm)^d
BH₃	6	1.187*	120*	—	12.03	0.038	—
CH₃	7	1.074	119	462	9.843	0.08	—
CH₃⁺	6	1.082*	120*	—	—	—	—
CH₃⁻	8	1.119*	101.8*	—	—	—	—
NH₃	8	1.012	106.7	452.7	10.07	—	194
NH₃⁺	7	1.008*	120*	—	—	—	—
SiH₃	7	1.476*	110.9*	268	—	1.406	—
PH₃	8	1.420	93.3	351.0	9.869	—	191
GeH₃	7	1.525**	109.5**	—	—	<1.74	—
AsH₃	8	1.511	91.8	319.2	9.89	—	183
SnH₃	7	1.751**	109.3**	334.93	—	—	—
SbH₃	8	1.704	91.6	288.3	9.54	—	197

*HF/6-31G(d) による計算値. **HF/3-21G* による計算値. 実測データは *Handbook of Chemistry and Physics*, Lide, D. H., 84th Ed., 2003 より採用. ^{a}結合解離エネルギー (kJ mol⁻¹). ^{b}第一イオン化エネルギー. ^{c}電子親和力. ^{d}紫外線吸収スペクトル.

eV) と高い HOMO ($I=12.03$ eV) のため反応性が高く非常に不安定であり，2量体（ジボラン；diborane）になって安定に存在する．

HOMO (B)　　LUMO (D)　　　　　　　　　　　　　　ジボラン (diborane)

② CH₃ ラジカルは D または D′ が半占軌道の HOMO であるが，C の安定化が大きいためであろうか，安定構造はほぼ平面正三角形になる．計算によると同族の SiH₃，GeH₃，SnH₃ などはピラミッド構造が安定になる．メチルカチオン（CH₃⁺）は外殻電子数6個で BH₃ 型の平面構造となるが，メチルアニオン（CH₃⁻）は外殻電子数8個でありアンモニア型のピラミッド構造になる．

③ NH₃⁺ は外殻電子数7個なのでメチルラジカル（CH₃）と等電子構造になるが，計算によると完全な平面正三角形構造が最安定となる．

④ NH₃ と同族の PH₃，AsH₃，SbH₃ の安定構造はピラミッド型であるが，結合角度が 106.7°（NH₃）→93.3°（PH₃）→91.8°（AsH₃）→91.6°（SbH₃）の順に減少する．これは AH₂ 型分子の結合角度が高周期になると減少するのと同じ現象である．

【発展学習 9.2】高周期元素の二重結合

高周期典型元素の化学の進展により，高周期元素の二重結合（X=X 結合; X=Si, Ge, Sn）が非平面（sp² 混成ではない）であることが実験で確認されている．

高周期になるにつれ（C→Si→Ge→Sn），X=X 結合が伸びて，二重結合原子（X）まわりの非平面性が増大する（『有機典型元素化学』，秋葉欣哉，講談社，2008，p.162）．これは，高周期になると，X=X 結合が伸びて，π 結合が弱くなり，p 軌道が置換基（R, R′）と相互作用して安定化するためであると考えられる．高周期では，X=X 結合が伸びて，2 つの p 軌道の相互作用による安定化（π 結合形成）がままならず，やむをえず，置換基（R または R′）と相互作用して安定化を実現している．「安定化」によって構造が実現されていると考えられる典型例である．アンモニア分子がピラミッド構造をとるメカニズムと同じ効果が作用している．

$$\text{Si=Si} \quad 2.160\ \text{Å},\ 18°$$
$$\text{Ge=Ge} \quad 2.347\ \text{Å},\ 32°$$
$$\text{Sn=Sn} \quad 2.764\ \text{Å},\ 41°$$

$$R = \text{2,4,6-tri-}t\text{Bu-phenyl}$$
$$R' = -\text{CH}(\text{Si}(\text{Me})_3)_2$$

VSEPR モデルに反する例は多い．本書で取り上げた分子は，ほんの一例である（第 12 章参照）．化学現象のセントラルドグマ（本質）は「安定化」である．パウリ反発に代表される不安定化機構も存在するが，こと分子構造に関しては，軌道相互作用による最大安定化で決まる，というのが量子化学に基づく現代化学の結論である．

参考文献

- B. M. Gimarc, "The shapes of simple polyatomic molecules. II. Series AH_2, AH_3, and AH_4", *J. Am. Chem. Soc.*, **93**, 593 (1971).

第10章 AH₄型分子の分子軌道
——メタンの構造を考える

　前章までの議論で，分子構造がMOの相互作用，とくに非共有電子対などの表面分子軌道の形とエネルギー準位で決まることがわかった．本章では，その結論を踏まえながらAH₄分子のMOと構造支配因子について考えてみる．メタンはなぜ正四面体構造をとるのだろうか．基礎化学の教科書では，主として「炭素原子がsp^3混成をするからだ」とする説明と，VSEPRモデルでは4つのC−H結合の反発が釣り合って正四面体になるという説明がなされている．前章までの議論がメタン分子の構造にも適用できるのだろうか？

10.1 メタンの分子軌道

10.1.1 組立て戦略（図10.1）

　メタンが正四面体構造（点群：T_d）をとるのはなぜかを考えてみよう．MO組立てスキームを図10.1に示す．

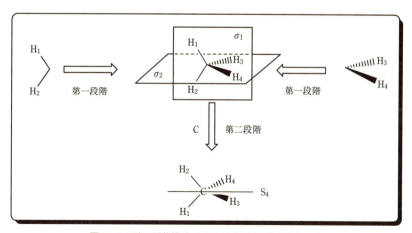

図10.1 正四面体構造メタンのMO組立てスキーム

① まず炭素原子をはずして残った4個の水素原子を対称性を崩さないように，直交する2つの組（(H_1, H_2) と (H_3, H_4)）に分けて考える．
② 第一段階：この2つの2個の水素原子の組を，メタンの対称性（σ_1, σ_2）を保持しながら，相互作用させて水素集団（H_1, H_2, H_3, H_4）のMOだけを組み立てる．
③ 第二段階：できあがった水素集団（H_1, H_2, H_3, H_4）のMOに第二段階で炭素（C）の原子軌道を相互作用させてメタンのMOを完成させる．そのとき，4回回映軸対称（S_4）を考慮する．

10.1.2 第一段階（図10.2）

図10.2に拡張ヒュッケル法で計算した第一段階の組立て相関図を示す．この図に示すように，メタン分子の水素原子の集団を，対称面（$\sigma_1 = x\text{-}y$ 面または $\sigma_2 = x\text{-}z$ 面）を含む2個の直交する水素集団のユニット（(H_1, H_2) と (H_3, H_4)）に分けて考える．この2つのユニットは互いに直交している．それぞれ

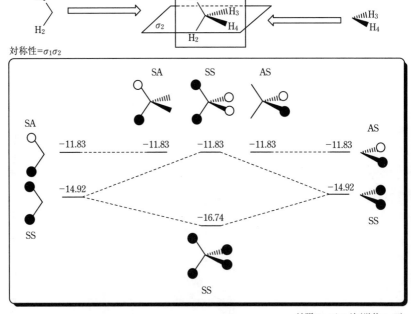

拡張ヒュッケル法（単位：eV）

図10.2 メタンの4個の水素集団のMO組立て相関図

が結合性 MO（-14.92 eV）または反結合性 MO（-11.83 eV）を形成する。これらの MO の対称性を σ_1 と σ_2 の2つの対称面を使って分類する。SS 対称の MO（-14.92 eV）が左右に1個ずつあるので、これらが1対1軌道相互作用して安定化軌道（-16.74 eV）と不安定化軌道（-11.83 eV）が出来る。他は SA または AS 対称の MO（-11.83 eV）がそれぞれ1個しかないので相互作用しないでそのままのエネルギー準位に残る。

結局、-11.83 eV の準位に3個の MO が縮重して生成する。

10.1.3 第二段階（図 10.3）

第一段階で組み立てた水素集団の MO（図 10.2）に炭素の4個の原子軌道（$2s, 2p_x, 2p_y, 2p_z$）を相互作用させるのが第二段階の操作である。図 10.3 に拡張ヒュッケル法で計算した組立て相関図を示す。左端に炭素原子の4つの外殻原子軌道（$2s, 2p_x, 2p_y, 2p_z$）、右端に水素集団の MO が4個置いてある。相互作用においては xy 面、zx 面という2つの対称性（P_{xy}, P_{zx}）に加え、さらにもう1つの対称操作（S_4; $90°$ 回転軸 C_4 の周りに回転して C_4 に垂直な鏡面で映す）を考慮する。S_4 は4回回映軸である。S_4 が適用不可能な MO の場合には対称性表示記号（S または A）の表示がはずしてあり、2つの対称性記号しか示されていない。

以上のように考えると、すべての MO の対称性をきれいに分類でき、すべての軌道相互作用は1対1軌道相互作用に還元できる。

① SSS 対称の炭素の 2s 軌道（左端；-21.43 eV）の変形は、右端の同じ SSS 対称の MO（-16.74 eV）を同位相で取り込んで安定化して、-24.58 eV のところに $1a_1$ 軌道ができる。一方、右端の MO（-16.74 eV）は逆位相で 2s 軌道（-21.43 eV）を取り込んで $2a_1$（33.63 eV）になる。

② 炭素原子の外殻軌道 p_x, p_y, p_z（-11.42 eV）はそれぞれ同じ対称性のメタンの4個の水素原子の集団の MO（対称性；SSA, SA, AS の3つ）と1対1相互作用して、$1t_2, 2t_2$ の対称性をもつ三重に縮重した MO に生まれ変わる。

メタンの構造がなぜ正四面体構造になるのかという問題に関しては古くから議論があった。VSEPR モデルでは4つの CH 結合電子対の反発のつり合いで

202　第10章　AH₄型分子の分子軌道——メタンの構造を考える

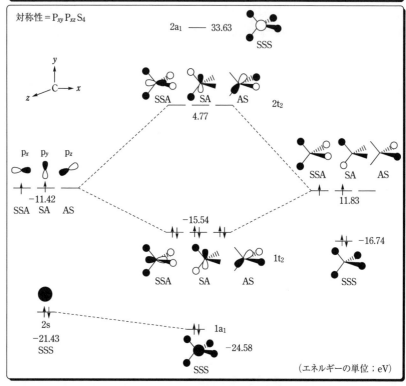

図10.3　メタンのMO組立て相関図

説明する．混成軌道理論では，メタン分子が4つのCH結合の最大安定化（結合強化）を実現するためにsp³混成軌道を使うからだと説明する．

　分子軌道法では，水やアンモニア分子の場合と同じ論理でメタンの構造を考える．結論から言えば，表面分子軌道が構造を決めており，最大ハードネスの原理（第5章）から言えば，HOMO-LUMOエネルギー差が最大になる構造が最安定となり，これが正四面体構造（T_d）であるということになる．メタンの構造の可能性は，4個のC-H結合が空間的にも等価であるという点を考慮すると，正四面体構造（T_d）と正方形構造（D_{4h}）の2つしかない．なぜ正方

形構造をとらないのだろうか？

10.2 Walsh ダイヤグラム

高精度計算（HF/6-31G(d)）で得られた Walsh ダイヤグラムを図 10.4 に示す．正四面体構造のメタンが正方形構造になると，正四面体構造で三重縮重している MO（-14.86 eV）の縮重が解けて，二重縮重軌道（-16.29 eV）と分子平面に垂直な炭素の 2p 軌道（-7.26 eV）に分裂する．正方形構造ではこの 2p 軌道がフロンティア軌道の HOMO である（次ページの軌道図参照）．こ

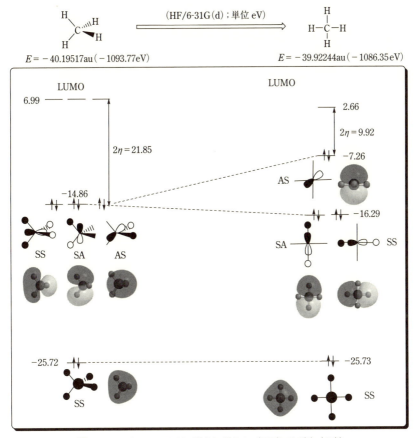

図 10.4　メタンの Walsh ダイヤグラム（HF/6-31G(d)（eV））

204　第10章　AH₄型分子の分子軌道——メタンの構造を考える

の軌道には電子が2個入っているので（分子面に垂直なので）純粋な非共有電子対である。この軌道（2電子被占軌道）の不安定化量（$-14.86 \rightarrow -7.26$ eV）は総計（電子2個分として）15.20 eV（1466 kJ mol^{-1}）にもなる。正四面体構造から正方形構造への全電子エネルギーの不安定化量が7.42 eV（716 kJ mol^{-1}）だから，HOMO（非共有電子対）の不安定化が主な原因で正方形構造が不安定化していることがわかる。

　メタンの原子価電子は8個ある。正方形構造では，このうち，2個が非共有電子対になるので，残りの6個の電子たちが，4個のC－H結合をつくらなければならない。つまり，正方形構造では，5中心（Cと4H）6電子結合が4個形成され，これらの結合は電子不足となる。正四面体構造と正方形構造のC－H結合の長さを比較してみると，前者は1.092 Å，後者は1.167 Å（HF/6-31G(d)レベルの計算値）であり，正方形構造では，0.075 Åも長くなっており，明らかに，正方形構造のC－H結合は長く，弱くなっている。つまり，メタンの正方形構造の不安定化は，VSEPRモデルが主張するC－H結合間反発ではなく，5中心6電子結合の弱い変則的な結合形成にあり，6個の価電子が4個のC－H結合を形成しなければならないという，価電子に課された過酷な条件にあることが明らかである。

　正方形構造のメタンに残された共有結合が形成できない非共有電子対は，4個のHとのクーロン引力を求めて，正四面体構造になるのである。このプロセスで，4個のC－H結合間の交換反発は，C－H結合が短くなるため，増大している可能性がある。メタンの安定構造はVSEPRモデルでは説明不可能な典型例である。

正方形メタンのフロンティア軌道（HOMO; 非共有電子対）

　図10.4のWalshダイヤグラムから，メタンの場合にもフロンティア軌道が構造を決めていることがわかる。正方形構造ではメタンに非共有電子対が生まれる。この非共有電子対が，他の4個の水素の原子核とのクーロン引力による最大限の安定化を求めて対称性を最大限に実現して正四面体構造に落ち着いていると推察される。このとき，4個すべての水素原子と非共有電子対が均等にクーロン引力を得て安定化するには正四面体構造しかない。

この正方形構造の非共有電子対の軌道から電子を2個とも除去してしまう，すなわちメタンから電子を2つ抜いてメタンのジカチオン（CH_4^{2+}）にすると構造は正四面体になるかという問題は理論化学者の興味の的であった．答えは「正方形構造になる」である．非共有電子対の軌道が空になると，非共有電子対が水素原子核とのクーロン引力を得て安定化する必要がないからである．

$$\left[\begin{array}{c} H \\ H-C-H \\ H \end{array}\right]^{2+} \Longrightarrow \left[\begin{array}{c} H \\ H-C-H \\ H \end{array}\right]^{2+}$$

メタンの場合にも最大ハードネスの原理が効いているかどうかを確認するため，2つの可能な構造のフロンティア軌道間のエネルギー差（η）の値を見てみよう．図10.4に示すように，正四面体構造では$2\eta=21.85$ eV，正方形構造では$2\eta=9.92$ eVであり，前者のほうがはるかに大きいので，最大ハードネスの原理からも正四面体構造の方が圧倒的に安定であることが確認できる．すでに述べたが，図10.4の上方に示すように，HF/6-31G(d)レベルで計算した全エネルギーは正四面体構造のほうが正方形構造より7.42 eV（716 kJ mol^{-1}）も安定である．この安定化は尋常ではない．正四面体構造は，メタン分子が，交換反発による不安定化を最小にとどめ，電子—核間クーロン引力を最大限実現した結果である．

10.3 AH_4分子の構造と性質

表10.1にAH_4型分子の構造と性質を示す．メタンのジカチオンを除いて，すべて正四面体構造である．計算によると，正四面体構造のBH_4^-（8価電子

表10.1 AH_4型分子の構造と性質

分子	価電子数	結合距離 (Å)	結合角度 (°)	D_e^a (kJ mol^{-1})	I^b (eV)	λ_{max}^c (nm)
BH_4^-	8	1.25	109.47	—	—	
CH_4	8	1.092	109.47	402	14.0	128
CH_4^{2+}	6	1.167*	90	—	—	
NH_4^+	8	1.021*	109.47	—	—	
SiH_4	8	1.481	109.47	323	11.00	156
GeH_4	8	1.525	109.47	289	<10.53	
SnH_4	8	1.711	109.47	253	(10.75)	

*HF/6-31G(d)による計算値．実験データは *Handbook of Chemistry and Physics*, Lide, D. H., 84th Ed., 2003より採用．^{a}結合解離エネルギー．^{b}イオン化エネルギー．^{c}紫外線吸収スペクトル．

系）から電子を2個抜いてBH_4^+にすると，平面正方形構造が安定になる（HF/6-31G(d)レベル）．メタンの場合とまったく同じ構造変化である．この例でも，外殻電子の数が分子構造に重要な役割をしていることが明らかである．

参考文献

- B. M. Gimarc, "The shapes of simple polyatomic molecules. II. Series AH_2, AH_3, and AH_4", *J. Am. Chem. Soc.*, **93**, 593 (1971).

第11章 フロンティア軌道と化学反応

これまでフロンティア軌道が分子の構造や安定性に重要な寄与をしていることを随所で見てきた．本章では，フロンティア軌道が化学反応に重要な寄与をしていることを見ていく．化学反応の速度と選択性を説明するための量子化学の概念として1952年福井謙一が発表したフロンティア軌道論は当時の世界の化学者たちを震撼させた．それまで謎であった多くの反応選択性が見事に説明された．この理論が背景となって，1964年，WoodwardとHoffmannによって軌道対称性保存則が発表された．この章では，フロンティア軌道理論の立場から，有機分子の反応性の全体像を俯瞰する．

11.1 フロンティア軌道理論

1952年，京都大学教授であった福井謙一は化学反応が起こるためには分子表面の軌道，とくにフロンティア軌道間の相互作用が反応推進力を生み出すという考え方のもとに，フロンティア軌道理論を発表した．この理論は「**一方の分子のHOMOと他方の分子のLUMOの間の相互作用が化学反応の主要な推進力となる**」という，化学反応速度の起源に関するまったく新しい概念であった．その後，この概念の正当性は膨大な数の実験で確認され，1981年，Roald Hoffmannとのノーベル化学賞共同受賞となった．1950年代当時，分子軌道論の黎明期にあって，この考え方は，当時の世界の化学界にすんなりと受け入れられたわけではなかった．しかし，シンプルで多くの実験結果を説明できたため，化学反応論の領域に量子化学の有効性を初めて示したものとして，1981年ノーベル化学賞の対象となった．

この節では，フロンティア軌道理論の基礎事項を整理しながら，分子の反応性の全体像を見渡してみよう．

11.1.1 フロンティア軌道の定義と特徴

フロンティア軌道には，エネルギー準位（下記①と②）と広がり（下記③と④）に関してそれぞれ2つの重要な特徴がある．

① 最もエネルギーが高い被占軌道を**最高被占軌道**（Highest Occupied Molecular Orbital）と呼び，HOMO と略称する．HOMO は被占軌道なのでエネルギー準位が負となる．HOMO のエネルギー準位が高いほど，他の分子との相互作用において電子を与えやすく**求核性**（nucleophilicity）が**高くなる**．

② 最もエネルギーが低い空軌道を**最低空軌道**（Lowest Unoccupied Molecular Orbital）と呼び，LUMO と略称する．LUMO は空軌道であり，電子が入っていないので，原子核に束縛されていないため，高精度（非経験的）MO 計算では LUMO のエネルギー準位は（通常）正となる（きわめて電子受容性が高い分子では，LUMO が負になる場合がある．たとえば，カルボカチオンなど正電荷を持つ化学種など）．LUMO のエネルギー準位が低いほど，他の分子との相互作用において電子を受け取りやすく，**求電子性**（electrophilicity）が**高くなる**．

③ 通常，HOMO の空間的広がりは，被占軌道のうちで最大である．表 11.1 に，3つの簡単な分子（メタン，ホルムアルデヒド，エテン（エチレン））について，それぞれの MO のエクステリア電子密度（EED; exterior electron density）を示す．EED は，分子の大きさをファンデアワールズ面（原子をファンデアワールズ球とみなしたときの分子の表面）で近似し，その表面から染み出た MO の電子密度（Ψ_{MO}^2）を％単位で表した量である[1]．たとえば，ホルムアルデヒド（$H_2C=O$）は 16 個の電子を含んでいるので 16/2=8 個の被占軌道がある．エネルギー準位が最低の軌道（1番目の MO）の EED は 0.00035％ でありファンデアワールズ表面からの染み出しはほとんどないが，HOMO の広がりは，σ 軌道としては最大である（3.28％）．

④ 同じ分子では LUMO の方が，常に HOMO より空間的広がりが大きい．
表 11.1 において，各分子についての LUMO の EED を見ると，常に HOMO より広がりが大きいことがわかる．たとえば，メタンでは HOMO

---

[1] K. Ohno, S. Matsumoto, Y. Harada, *J. Chem. Phys.*, **1984**, *81*, 4447.

表 11.1 簡単な有機化合物の分子軌道の広がり（EED（%））[a]

分子	CH₄	H₂C=O	H₂C=CH₂
電子数	10	16	16
MO	EED (%)	EED (%)	EED (%)
1	0.0011	0.00035	0.0003
2	1.61	0.0008	0.0008
3	3.90	0.435	1.009
4	3.95	1.74	2.18
5	3.95 (HOMO)	2.57	3.36
6	45.21 (LUMO)	2.04	2.73
7		3.44 (π)	3.38
8		3.28 (HOMO)	4.89 (π) (HOMO)
9		6.41 (π*) (LUMO)	7.57 (π) (LUMO)

[a] エクステリア電子密度（exterior electron density）＝分子をファンデアワールス球の原子の集合体として近似した分子表面の外部（エクステリア領域）に広がる MO の電子密度を % 単位で表した量（K. Ohno, S. Matsumoto, Y. Harada, *J. Chem. Phys.*, **1984**, *81*, 4447）.

が 3.95%, LUMO が 45.21% である. エテンでは LUMO が 7.57% 染み出している. ホルムアルデヒドでも LUMO の広がりが最大になっている（6.41%）.

11.1.2 フロンティア軌道の実在性

フロンティア軌道は実験的にその存在が確認されている[2]. 1950 年代から分光学を中心に MO 存在の実験的証拠が多数集積された. 重要な分光学的証拠は 3 つ——第一イオン化エネルギー, 電子親和力, 光の吸収波長——である. これらのデータの他に, 福井や Hoffmann による有機化学反応の選択性理論からもフロンティア軌道のエネルギー準位と形の実在性が確認されている. MO の実在性は直接観察によっても確認されている（第 1 章,【参考 1.1】）.

(1) HOMO の実在性（第一イオン化エネルギー）

分子の第一イオン化エネルギー（first ionization energy; I）は HOMO の存在を示す直接の実験的証拠である. 表 11.2 に示すように, 無機化合物, 有機

---

[2] MO 法は近似概念であるが, 分子のイオン化エネルギー・電子親和力・芳香族性・反応選択性・分子構造など, 分子に関するあらゆる実験データを説明できる方法論として認知されているという意味で, フロンティア軌道は分子の表面（外側）に広がる MO として実在すると考えてよい.

表 11.2 分子の第一イオン化エネルギー（I）と HOMO 準位（単位：eV）[a]

分子	I	HOMO	分子	I	HOMO	分子	I	HOMO
H_2	15.43	−16.17	H_2S	10.46	−10.5	ethylene	10.51	−10.19
N_2	15.58	−17.14	H_2Se	9.89	−9.53	propene	9.73	−9.72
O_2	12.07	−15.33	NH_3	10.07	−11.46	1-butene	9.55	−9.701
F_2	15.70	−18.45	PH_3	9.87	−10.38	acetylene	11.40	−11.00
Cl_2	11.48	−12.21	BH_3	12.03	−13.52	propyne	10.37	−10.36
Br_2	10.52	−10.73	CH_3	9.84	−10.44	CH_3I	9.54	−9.95
I_2	9.31	−9.53	SiH_4	11.00	−13.23	C_6H_6	9.24	−9.00
CO	14.01	−15.53	methane	12.61	−14.66	CH_3CHO	10.23	−11.42
CS	11.33	−12.53	ethane	11.56	−13.21	2-propanone	9.70	−11.16
SO	10.29	−9.69	propane	10.95	−12.58	HCO_2Me	10.84	−12.48
NO	9.26	−11.68	butane	10.53	−12.33	HCO_2H	11.33	−12.71
HF	16.04	−17.72	pentane	10.28	−12.03	Et_2O	9.51	−11.19
HCl	12.75	−12.93	hexane	10.13	−11.77	EtOH	10.43	−11.87
HBr	11.66	−11.45	heptane	9.93	−11.58	CH_3Cl	11.22	−11.83
HI	10.39	−10.25	octane	9.80	−11.42	CH_3CONH_2	9.65	−11.10
CH_2	10.40	−10.74	nonane	9.71	−11.3	CH_3NO_2	11.08	−12.20
NH_2	11.14	−13.81	decane	9.65	−11.2	naphthalene	8.14	−7.80
H_2O	12.62	−13.55	undecane	9.56	−11.37	aniline	7.72	−7.56

[a] 第一イオン化エネルギーのデータは *CRC Handbook of Chemistry and Physics*, 87th Ed., 2006-2007. HOMO の準位は HF/6-31G(d) による計算値（単位：eV）.

化合物，分子の大小を問わず，MO 計算で算出される HOMO のエネルギー準位の絶対値は実験で得られた I の値にほぼ等しい．図 11.1 に示すように相関も高い（相関係数; $R^2=0.84$）．

(2) LUMO の実在性（電子親和力）

一方，LUMO の実在性はさまざまな分子の電子親和力（electron affinity; A）のデータで確認されている．HOMO と第一イオン化エネルギーの関係とは異なり，LUMO の準位と電子親和力の値は必ずしも一致しない．電子親和力は，原子または分子（M）に 1 個電子を付加した陰イオン（M⁻）の第一イオン化エネルギーだからである．しかも，LUMO は空軌道なので非経験的分子軌道の計算過程では常に無視される．そのため LUMO のエネルギー準位の値は計算方法やレベルによって異なる．表 11.3 に示すように，確かに LUMO の準位と電子親和力（A）の値とは一致しない．たとえば，ベンゼンの電子親和力は −1.14 eV であるが LUMO の準位は 4.076 eV である．

しかし，重要なことは，これら 2 つの量（A の値と LUMO の準位）の間には明らかな相関（直線性）が見られることである．図 11.2 に示すように，

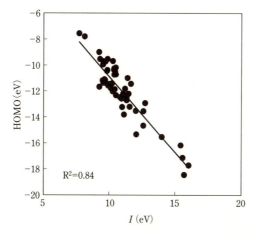

図 11.1 HOMO の準位と第一イオン化エネルギー (I) の比例関係（表 11.2）

表 11.3 電子親和力 (A) と LUMO の準位（単位：eV）[a]

分子	A	LUMO	分子	A	LUMO	分子	A	LUMO
CS	0.205	1.954	CH_2	0.652	2.037	CH_3NO_2	0.44	2.412
NH	0.37	2.166	SiH_2	1.124	0.314	ベンゼン	−1.14	4.076
PH	1.028	−0.512	GeH_2	1.097	0.252	ピリジン	−0.62	3.445
AsH	1.0	−0.019	O_3	2.1	−1.464	ナフタレン	−0.2	2.817
SO	1.125	0.018	SO_2	1.107	1.09	無水マレイン酸	1.44	1.026
SeO	1.456	−0.418	CS_2	0.62	1.488	p-ベンゾキノン	1.8	0.546
O_2	0.451	1.015	CH_3I	0.2	3.154	TCNQ[b]	2.8	−1.302

[a]電子親和力のデータは，*CRC Handbook of Chemistry and Physics*, 84th Ed., 2002. LUMO は HF/3-21G* による計算値．[b]tetracyanoquinodimethane.

LUMO の準位と A の間には明らかに直線性が見られる（相関係数 $R^2 = 0.82$）．この相関は重要である．このかなり高い相関より，電子親和力 (A) の値は LUMO 存在の実験的証拠と考えられている．この図の右のグラフに示すように，大きな有機分子（表 11.3 の網掛け分子）になると，対応する陰イオン (M^-) の構造が中性分子 (M) の構造に似ており，イオン化による構造変化が小さいため相関が非常に良い（相関係数 $R^2 = 0.99$）．

LUMO のエネルギー準位と電子親和力 (A) との高い相関をどのように解釈したらよいだろうか？ LUMO は空軌道なので非経験的分子軌道計算の過程では常に無視される．それにもかかわらず LUMO が分子の電子親和力を反映した性質を保持していることは，LUMO が被占軌道（特に HOMO）と相互

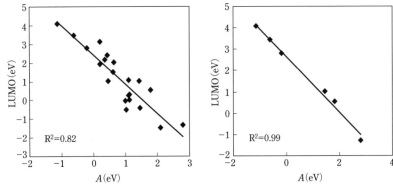

図 11.2 LUMO 準位と電子親和力（A）の直線関係
左：表 11.3 の全データ；右：表 11.3 の有機分子（網掛け）のみ．

表 11.4 ハロゲン化アルカリ（MX）の HOMO-LUMO エネルギー差（ΔE）と UV 吸収波長（λ_{max}）

MX[a]	ΔE[b]	λ_{max}[c]	MX[a]	ΔE[b]	λ_{max}[c]	MX[a]	ΔE[b]	λ_{max}[c]	MX[a]	ΔE[b]	λ_{max}[c]
LiF	11.74	96	NaF	10.40	118	KF	9.43	127	RbF	9.47	133
LiCl	9.80	144	NaCl	9.40	157	KCl	8.21	161	RbCl	8.17	166
LiBr	9.05	177	NaBr	8.29	191	KBr	7.53	188	RbBr	7.46	192
LiI	8.12	183	NaI	7.52	228	KI	6.87	220	RbI	6.81	224

[a]結晶状態（固相）．[b]HOMO-LUMO エネルギー差．HF/3-21G* による計算値（eV 単位）．[c]nm 単位．

作用しながら SCF（self-consistent field; 自己無撞着場）計算過程で分子軌道として改良されているからであり，空軌道のうちで LUMO が最も被占軌道の性質を色濃く反映しているからである．**LUMO は，いわば，分子が電子を受け入れるために用意された分子軌道であり，そのエネルギー準位と形（位相と空間的広がり）は，基底状態にある分子の電子受容能と受容様式（どこからどのように電子が入るかなど）を予見する MO であると考えられる．**

(3) フロンティア軌道と光吸収

分子の光吸収において，最長波長に現れるバンドは，HOMO の電子が光エネルギーによって励起され，LUMO に遷移するために起こる．この遷移エネルギー，すなわち吸収光のエネルギー（吸収波長 λ の逆数; $1/\lambda$）が，HOMO-LUMO エネルギー差（ΔE）に依存する．

具体例を見てみよう．図 11.3 は，表 11.4 のハロゲン化アルカリ（MX）の吸収波長（λ_{max}）の逆数（$1/\lambda_{max}$）と HOMO-LUMO エネルギー差（ΔE）をプロットしたグラフである．高い相関（相関係数; $R^2=0.89$）を示している．こ

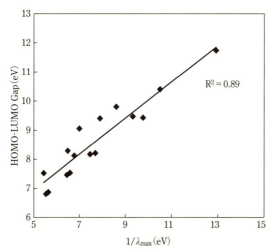

図 11.3 ハロゲン化アルカリ (MX; M=Li, Na, K, Rb; X=F, Cl, Br, I) の HOMO-LUMO エネルギー差 (ΔE) と吸収波長 (λ_{max}) の逆数 ($1/\lambda_{max}$) の相関（表 11.4）

のような良好な相関から，フロンティア軌道の準位差 (ΔE) が光の吸収波長 (λ_{max}) に大きく影響していることがわかる．

有機分子においても同様の相関が見られる．表 11.5 に有機化合物の紫外可視吸収波長 (λ_{max}) と HF/6-31G(d) レベルで計算したフロンティア軌道間エネルギー差 (ΔE) を示す．図 11.4 は吸収波長の逆数 ($1/\lambda_{max}$; 光エネルギーに比例する量; eV 単位) に対して ΔE をプロットしたものである．良好な直線関係が得られている．

その他，フロンティア軌道の存在を仮定することによって説明できる化学反応や反応選択性（反応経路の選択）も非常に多く知られていて，フロンティア軌道理論は実験的にも確かな概念となっている．

11.2 化学反応推進力の起源

11.2.1 化学反応の本質は電子移動

モデル反応として，式 (11.1) で表される化学反応のエネルギー変化を考えてみよう．分子 B−C にラジカル A・が攻撃して分子 A−B が生成し，ラジカ

表 11.5 有機分子の光吸収

有機分子	ΔE (eV)[a]	λ_{max} (nm)	有機分子	ΔE (eV)[a]	λ_{max} (nm)
methane	21.49	128	CH_3Cl	17.13	176
ethane	19.78	133	EtOH	17.94	182
propane	18.90	139	Et_2O	17.66	189
butane	18.63	145	HCO_2H	17.83	205
acetylene	15.69	175	CH_3CO_2H	17.48	213
allene	15.11	185	CH_3CONH_2	16.82	193
isoprene	12.37	215.5	CH_3NO_2	15.14	198
cyclohexene	14.60	215	CH_3NH_2	16.67	215
cyclopentadiene	12.25	244	Me_2S_2	13.21	253
cyclopentene	14.65	220	Me_2S	14.44	222
1[b]	15.13	162.5	benzene	13.08	253
2[b]	12.22	218	toluene	12.77	269
3[b]	10.65	268	styrene	11.25	286
4[b]	9.69	304	chlorobenzene	12.70	272
5[b]	9.05	334	fluorobenzene	12.73	266
6[b]	8.61	364	anisole	12.30	277.5
7[b]	8.29	390	phenol	12.33	277.5
8[b]	8.05	410	acetophenone	11.83	325
9[b]	7.86	—	benzaldehyde	11.77	320
10[b]	7.72	447	naphthalene	10.62	320

[a] HOMO-LUMO エネルギー差 (eV). HF/6-31G(d) による計算値 (eV 単位). [b] 共役ポリエン H(HC=CH)$_n$H の二重結合の数 (n=1〜10).

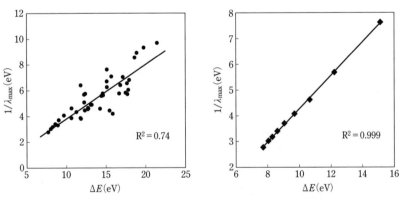

図 11.4 有機分子の紫外吸収波長 (λ_{max}) の逆数とフロンティア軌道間エネルギー差 (ΔE) の相関
(左) 表 11.5 の全データ; (右) 共役ポリエン (表 11.5 の網掛けした分子).

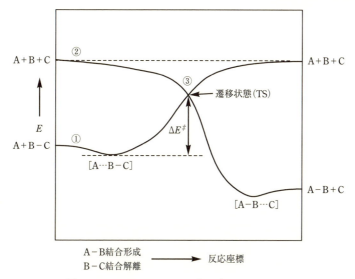

図 11.5 Bell-Evans-Polanyi (BEP) ダイヤグラム

ル C· が出来る．この反応では B−C 結合の電子 1 個が A· に移動して A−B 結合が出来て結合の組換えが起こり，C· が放出される．つまり，分子 B−C から A· への電子移動が起こって反応が完結する．

$$A\cdot + B-C \longrightarrow A-B + C\cdot \tag{11.1}$$

この反応系のエネルギーの経時変化を，仮想的に 2 つの曲線（①と②）の重ね合わせとして，2 次元的にグラフに示すと図 11.5 のようになる[3]．

横軸は反応の道筋に沿った反応座標である．縦軸は反応系のエネルギー変化を示す．曲線①は B−C 結合と A の集合系（A+B−C）から A, B, C が互いに相互作用のないバラバラの状態（A+B+C）に移るときのエネルギー変化を示す．

このとき，反応初期に 2 つの反応物質（A と B−C）が集合して反応初期錯体［A⋯B−C］（initial reactant complex）が形成されることが多い．反応錯体は反応前の状態（A+B−C）に比較して，ファンデアワールズ力や静電力による錯体を形成しているので，わずかに安定化している．曲線②は，A, B,

---

[3] 化学反応のポテンシャルエネルギー変化は，厳密には曲面（3 次元）で表されるが，図 11.5 のような反応エネルギー変化の簡便な 2 次元の解析図は Bell-Evans-Polanyi (BEP) ダイヤグラムと呼ばれている．

Cが互いに相互作用のない状態（A+B+C）からA−B結合が生成する（A−B+C）ときのエネルギー変化を示す．この過程では生成物（A−B+C）が最終的に出来る前に2つの反応物質A−BとCの集合状態である生成物錯体[A−B⋯C]が形成される場合があり，これは生成物（A−B+C）よりわずかに安定になっている．これらの錯体はファンデアワールズ力や静電力などの弱い分子間引力による集合体である．結局，式（11.1）の反応のエネルギー変化の曲線はこれら2つの曲線の重ね合わせとして表すことができる．

曲線①では，初期錯体形成後，B−C結合が解離するので反応進行とともにエネルギーが上昇する．曲線②との交点③で，最もエネルギーが高くなり遷移状態（transition state; TS）が生じる．反応が完結するためには，遷移状態③を通過しなければならない．この交点③で，電子移動（electron transfer）が起こり，②の曲線に乗り移ってA−B結合が次第に形成されてエネルギーが低下し，生成系に移行して生成物錯体を経由して反応が終了する．

活性化エネルギー（activation energy）は初期状態（しばしば初期錯体）と遷移状態のエネルギー差 $\Delta E^{\ddagger}$ で表される．化学反応の速度は，この活性化エネルギー（$\Delta E^{\ddagger}$）の大きさで決まるが，活性化エネルギーの大きさは反応推進力（driving force of reaction）の大きさで決まる．反応推進力が大きければ活性化エネルギーが低下して反応が速くなる．反応推進力の大きさは遷移状態（TS）における電子移動の容易さで決まるが，その大きさは反応のどの段階で決まるのだろうか？　その答えは「反応の初期段階で決まる」である．

11.2.2　Klopman-Salemの式

化学反応において電子移動を誘発する機構には主に2つある．1つはクーロン引力による相互作用であり，静電相互作用（electrostatic interaction）とも呼ばれる．異符号のイオン電荷（＋と−）または部分電荷（$\delta+$ と $\delta-$）のクーロン相互作用である．このような集合機構はイオン反応において重要である．無機イオンの反応（中和反応など）に見られるように，イオン反応の速度は非常に速く瞬時に完結する．その推進力がイオン間のクーロン引力である．

一方，有機分子のように，あらわな電荷を持たない分子どうしの場合には，軌道相互作用による電子移動機構がはたらく．分子表面の軌道の間の電荷移動相互作用（CT相互作用）による安定化機構が重要になってくる．そのうち特に，分子表面に存在するフロンティア軌道間（HOMO-LUMO）相互作用による電子移動機構の寄与が大きい．

11.2 化学反応推進力の起源

1968年，KlopmanとSalemは独立に，式（11.2）に示すように，分子aと分子bの分子間相互作用による反応系のエネルギー変化（ΔE）が，

① 被占軌道間反発項（交換反発項）（式（11.2）の第1項）
② クーロン項（静電相互作用項）（式（11.2）の第2項）
③ 空軌道と被占軌道相互作用項（電荷移動相互作用項）（式（11.2）の第3項）

の3項の和で近似的に表され，有機反応では第3項が重要な反応推進力となることを示した．

$$\Delta E = \underbrace{-\sum_{i,j}(q_i+q_j)\beta_{ij}S_{ij}}_{\text{第1項}} + \underbrace{\sum_{k<l}\frac{Q_k Q_l}{\varepsilon R_{kl}}}_{\text{第2項}} + \underbrace{\sum_{r}^{occ.}\sum_{s}^{unocc.}\frac{2\left(\sum_{i,j}c_{ri}c_{sj}\beta_{ij}\right)^2}{E_r-E_s} - \sum_{s}^{occ.}\sum_{r}^{unocc.}\frac{2\left(\sum_{i,j}c_{ri}c_{sj}\beta_{ij}\right)^2}{E_r-E_s}}_{\text{第3項}}$$

(11.2)[4]

q_i, q_j＝原子iおよびjにおける電子密度
β_{ij}＝原子軌道χ_iとχ_jの間の共鳴積分（交換積分）
S_{ij}＝原子軌道χ_iとχ_jの間の重なり積分
Q_k, Q_l＝原子kまたはlにおける全電子密度
R_{kl}＝原子kと原子lの距離
ε＝真空中での誘電率
c_{ri}＝r番目のMO Ψ_r^a の原子軌道χ_iの係数
c_{sj}＝s番目のMO Ψ_s^b の原子軌道χ_jの係数
E_r＝r番目のMOのエネルギー準位
ε＝局部比誘電率

第1項：図11.6（a）に示すように，この項は閉殻反発（交換反発）項であり，

---

[4] 2つの分子a,bについて，分子aについて，原子の番号をk，AOの番号をi，MOの番号をr，分子bについては原子の番号をl，AOの番号をj，MOの番号をsとすると，式（11.2）の第3項は，$\psi_r^a=\sum_i c_{ri}\chi_i$ と $\psi_s^b=\sum_j c_{sj}\chi_j$ の相互作用となる．

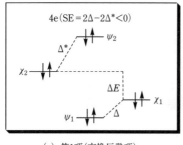 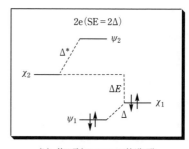

(a) 第1項(交換反発項)　　(b) 第3項(フロンティア軌道項)

図 11.6　Klopman-Salem 式の (a) 第1項と (b) 第3項

分子間の被占軌道どうしの相互作用項である．この項は反応系のポテンシャルエネルギーを上昇させ，遷移状態のエネルギー準位の上昇に寄与するので符号は正であるが，共鳴積分の符号が負なのでマイナス符号がついている．したがって，第1項は反応推進力とはならず，反応を妨害する効果を生み，反応系のエネルギー上昇に寄与する．有機化学で立体効果または立体反発と呼ばれるものはこの項に含まれる．

第2項：分子間の電荷による静電相互作用項（クーロン項）であり，これが負であれば引力的相互作用となり反応は速くなり，正であれば反応を妨げる方向に作用する．イオン反応の場合に重要な項となる．通常，共有結合系（有機分子）の化学反応では，この項はほとんど寄与しない．

第3項：図 11.6(b) に示すように，第3項は，一方の分子の被占軌道と他方の分子の空軌道との相互作用（電荷移動相互作用）による安定化エネルギーを表す項であり，電子移動を容易にする効果が大きく，遷移状態のエネルギー準位を低下させる．イオン反応ではこの項は無視できるが，共有結合を含む分子では，分子間の分子軌道どうしのエネルギー準位差が小さいため，有機分子ではこの項が遷移状態を低下させる最も重要な力となる．この項が大きいと反応が速く進行する．この項の相互作用のうちで，分子の表面に広がる**フロンティア軌道同士の相互作用が最大**となる．フロンティア軌道間相互作用では，エネルギー準位差 $(E_r - E_s)$ が最小となるだけでなく，広がりが他の軌道に比較して大きいため共鳴積分 β の絶対値が大きくなる．

　結局，一般の有機化学反応においては，電子移動を容易にする重要な効果（反応推進力）は第3項しかない．以下に有機化合物の反応性についてフロン

ティア軌道論による説明を紹介する．有機分子のフロンティア軌道のエネルギー準位に関しては本章11.4節，表11.7を参照のこと．

11.3 福井のフロンティア軌道理論

福井のフロンティア軌道理論が発表されたのは，Klopman-Salem の式が発表された年の16年も前（1952年）である．ここで，福井がどのように考えてフロンティア軌道論にたどり着いたかを想像してみよう．

化学反応の本質は電子移動で始まる化学結合の組換えである．結合組換えには結合に関与する電子の移動（electron transfer）が前提条件である．電子移動が起こるためには，分子が集まって接触し，軌道間の相互作用が生じる必要がある．その相互作用のうち，最も重要な役割をするのが分子表面に広がる MO である．このような軌道はフロンティア軌道である．ある分子の HOMO と他の分子の LUMO の間の相互作用で電子移動が起こることで反応推進力が生まれる．「化学反応には **HOMO-LUMO 間の相互作用が重要となるであろう**」と福井は考えたのである．すなわち，福井は，フロンティア軌道間の相互作用に軌道相互作用の原理を適用すれば，分子の反応性に関する諸条件が導かれると考えた．

図11.7に示すように，第3章で学んだ2個の原子軌道間相互作用が大きくなる条件を HOMO-LUMO 相互作用と読み替えると，化学反応が起こる条件（化学反応生起条件）として，下記の(a)-(e)の5条件が導かれる．

11.3.1 化学反応生起条件

(a) 同位相の原理
HOMO と LUMO の相互作用点の軌道位相は等しくなければならない．
相互作用点の重なり積分が負の場合には安定化が生じないので反応は起こらない．

(b) 最小エネルギー差の原理
HOMO-LUMO 間のエネルギー差が小さいほうが反応が起こりやすい．

(c) 最大重なりの原理
HOMO-LUMO 相互作用の軌道の重なりが正で大きいほど反応は速くなる．

(d) 最小共鳴積分の原理
HOMO と LUMO の相互作用の共鳴積分が負で，その絶対値が大きくなれ

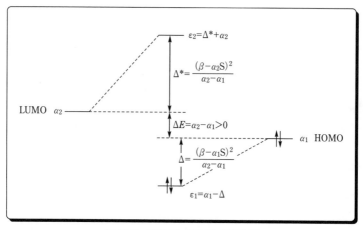

図 11.7 HOMO-LUMO 相互作用
Δ, Δ^* には，それぞれ (4.26), (4.27) を用いた．ただし，分母の $(1-S^2) \cong 1$ とした．

ば反応は速く進む．

(e) **総電子数条件**

HOMO-LUMO 相互作用に関与する電子数は 3 個以下である．4 個では交換反発が生じて反応が起こらない．

以上のことから反応性に関する次の重要事項が導かれる．

① HOMO が高い分子と LUMO が低い分子の反応速度は大きい．HOMO-LUMO のエネルギー差 ΔE が小さければ最小エネルギー差の原理により相互作用が大きくなり電子移動もスムーズに起こり反応も速く進行する．

② HOMO が高い分子は**求核性**（nucleophilicity）が高い．このような分子は相手に電子を与え，相手を還元する性質が強い．

③ LUMO が低い分子は**求電子性**（electrophilicity）が高い．このような分子は相手から電子を奪い，相手を酸化する性質が強い．

④ 強い結合より弱い結合のほうが反応性が高い．弱い結合の HOMO は高く，LUMO は低い傾向がある（表 11.7 参照）．したがって弱い結合は反応性が高くなっていると予想される．

⑤ σ 結合より π 結合のほうが反応性が高い．π 結合は重なり積分が σ 結合のそれより小さいので結合が弱く，エネルギー準位が高くなって分子表面に張り出しているため反応性が高い．

11.3.2 希ガスの反応性

上記の化学反応生起条件を希ガスの反応性に適用してみよう．希ガスが不活性な原因は閉殻電子配置をとり，オクテット則を満たすからだと説明されているが，本質はもっと奥深いところにある．**希ガスは上記の化学反応生起条件にことごとく反している．これが希ガスの反応性低下の原因である．**希ガスの第一イオン化エネルギー（I）と電子親和力（A）を表 11.6 にまとめた．

(a) 「**HOMO のエネルギー準位が高いこと**」に違反

He, Ne, Ar, Kr までは，かなり I の値が大きく最高被占原子軌道（highest occupied atomic orbital; HOAO）が低い．しかし，Xe, Rn になると，かなり HOAO が高くなっているので反応性が出てくる可能性がある．特に準位が低い半占軌道をもつ試薬（たとえば，フッ素原子，酸素原子など）とは反応する可能性が大きい．実際，XeF_2, $XeCl_2$, XeO_2 などの安定な化合物が単離されている（【発展学習 11.1】）．

(b) 「**LUMO のエネルギー準位が低いこと**」に違反

表 11.6 の電子親和力（A）の値はすべて負であり，最低空（原子）軌道（lowest unoccupied atomic orbital; LUAO）が相当に高いことを示している．したがって，反応相手の電子を受け入れることができないので非常に反応性が低い．

(c) 「**最小エネルギー差の原理**」に違反

イオン化エネルギーと電子親和力の値を見ると，希ガスは他の元素に比較して，最高被占原子軌道（HOAO）が低く最低空原子軌道（LUAO）が高いため相手の分子のフロンティア軌道とのエネルギー差が大きくなり，相互作用が小さくなる傾向がある．それでも，Xe, Rn になるとかなり HOAO が高くなっているので反応性が出てくる可能性がある．

(d) 「**最大重なりの原理**」に違反

希ガスの軌道の空間的広がりは He, Ne, Ar ではかなり小さく（0.5〜0.9 Å 程度）相手の軌道との重なりが小さい．Kr, Xe, Rn になると通常の元素の広がりの大きさになる（1 Å 程度）ので反応が起こるようになる．

表 11.6 希ガス原子の第 1 イオン化エネルギー（I）と電子親和力（A）
（単位：eV）

	$_2$He	$_{10}$Ne	$_{18}$Ar	$_{36}$Kr	$_{54}$Xe	$_{86}$Rn
I	24.578	21.564	15.759	14.00	12.14	10.71
A	−0.56	−1.03	−0.534	−0.40	−0.42	−0.42

(e) 「最小共鳴積分の原理」に違反

希ガスの軌道の広がりは小さく，重なり積分が小さいので共鳴積分の絶対値も小さい．したがって，反応相手との相互作用も小さく反応性が低くなっている．

(f) 「総電子数条件（1個から3個）を満たすこと」に違反

希ガスには奇数個の電子を持つ原子軌道は存在しない．したがって，反応するときの相手の軌道は空軌道か半占軌道のいずれかでなければ反応が起こる可能性はない．そのときですら，相手の空軌道または半占軌道のエネルギー準位が希ガスのフロンティア軌道によほど近くないと反応は起こりにくい．

以上のように，希ガスの低い反応性の原因は特異なフロンティア（原子）軌道の準位と広がりにあることがわかる．

【発展学習 11.1】 希ガスの安定な化合物

希ガスは安定な化合物をつくらないとされていたが，Xe では室温で安定な化合物が単離されている．フッ素や酸素原子は軌道のエネルギー準位が低いので通常強い共有結合をつくるが，Xe との結合では3電子2軌道相互作用になるので安定化エネルギー（SE）はそれほど大きくない．したがって，XeO_3 のように不安定で，危険な爆発性分子も知られている．

XeF_2：mp 129℃．Xe の酸化数は +II．見かけ上直線構造だが，Xe 原子上の3対の非共有電子対を含めると三方両錐構造である．

XeF_4：mp 117℃．Xe の酸化数は +IV．見かけ上平面正方形構造だが，Xe 原子上の2対の非共有電子対を含めると正八面体構造である．

XeF_6：mp 49.5℃．Xe の酸化数は +VI．歪んだ正八面体構造である．

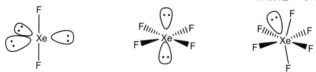

XeO_3：爆発性．Xe の酸化数は +VI．非共有電子対を含めると正四面体構造である．

XeO_4：mp −35.9℃．Xe の酸化数は +VIII．正四面体構造である．

XeO_3F_2：mp −34.1℃．Xe の酸化数は +VIII．三方両錐構造である．

11.4　有機化合物の反応性とフロンティア軌道

　有機化合物の反応性は多様である．この多様性が，有機化学という学問分野を豊かにしている．反応性の起源はフロンティア軌道にある．アルカンは反応性をほとんど示さないが，π電子をもつアルケンは求電子反応性が高く，アルキンはアルケンより一般に反応性が低い．ベンゼン系化合物は求電子置換反応を好んで行うが，ハロゲン化アルキルは求核置換反応をする．カルボニル化合物の中で，アルデヒドが最も反応性が高く，アミドの反応性は低い．エナミンやエノラートはなぜ求核的なのだろうか？　それは，HOMO が非常に高いからである（-7.19〜-9.40 eV）．

　表 11.7 に示すように，有機分子のフロンティア軌道のエネルギー準位を見ると，反応性についての全体像が非常にはっきりわかる．この表を見ながら，有機化合物の反応性に関する全体像を眺望してみよう．

① **フロンティア軌道は官能基に局在化する傾向がある**．官能基は光吸収の発色団にもなり，化学反応の中心ともなる．これはフロンティア軌道が官能基に局在化しているからである．官能基は相対的に弱い化学結合で構成される原子団であり，フロンティア軌道の主成分となって化学反応に関与する．

② アルカンは HOMO が低く，LUMO が高いため非常に反応しにくい．一般に HOMO が約 -13 eV 以下だとかなり低く，LUMO が約 5 eV 以上（HF/6-31G(d) レベルの値；計算レベルによって LUMO のエネルギー準位は変化する）であればかなり高いと判断し，その分子の反応性は小さいと考えてよい．

③ 多くの場合，π結合や非共有電子対（n_X）に由来する MO が HOMO になる（例外：π結合でも C=Oπ結合は HOMO にならない）．π結合は弱い

表 11.7　有機分子のフロンティア軌道[a]

化合物	HOMO[b,c]	LUMO[d]	化合物	HOMO[b,c]	LUMO[d]
アルカン	σ_{CH+CC}	σ_{CH+CC}^*	アルデヒド	n_O	$\pi_{C=O}^*$
CH_4	-14.86	7.00	ケトン		
CH_3CH_3	-13.27	6.61	HCHO	-11.85	<u>3.97</u>
$C_{10}H_{14}$	-11.39	6.18	Me_2CO	-11.16	<u>4.31</u>
アルケン	$\pi_{C=C}$	$\pi_{C=C}^*$	カルボン酸とそ	n_O	$\pi_{C=O}^*$
$H_2C=CH_2$	<u>-10.69</u>	5.00	の誘導体		
$MeCH=CH_2$	<u>-9.71</u>	5.23	CH_3CO_2H	-12.22	5.26
アルキン	$\pi_{C\equiv C}$	$\pi_{C\equiv C}^*$	CH_3CO_2Me	-12.04	5.37
$HC\equiv CH$	-11.01	6.04	CH_3COCl	-12.26	<u>3.80</u>
芳香族化合物	$\pi_{C=C}$	$\pi_{C=C}^*$	アミド	$\pi_{C=O}+n_N$	$\pi_{C=O}^*$
C_6H_6	<u>-9.00</u>	4.08	CH_3CONH_2	-11.10	5.72
$C_6H_5CH_3$	<u>-8.67</u>	4.09	ニトロ化合物	π_{NO2}	π_{NO2}^*
C_6H_5OH	<u>-8.41</u>	3.92	CH_3NO_2	-12.20	<u>2.94</u>
$C_6H_5NH_2$	<u>-7.56</u>	4.24	$C_6H_5NO_2$	<u>-9.95</u>	<u>1.65</u>
ハロゲン化物	n_X	σ_{CX}^*	ケイ素化合物	σ_{CSi}	σ_{CSi}^*
CH_3F	-14.22	6.82	$(CH_3)_4Si$	-11.44	5.55
CH_3Cl	-11.84	5.15	高周期典型	n_X	σ_{CX}^*
CH_3Br	-10.90	<u>3.94</u>	元素化合物		
CH_3I	<u>-9.85</u>	<u>0.93</u>	$(CH_3)_3P$	<u>-8.80</u>	5.50
アルコール	n_O	σ_{CO+CC}^*	$(CH_3)_2S$	<u>-9.09</u>	5.35
CH_3OH	-12.06	6.17	$(CH_3)_2Se$	<u>-8.54</u>	<u>4.11</u>
$(CH_3)_3COH$	-11.57	5.64		n_X	σ_{XX}^*
エーテル	n_O	σ_{CO+CC}^*	CH_3SSCH_3	<u>-9.56</u>	<u>3.63</u>
$(CH_3)_2O$	-11.36	6.44	$CH_3SeSeCH_3$	<u>-8.97</u>	<u>2.28</u>
$(C_2H_5)_2O$	-11.10	6.40	エノール	$\pi_{C=C}$	$\pi_{C=C}^*$
$(CH_2)_2O$	-12.12	6.80	$H_2C=CH-OH$	<u>-9.40</u>	5.66
アミン	n_N	σ_{CN+CH}^*	エノラート		
CH_3NH_2	<u>-10.44</u>	6.23	$H_2C=CH-OLi$	<u>-7.19</u>	6.37
$(CH_3)_3N$	<u>-10.33</u>	5.64	エナミン		
ニトリル	n_N	$\pi_{C\equiv N}^*$	$H_2C=CH-NH_2$	<u>-8.09</u>	6.20
$MeC\equiv N$	-12.63	5.76			

[a] RHF/6-31G(d) 法による構造最適化計算値 (単位: eV). [b] n_X=原子 X の非共有電子対. [c] 下線は HOMO が高準位の化合物. [d] 下線は LUMO が低準位の化合物.

結合である．非共有電子対は結合していないので分子表面に浮き上がりやすくフロンティア軌道になる傾向がある．

④ C=O，C=C，芳香環，C≡C，C≡N，ニトロ基などの π 結合に由来する分子軌道がフロンティア軌道になる傾向がある．反結合性 π 軌道が

LUMOになる．このうち，C=Oとニトロ基のLUMOは非常に低いのでカルボニル化合物やニトロ化合物は**求電子反応性**が高い．

⑤ 有機ヨウ化物，有機臭化物，ニトロ化合物，カルボニル化合物など低準位のLUMO（1〜4 eV）を持つ分子は高い**求電子反応性**を示す．

⑥ 有機ハロゲン化合物の中で，フッ化物（CH_3F）と塩化物（CH_3Cl）の2つはLUMOがかなり高い（それぞれ6.82，5.15 eV）ので求電子反応性が低い．しかし，臭化物（CH_3Br）・ヨウ化物（CH_3I）のLUMOはかなり低いので（それぞれ，3.94，0.93 eV），求電子反応性が高く，求核試薬と反応する．

⑦ アルケン，アルキン，エノール，エーテル，エナミン，エノラート，芳香族化合物などのC=Cπ結合を含む分子は，高準位HOMO（−7〜−11 eV）を持つので**求核反応性**を示す．

⑧ 非共有電子対を有するエーテル，アルコール，アミン，カルボニル酸素などは高準位のHOMO（−11〜−12 eV；イオン化エネルギーIの値は9〜10 eVでHOMOが高いことを示す）を持つので高い**求核反応性**を示し，Lewis塩基として求核性を示し，Lewis酸（H^+を含む）と配位結合を形成する．アルコール，エーテルよりアミンの求核性のほうがHOMOが高いために強い．

⑨ 芳香族分子はHOMOが高いので求電子置換反応を行う．

⑩ SS結合やSeSe結合を含む化合物のHOMOが高く（−9.56，−8.97 eV），LUMOが低い（3.63，2.28 eV）．これらの結合はグルタチオンやタンパク質などの生体分子に含まれ，さまざまな酸化還元過程に関与している．特にセレンを含む酵素は活性酸素の還元過程に関与しており，非常にHOMOが高い（−8.97 eV）ので活性酸素の還元反応がきわめてスムーズに生体内で起こると考えられる．

11.5　芳香族化合物の反応

福井理論の最初の報告例は芳香族分子の求電子置換反応である．ナフタレンのニトロ化反応では位置選択的にα位（C-1, 4, 5, 8）で反応が起こる（図11.8）．福井は，ナフタレンのような無極性炭化水素の反応が選択的にα位で起こるのは，IngoldとRobinsonの「電子説（electronic theory）」に矛盾すると考え，分子軌道論を使って研究を続け，1952年，この現象はナフタレンの

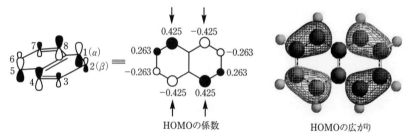

図 11.8 ナフタレンの HOMO と求電子置換反応の反応位置（矢印）

HOMO の係数の絶対値がこれらの位置で最大（0.425）であることが原因で起こることを報告した．

最大重なりの原理により，ニトロ化試薬（NO_2^+）とナフタレンの HOMO との重なりが最も大きくなるところで反応が速く進行する結果，係数の絶対値が最大の α 位で選択的に反応が起こる．

福井が最初にフロンティア軌道論を使って発表した論文から，表 11.8 に他の芳香族分子の種々の求電子置換反応の反応位置の実験結果とフロンティア軌道（HOMO）による予測を抜粋して示す．ほとんどの場合，予測と実験結果が一致している．唯一の例外はアントラセン（**2**）のスルホン化反応であるが，一次生成物の 9-置換体が不安定なことが原因とされている．

福井がこれらの計算を行った当時は，日本ではコンピューターが使えず手回し計算機時代であったから，福井は群論を駆使して永年行列式を簡単にして手計算を行っている．この福井の論文は 1952 年発表されるや否や世界的に高い評価を得た．量子力学の化学反応論分野への有用性を日本人が世界で初めて示した研究論文である．フロンティア軌道論がその後「案外奥深いもの」として化学反応の解釈に大きな威力を発揮する礎石となった論文であり，量子有機化学という新しい分野がこのとき始まった．

11.6　アルケンの反応

アルケンのフロンティア軌道は HOMO/LUMO ともに π 軌道である．LUMO はかなり高いのでアルケンは求電子性を示さない．しかしその HOMO は $-10 \sim -11$ eV であり，かなり高いので求核性を示し，種々の求電子試薬と反応する．

表11.8　芳香族炭化水素の求電子置換反応の反応位置
（図は各化合物のHOMO．矢印は反応点）

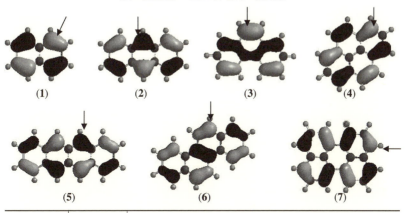

化合物	HOMOによる予想位置	観測された反応位置（上図の矢印の位置）			
		酸化反応	ハロゲン化	ニトロ化	スルホン化 (X=SO₃H)
Naphthalene (**1**)	1, 4, 5, 8	1, 4-quinone (5, 8-quinone)	1-X (X=F, Cl, Br)	1-NO₂	1-X
Anthracene (**2**)	9, 10	9, 10-quinone	9-Cl, 9-Br	9-NO₂	9-X (不安定？)
Phenan- threne (**3**)	9, 10	9, 10-quinone	9, 10-Cl 9-Br	9-NO₂	9-X
Pyrene (**4**)	3, 5, 8, 10	3, 8-quinone 3, 10-quinone	3, 5, 8, 10-Cl 3, 5, 8-Br	—	3, 5, 8, 10-X
Naphthacene (**5**)	5, 6, 11, 12	5, 12-quinone (6, 11-quinone)	5, 12-Cl 5, 12-Br	—	—
Crycene (**6**)	2, 8	1, 2-quinone	2-Cl, 2-Br	2, 8-NO₂	2-X
Perylene (**7**)	3, 4, 9, 10	3, 9-quinone	3, 9-Cl 3, 4, 9, 10-Cl	3, 10-NO₂ 3, 4, 9, 10-NO₂	3, 9-X 3, 10-X

11.6.1　臭素化反応

　アルケンと臭素分子との反応はアルケンのHOMOと臭素分子のLUMOの間で起こる（式(11.3)）．したがってHOMOが高いアルケンほど速度が速い．アルカンと同様に，アルケンでも分子が大きくなると軌道相互作用によってHOMOの準位が上昇するので，多置換アルケンほどイオン化エネルギーが減

表 11.9 アルケンの臭素化反応の相対速度

アルケン	I (eV)[a]	相対速度[b]	アルケン	I (eV)[a]	相対速度[b]
$CH_2=CH_2$	10.51	1	$(CH_3)_2C=CH_2$	9.44	5,400
$CH_3CH=CH_2$	9.73	61	$(CH_3)_2C=CHCH_3$	8.92	130,000
E-$CH_3CH=CHCH_3$	9.35	1,700	$(CH_3)_2C=C(CH_3)_2$	8.26	1,800,000
Z-$CH_3CH=CHCH_3$	9.32	2,600			

[a]アルケンの第1イオン化エネルギー. [b]エチレンの反応速度定数を基準にした相対速度定数.

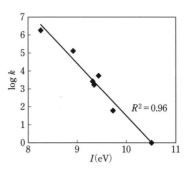

図 11.9 アルケンの臭素化反応の相対速度の対数($\log k$)と第一イオン化エネルギー(I)の相関(表 11.9)

少して(HOMO が上昇して)臭素との反応が速くなる.表 11.9 のデータはその傾向をはっきり示している.そのデータプロット(図 11.9)も同様である.

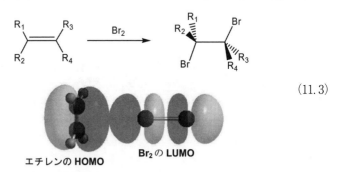

(11.3)

11.6.2 エポキシ化反応

6個のアルケンのジクロロメタン溶媒中 25℃ における m-クロロ過安息香酸(m-chloroperbenzoic acid; MCPBA)によるエポキシ化反応の相対速度と第一イオン化エネルギー(I; eV 単位)を表 11.10 に示す.臭素化反応と同様,イ

表 11.10　アルケンのイオン化エネルギー（I）とエポキシ化反応の相対速度

アルケン	I (eV)[a]	相対速度[b]	アルケン	I (eV)[a]	相対速度[b]
$CH_2=CH_2$	10.51	1	$Z\text{-}CH_3CH=CHCH_3$	9.32	490
$CH_3CH=CH_2$	9.73	20	$(CH_3)_2C=CH_2$	9.44	490
$E\text{-}CH_3CH=CHCH_3$	9.35	440	$(CH_3)_2C=CHCH_3$	8.92	5,110

[a] アルケンの第1イオン化エネルギー．[b] エチレンの反応速度定数を基準にした相対速度定数．

図 11.10　アルケンと過酸の反応のフロンティア軌道論による説明

オン化エネルギーが小さいアルケンの反応速度が速いことがわかる．

図 11.10 に示すように，エポキシ化反応は過酸の σ_{O-O}^*（LUMO+1; LUMO は $\pi_{C=O}^*$）とアルケンの $\pi_{C=C}$（HOMO）との相互作用で起こると考えられる．σ_{O-O}^* では O−O 結合が反結合的になっており，アルケンの π 電子がこの軌道に移ると，この結合が開裂する．したがってアルケンの HOMO のエネルギー準位が高い方が反応が速い．

11.7　ハロゲン化アルキルの反応

表 11.7 によれば，ハロゲン化アルキル（RX）では，ハロゲンの非共有電子対（n_X）が HOMO になる．LUMO は C-ハロゲン結合の反結合性軌道（σ_{CX}^*）である．ハロゲンが F, Cl の場合，C−X 結合が強いので σ_{CX}^* はかなり高くなって反応性が低くなっている．しかし Br, I になると LUMO が低くなるので求電子性を示し，求核試薬（Nu^-）と LUMO（σ_{CX}^*）で反応する．典型的な反応が 2 分子求核置換反応（式（11.4））と脱離反応（式（11.6））である．

11.7.1　2 分子求核置換反応

2 分子求核置換反応（bimolecular nucleophilic substitution; S_N2）は，基質（RX）のハロゲン（X）が求核試薬（Nu^-）に置換され，X^- として脱離する反応であり，有機合成的にきわめて重要である．

$$\text{RX} + \text{Nu}^- \longrightarrow \text{RNu} + \text{X}^-$$
$$\text{X} = \text{Br, I; Nu}^- = \text{CN}^-, \text{HO}^-, \text{ROH, RO}^-, \text{RS}^-, \text{RNH}_2, \text{I}^-, \text{Br}^-, \text{N}_3^- \quad (11.4)$$

この反応の特徴をまとめてみよう．

① 求核試薬が基質（RX）の背面（C−X 結合のCの側）から基質のLUMO を攻撃するので立体配置の反転（Walden 反転）が起こる．式(11.5) に光学活性 2-bromooctane のアルカリ加水分解の例を示す．この反応では臭素原子が結合したキラル炭素の立体配置が 100% 反転する．遷移状態は炭素 5 配位の 3 方両錐構造をとると考えられている．

(−)-2-Bromooctane (+)-2-octanol
$[\alpha] = -39.6°$ $[\alpha] = +10.3°$

(11.5)

② 基質のRが第2級，第3級になると，反応が1桁ずつ遅くなる．反応速度はアルキル基（R）の立体的大きさ（サイズ）に大きな影響を受ける．下に，基質が RBr の場合の相対速度を示す．R が t-Butyl 基のような第3級アルキルの場合，きわめて遅くしか反応しないので合成的に使えない．

$$\text{CH}_3\text{Br} > \text{CH}_3\text{CH}_2\text{Br} > (\text{CH}_3)_2\text{CHBr} > (\text{CH}_3)_3\text{CBr}$$
$$1.0 \quad 3.3 \times 10^{-2} \quad 8.4 \times 10^{-4} \quad 5.5 \times 10^{-5}$$

③ 基質（ハロゲン化アルキル；RX）の反応性は RI＞RBr＞RCl＞RF の順序である．弱い結合ほど速く反応する．すなわち LUMO が低いほど反応性が高い（LUMO 準位の順序：RF＞RCl＞RBr＞RI）．RF はまったく反応しない．

ヨウ化メチル（CH_3I）の LUMO を図 11.11 に示す．求核試薬の攻撃は，C−I 結合と反対側（背面；左側）からしか起こらない．そのため，炭素の立体配置の反転が起こる．LUMO は C−I 結合のところで反結合的になっており，LUMO に電子が移ると，この結合が緩んで開裂し，I^- が脱離する．

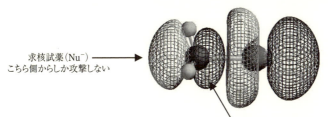

求核試薬(Nu⁻)
こちら側からしか攻撃しない

こちら側からの攻撃は軌道の重なりが小さいため不利

図 11.11 CH₃I のフロンティア軌道論による 2 分子求核置換反応の反応機構

④ 求核試薬 (Nu⁻) の反応性：I⁻＞Br⁻＞Cl⁻＞F⁻；PhSe⁻＞PhS⁻＞PhO⁻

表 11.11 にメタノール中での種々の求核試薬と MeI との反応（式 (11.6)）の相対求核性 (n_{MeI}) を示す．式 (11.6) で表されるメタノール溶媒での反応を相対求核性 (n_{MeI}) の基準値（MeOH の n_{MeI}＝0.0）として選ぶ．

$$n_{MeI}: \text{Me}-\text{I} + \text{Nu}^- \xrightarrow{\text{MeOH}} \text{Me}-\text{Nu} + \text{I}^- \tag{11.6}$$

表 11.11 のデータをもとに求核試薬の反応性についてまとめておこう．

表 11.11 求核試薬 Nu⁻ の MeOH 溶媒中での相対求核性 (n_{MeI}; 基準反応（式 (11.6)）

求核試薬 Nu⁻	n_{MeI}	共役酸 NuH の pK_a	求核試薬 Nu⁻	n_{MeI}	共役酸 NuH の pK_a
F⁻	2.7	3.45	CH₃OH	0.0	−1.7
Cl⁻	4.4	−5.7	CH₃CO₂⁻	4.3	4.8
Br⁻	5.8	−7.7	CH₃O⁻	6.3	15.7
I⁻	7.8	−10.7	HO⁻	6.5	15.7
PhO⁻	5.8	9.89	(CH₃CH₂)₃N	6.7	10.70
PhS⁻	9.9	6.5	CN⁻	6.7	9.3
PhSe⁻	10.7	—	HO₂⁻	7.8	—

① 一般に HOMO が高いほど反応性が高い．また，軌道の空間的広がりが大きい（高周期）ほど速く反応する．
I⁻＞Br⁻＞Cl⁻＞F⁻
PhSe⁻＞PhS⁻＞PhO⁻

② アミンはアルコールなどより求核性が強い．求核性は塩基性と関連している．

$(CH_3CH_2)_3N > CH_3OH$

③ 活性酸素代謝物質 HO_2^- の求核性は非常に高く反応性に富んでいる.

11.7.2 2分子脱離反応

アルキルハロゲン化物を塩基と反応させるとハロゲン化水素が脱離してC=C結合が生成する反応が起こる.機構的には,反応速度が基質(アルキルハロゲン化物)の濃度だけに依存する1分子脱離反応(unimolecular elimication; E1)の場合と,基質と塩基の2つの濃度に依存する2分子脱離反応(bimolecular elimination; E2)がある.後者がフロンティア軌道論で説明される.

E2機構の進行過程を式 (11.7) に示す.塩基 (B:) に引き抜かれるプロトンのC-H結合と,脱離するBrのC-Br結合が互いにアンチペリプラナー配座にある遷移状態が,アンチペリプラナー効果(超共役効果; 第12章【発展学習12.2】)によって安定化され,この配座を経由して反応が進む.

$$\tag{11.7}$$

図11.12にブロモエタンのLUMOを示す.塩基が攻撃する水素原子 (H_A) のC-H_A結合と脱離基Brの結合 (C-Br) とはアンチペリプラナー配座にある.LUMOの形を見ると,メチル基の水素原子のうち,LUMOはH_Aに広がりを持つので塩基はこの水素原子を攻撃する.塩基がH_Aを引き抜き,基質に電子が移るとC-Br結合が開裂し,Br^-が脱離する.

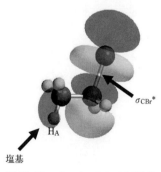

図11.12 ブロモエタンのLUMO

11.8 アルコール・エーテル・アミンの反応

これらの分子のLUMOは非常に高い（6 eV以上）ので求電子性は示さないが，非共有電子対（LP）で構成されるHOMOがかなり高いので，もっぱらLewis塩基としての性質（求核性）を示しLewis酸（H^+を含む）と配位結合を形成する．アルコール，エーテルよりアミンのほうがHOMOが高いために塩基性が強い．図11.13にそのフロンティア軌道を示す．

$$R_2O : + BF_3 \longrightarrow R_2O : BF_3$$
$$R_3N : + BF_3 \longrightarrow R_3N : BF_3$$

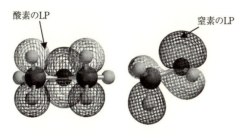

図11.13 ジメチルエーテル（左）とメチルアミン（右）のHOMO

表11.12 Lewis塩基の気相塩基性

塩基[a]	GB[b]	PA[b]	I[c]	塩基[a]	GB[b]	PA[b]	I[c]
NH_3	196.4	205.0	10.85	EtOH	182.5	190.3	9.75
$MeNH_2$	205.7	214.1	9.66	PrOH	183.6	191.4	10.50
Me_2NH	212.3	220.5	8.93	t-BuOH	187	195	10.25
Me_3N	216.5	224.3	8.53	Me_2O	185.8	193.1	10.10
$EtNH_2$	208.7	217.1	9.43	Et_2O	193.1	200.4	9.66
$PrNH_2$	210.1	218.5	9.35	MeSH	180.8	188.6	9.44
$BuNH_2$	210.6	219.0	9.32	Me_2S	193.4	200.7	8.68
H_2O	165.0	173.0	12.62	PH_3	182.5	191.1	10.58
MeOH	177.1	184.6	10.96	AsH_3	175.0	183.6	9.89

[a] $Me=CH_3$; $Et=CH_3CH_2-$; $Pr=CH_3CH_2CH_2-$; $Bu=CH_3CH_2CH_2CH_2-$; [b] 単位：kcal mol^{-1}．気相データは *Gas Phase Ion Chemistry*, Ed. by M. T. Bowers, Academic Press, 1979 より．気相での塩基Bの強さ（Gas Phase Basicity; GB）とプロトン親和力（Proton Affinity; PA）は，それぞれ，次の発熱反応式で表されるプロトン化反応の自由エネルギー変化（ΔG^0）の絶対値（kcal mol^{-1}）およびエンタルピー（ΔH^0）の絶対値で定義される．

$$B + H^+ \longrightarrow BH^+ \quad -\Delta G^0 = GB; \quad -\Delta H^0 = PA$$

[c] 垂直第一イオン化エネルギー（eV）．

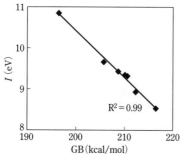 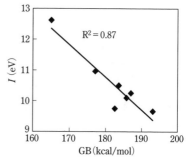

図 11.14 アミン(左)または酸素塩基(右)の気相塩基性(GB)と第一イオン化エネルギー(I)の相関(表 11.12)

表 11.12 に種々の塩基の気相塩基性(GB; Gas-phase Basicity)およびプロトン親和力(PA; Proton Affinity)と第一イオン化エネルギー(I)を示す.これらの化合物の塩基性(GB)は HOMO の準位と深い関係にある(図 11.14).アミンやアルコールの塩基性はフロンティア軌道のエネルギー準位が支配している.

同じ原子の塩基を比較すると,塩基性はイオン化エネルギー(HOMO の準位)と深い関係にある.HOMO の準位が高いほど塩基性(GB)およびプロトン親和力(PA)が高い.

このようにアミン,アルコール,エーテルなどの塩基性はフロンティア軌道の HOMO の準位に支配されている(図 11.14).

11.9　カルボニル化合物の反応

カルボニル化合物の HOMO は,アミドを除いて,カルボニル酸素の非共有電子対(n_O)が主成分であり,LUMO は $\pi_{C=O}^*$ 軌道が主成分である(図 11.15).

11.9.1　求核反応性(求電子試薬との反応性)

Lewis 酸と HOMO で反応し,酸素上にプロトン化や Lewis 酸の配位が起こる(式(11.8)).

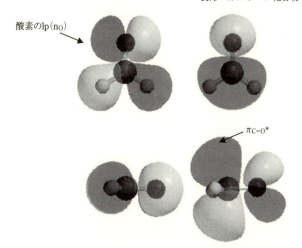

図 11.15 $H_2C=O$ のフロンティア軌道
左：HOMO；右：LUMO．

$$ (11.8) $$

11.9.2 求電子反応性（求核試薬との反応性）

　カルボニル化合物は LUMO（$\pi^*_{C=O}$）の準位がかなり低いために求電子性を示す．図 11.15 の右に示すように，LUMO はカルボニル炭素上で広がりが大きい．そのため求核試薬は（求電子的な）カルボニル炭素を攻撃する．この反応は次の 2 つのタイプがある（Nu^- ＝求核試薬）．

① 求核付加反応

$$ (11.9) $$

② 求核置換反応

$$ (11.10) $$

　カルボニル化合物の求核試薬に対する反応性（求電子反応性）の順序は，次のように，LUMO のエネルギー準位と深い関係にあることがわかっている．

LUMO が低いほど求電子反応性が高い.

反応性	$HCOCl$	$>HCOSCH_3$	$>CH_3CHO$	$>HCOOH$	$>HCONH_2$
LUMO 準位（eV）	3.25	4.03	4.39	4.94	5.82

∴ 反応性の順序：**酸塩化物＞チオエステル＞アルデヒド（ケトン）＞カルボン酸（エステル）＞酸アミド**

チオエステルの LUMO は非常に低い（4.03 eV）．チオエステルはアセチル-SCoA（酵素の一種）に含まれ，代謝反応（クエン酸サイクル）で大活躍する．酸塩化物の LUMO は非常に低く（〜3 eV）求電子性が高いため，有機合成の中間体として重要である．タンパク質のペプチド結合に含まれるアミドの LUMO は $\pi_{C=O}^*$ としてはかなり高いので（〜6 eV），カルボニル化合物の中で最も反応性が低い．

③ **カルボニルのヒドリド還元反応**

シクロヘキサノンのヒドリド還元はアキシャル攻撃が 92% 優先して起こることが知られている．

$$(11.11)$$

この反応の面選択性（カルボニル面のどちらからヒドリドが攻撃するか）の問題は 1950 年代から有機化学の分野で一大論争を巻き起こしたテーマである．福井は LUMO の広がりの面差が選択性の原因であることを古くから提唱していた．その後，Felkin-Anh モデル，Cieplak モデルなど提唱者に因んださまざまな理論モデルが提唱され，1990 年代には物理有機化学の分野の大論争に発展した．いろいろな説明がなされたが，結局，LUMO の広がりの面差がヒドリド攻撃の方向を決めていることが LUMO の定量解析でわかった（S. Tomoda, *Chem. Rev.*, **1999**, *99*, 1243）．下図に示すように，LUMO の広がりはアキシャル面のほうがエカトリアル面より大きい．これが面選択性の起源である．

11.10 Diels-Alder 反応

11.10.1 ブタジエンとエチレンの付加環化反応

Diels-Alder 反応は付加環化反応（cycloaddition）の代表的な例である．この反応は，共役ジエン（4π 系）と置換アルケン（2π 系）の付加環化反応なので [4+2] 付加環化反応と呼ばれる（式（11.12））．置換アルケンはジエンと好んで反応するという意味で**求ジエン試薬**（dienophile; ジエノフィル）と呼ばれる．6員環化合物を合成する方法として非常に重要な反応であり，Diels と Alder は，この発見で 1950 年ノーベル化学賞を受賞している．

ジエンの HOMO と求ジエン試薬の LUMO の相互作用で，反応が協奏的（2つの結合が同時に生成する．**協奏機構**; concerted mechanism）に進む（図 11.16）．ブタジエンの HOMO の両端の 2p 軌道の位相と，エチレンの LUMO の位相が同じ位相なので，結合形成がスムーズに起こり，基底状態の反応で 6員環が形成される．このときエチレンに –CHO, –COOMe などの電子求引基 (X) が結合していると LUMO の準位が低くなるので，Diels-Alder 反応が加速される．逆に，ブタジエンに MeO–, Me$_2$N– などの電子供与基が結合すると

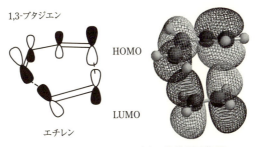

図 11.16　Diels-Alder 反応の軌道相互作用

HOMO の準位が上昇するので Diels-Alder 反応が加速される.

$$
\text{ジエン}\ 4\pi + \text{求ジエン試薬}\ 2\pi \xrightarrow{[4+2]} \quad X = \text{CHO, COOR など}
\tag{11.12}
$$

11.10.2 Diels-Alder 反応の速度論
(a) 反応モード

Diels-Alder 反応は協奏反応である. 図 11.17 にブタジエンとエチレンのフロンティア軌道の相互作用モードを示す. 相互作用モードには 2 つの可能性がある. モード A はブタジエンの HOMO とエチレンの LUMO との相互作用, モード B はその逆, ブタジエンの LUMO とエチレンの HOMO との相互作用である. どちらがエネルギー的に有利であろうか？

モード A では HOMO（ジエン）と LUMO（エチレン）の相互作用で C1-C6 と C4-C5 の間に C-C 結合が形成される. このとき, C1⋯C4 と C6⋯C5 の p 軌道の相互作用は反結合的なので, HOMO から LUMO への電子の非局在化は C1⋯C6 と C4⋯C5 の結合領域に限定され, 結合形成がスムーズに進行する. それに対して, モード B では HOMO（エチレン）と LUMO（ジエン）の相互作用で C1⋯C6 と C4⋯C5 の間に C-C 結合が形成される. このとき, C1⋯C4 と C6⋯C5 の p 軌道の相互作用は結合的なので, HOMO から LUMO への電子の非局在化は C1⋯C6 と C4⋯C5 の結合領域以外に C1⋯C4 と C5⋯C6 の結合領域にも広がり, C1⋯C6 と C4⋯C5 の結合形成が妨げられ, 反応が遅くなる. したがって, モード A の方が有利となり, Diels-Alder 反応は, 通常, ジエン（4π 成分）の HOMO と求ジエン試薬（2π 成分）の LUMO

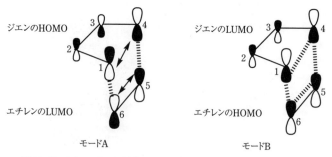

図 11.17 Diels-Alder 反応のフロンティア軌道の相互作用モード

の相互作用で進行する場合が多い．もちろん逆の組合せで進行する Diels-Alder 反応も限定的ではあるが知られている．

(b) 活性化パラメータ

Diels-Alder 反応の活性化パラメータは特徴的である．エチレンとブタジエンの反応の活性化エネルギーは約 27 kcal mol^{-1} であるが，シクロペンタジエンの 2 量化反応では約 16 kcal mol^{-1} であり反応によって大きく異なる．特徴的なのは活性化エントロピー（$\Delta S^{\ddagger}$）である．2 つの分子が集合して遷移状態が出来て，自由度が減少するため，$\Delta S^{\ddagger}$ が大きく負の値になる（$-40 \sim -30$ cal mol^{-1} deg^{-1}）．また，活性化体積（$\Delta V^{\ddagger}$）は，$-30 \sim -40$ cm^3 mol^{-1} であり，遷移状態でかなり空間的束縛を受けていることがわかる．これらの結果は，Diels-Alder 反応が協奏反応であり，2 つの C-C 結合が同時に生成することを強く示唆している．

11.10.3 ジエンの反応性

表 11.13 に，種々のジエンと無水マレイン酸またはテトラシアノエチレン（TCNE）との反応性（1,3-butadiene の反応の 2 次速度定数を 1.0 とする）およびジエンの HOMO 準位と構造（2 つの C=C 結合の二面角 ϕ; 平面であれば 0°）を示す．

1,3-cyclopentadiene はブタジエンより 1000～6000 倍反応性に富む．その原因は共役ジエン部分が Diels-Alder 反応に有利な *cis* 配座で，5 員環なので平面構造であり，求ジエン試薬との軌道の重なりが効率良いことである．それに

表 11.13 Diels-Alder 反応におけるジエンの反応性

ジエン	HOMO (eV)[a]	ϕ (°)[b]	2 次速度定数の相対値[c,d]	
			無水マレイン酸[c]	TCNE[d]
1,3-butadiene	-8.992	39.3	1.0	0.08
1,3-cyclopentadiene	-8.319	0.0	1348.5	6295.8
9,10-dimethylanthracene	-6.630	0.0	234.3	1.90×10^5
1,3-cyclohexadiene	-8.027	0.0	1.9	1.1
1-methoxybutadiene	-8.381	40.0	12.3	87.6
2,3-dimethylbutadiene	-8.912	50.8	4.9	3.6
E-1-methylbutadiene	-8.697	39.4	3.3	0.3
2-methylbutadiene	-8.901	42.9	2.3	0.2
2-chlorobutadiene	-9.427	42.8	0.1	0.0001

[a] HF/6-31G(d) による計算値．[b] ジエン系の 2 つの C=C 結合の二面角．[c] $10^8 \times k_2/6830$, 30℃ (1 mol^{-1} s^{-1})．[d] $10^5 \times k_2/6830$, 30℃ (1 mol^{-1} s^{-1})．

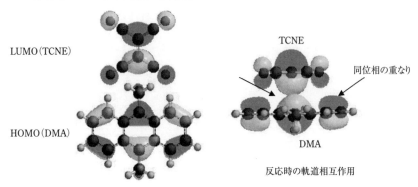

図 11.18 9, 10-dimethylanthrecene（DMA）と TCNE のフロンティア軌道相互作用

対して，6員環の1,3-cyclohexadiene は，2つのメチレン基（CH_2）が立体障害になって反応性が低下する．1,3-butadiene 置換体は s-*cis* 配座で反応しなければならないので，総じてジエンとしての反応性が低い（相対反応性：1～12.3）．しかし，MeO-，Me などの電子供与基（HOMO を上昇させる官能基）が入ると，ブタジエンより反応性が向上する．2-chlorobutadiene は，Cl が HOMO を低下させるので反応性が低い．

9, 10-dimethylanthrecene（DMA）は HOMO が高いのでジエンとしての反応性が非常に高い．特にテトラシアノエチレン（TCNE）との反応性は異常である．これは図 11.18 に示すように，HOMO-LUMO 相互作用において2次軌道相互作用が同位相の重なりになり，遷移状態が余計に安定化されるためである．

11.10.4　求ジエン試薬の反応性
（a）　LUMO の影響
求ジエン試薬の LUMO のエネルギー準位は，Diels-Alder 反応の速度に大きな影響を与える．表 11.14 にシアノ基（CN）で置換された6個のアルケンの 9, 10-dimethylanthracene に対する Diels-Alder 反応の相対速度を示した．非常に反応性が高い 1, 1-dicyanoethene（Entry 2）を除けば，LUMO が低いほど反応性が高いことが明らかである．
（b）　Lewis 酸の加速効果
Diels-Alder 反応は，反応系に BF_3, $AlCl_3$, $TiCl_4$ などの Lewis 酸を添加すると，反応が非常に加速されると同時に立体選択性も高くなる．これは，求ジエ

表 11.14　種々の求ジエン試薬の反応性と LUMO の準位（式 (11.13)）

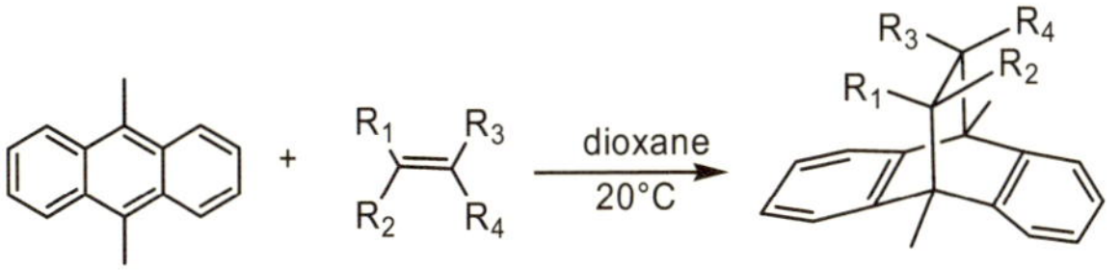

$$\text{(ジエン)} + \underset{\text{求ジエン試薬}}{\overset{R_1 \quad R_3}{\underset{R_2 \quad R_4}{\diagup\!\!\!\diagdown}}} \xrightarrow[20^\circ C]{\text{dioxane}} \text{(生成物)} \quad (11.13)$$

Entry	R_1	R_2	R_3	R_4	相対反応速度定数[a]	LUMO 準位 (eV)[b]
1	H	H	H	CN	1.0	2.80
2	H	H	CN	CN	1.43×10^5	2.70
3	CN	H	CN	H	1.47×10^2	1.12
4	CN	H	H	CN	1.56×10^2	1.04
5	H	CN	CN	CN	6.63×10^6	-0.18
6	CN	CN	CN	CN	1.46×10^{10}	-1.30

[a] 相対速度定数 (20℃).　[b] HF/6-31G(d).

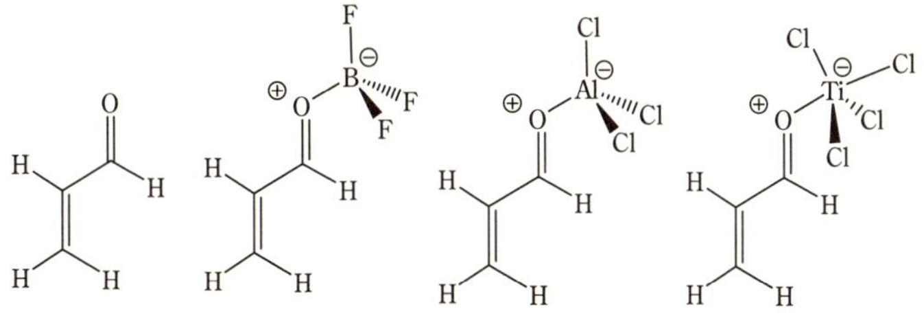

	(acrolein)	$\cdot BF_3$	$\cdot AlCl_3$	$\cdot TiCl_4$
LUMO (eV)	2.75	0.47	-0.20	-0.25
HOMO (eV)	-10.82	-12.32	-11.36	-11.62

図 11.19　求ジエン試薬の Lewis 酸配位のフロンティア軌道準位への影響
HF/3-21G*

ン試薬のカルボニル酸素に Lewis 酸が配位すると，LUMO のエネルギー準位が低下するためである．図 11.19 にアクロレインの例で示すように，Lewis 酸によって LUMO が 2〜3 eV 低下する．

11.10.5　Diels-Alder 反応の立体化学
(a)　シス付加

Diels-Alder 反応は協奏的に進行するので，反応分子の立体化学が生成物で保持される．式 (11.14) に示すように，マレイン酸ジメチルやフマル酸ジメチルをブタジエンと反応させると，求ジエン試薬の立体化学が完全に保持される．

$$\text{(diene)} + \begin{array}{c}\text{CO}_2\text{Me}\\\text{CO}_2\text{Me}\end{array} \longrightarrow \begin{array}{c}\text{CO}_2\text{Me}\\\text{CO}_2\text{Me}\end{array} \tag{11.14}$$

ジエンの立体化学も完全に保持される（式 (11.15)）．

$$\text{(diene)} + \begin{array}{c}\text{NC}\\\text{NC}\end{array}\!\!\!\!\!\!\begin{array}{c}\text{CN}\\\text{CN}\end{array} \xrightarrow{150°} \begin{array}{c}\text{CN}\\\text{CN}\\\text{CN}\\\text{CN}\end{array} \tag{11.15}$$

(b) エンド則

シクロペンタジエンとアクリル酸エチルの Diels-Alder 反応では $endo/exo$ 異性体が 90/10 の比で生成する（式 (11.16)）．表 11.15 に種々の求ジエン試薬との $endo/exo$ 比を示す．立体的に大きな置換基がなければ $endo$ 体が優勢になる．この傾向はエンド則として知られている．

$$\text{cyclopentadiene} + \text{CH}_2\!\!=\!\!\text{CH-COOEt} \longrightarrow endo\ (90\%) + exo\ (10\%) \tag{11.16}$$

エンド則の起源は，2 次的軌道相互作用（secondary orbital interaction; 図 11.20）や分子間の弱い相互作用（水素結合，静電相互作用，ファンデアワールズ引力など）で説明されている．

表 11.15 種々の求ジエン試薬とシクロペンタジエンの反応の $endo/exo$ 比

アルケン	$endo/exo$	アルケン	$endo/exo$
$H_2C=CH-COOH$	4.36	$H_2C=C(CH_3)-COOMe$	0.382
$H_2C=CH-CHO$	3.25	$H_2C=C(CH_3)-CN$	0.143
$H_2C=CH-COOMe$	3.04	$CH_3-HC=CH-COOMe$	0.91
$H_2C=CH-CN$	1.37	$CH_3-HC=CH-CN$	0.508

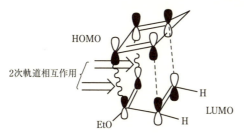

図 11.20　2次軌道相互作用によるエンド則の説明
シクロペンタジエンとアクリル酸エチルの場合

11.10.6　配向選択性
(a)　オルト則とパラ則

1-置換ジエンとの反応ではオルト体が優先して生成する傾向がある（式(11.17)）．興味深いのは X, Y が同じ COOH 基の場合である．有機電子論で共鳴構造を描いてみると，オルト体の生成は予測できない．しかし，実際には 83% ものオルト体が生成する．次項で述べるように，フロンティア軌道間の相互作用を考えると説明できる．

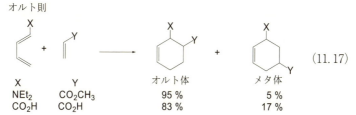

	X	Y	オルト体	メタ体	
	NEt_2	CO_2CH_3	95 %	5 %	(11.17)
	CO_2H	CO_2H	83 %	17 %	

2-置換ジエンとの反応ではパラ体が優先して生成する傾向がある（式(11.18)）．同様に，置換基 X, Y が CN, CO_2CH_3 基の場合，有機電子論ではメタ体が優勢と予想されるが，実際にはパラ体が圧倒的に優勢になる．これもフロンティア軌道間相互作用を考えると説明できる．

	X	Y	メタ体	パラ体	
	OEt	CO_2CH_3	10 %	90 %	(11.18)
	CN	CO_2CH_3	15 %	85 %	

(b) 配向選択性の起源

Diels-Alder 反応の配向選択性（regiochemistry; 領域選択性とも言われる）は，化学反応の速度が分子表面の軌道の位相と広がりに支配されていることの一例である．すなわち，この反応では，ジエンの HOMO と求ジエン試薬の LUMO の係数が大きいもの同士で相互作用するほうが速く進行し，生成物として優勢になる．

例として図 11.21 にオルト則の説明を示す．1-置換ジエンの HOMO は C1 より C4 の方が係数が大きい．これらの係数の大きさを C1 で b，C4 で a（$a>b$）とする．一方，求ジエン試薬の LUMO では C2（係数の大きさ c）の方が C1（係数の大きさ d）より係数が大きい（$c>d$）とする．フロンティア軌道間の重なりは，オルト遷移状態では $(ac+bd)$，メタ遷移状態では $(ad+bc)$ なので，これらの差をとると，$(ac+bd)-(ad+bc)=(a-b)(c-d)>0$ となり，オルト遷移状態のほうがフロンティア軌道間の重なりが大きく，オルト遷移状態が安定になってオルト体の生成が優勢になる．

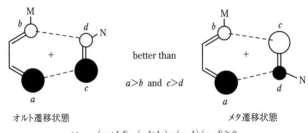

オルト遷移状態　　　　　　　　　　　メタ遷移状態

∴ $(ac+bd)-(ad+bc)=(a-b)(c-d)>0$

図 11.21　オルト則の説明

置換基の位置と種類によって反応点の係数の大小関係がどのように変化するかを図 11.22 に示した．置換基は電子効果によって電子供与基（D），および共役基（C），電子求引基（A）の 3 種類に分けられる．ブタジエンやエチレンにこれらの置換基が導入されると，フロンティア軌道の分極が起こる（反応点の係数に大小関係が生まれる）．置換基の性質と位置によって分極の方向が決まる．

図 11.22 に示すように，1-置換ジエンの HOMO は，置換基によらず C4 の方に分極する．2-置換ジエンの HOMO は逆に C1 のほうに分極する．求ジエン試薬の LUMO は C, A 基では β 炭素（置換基から遠い炭素原子）の方向に分極するが，電子供与基（D）では α 炭素（置換基が結合した炭素原子）の方

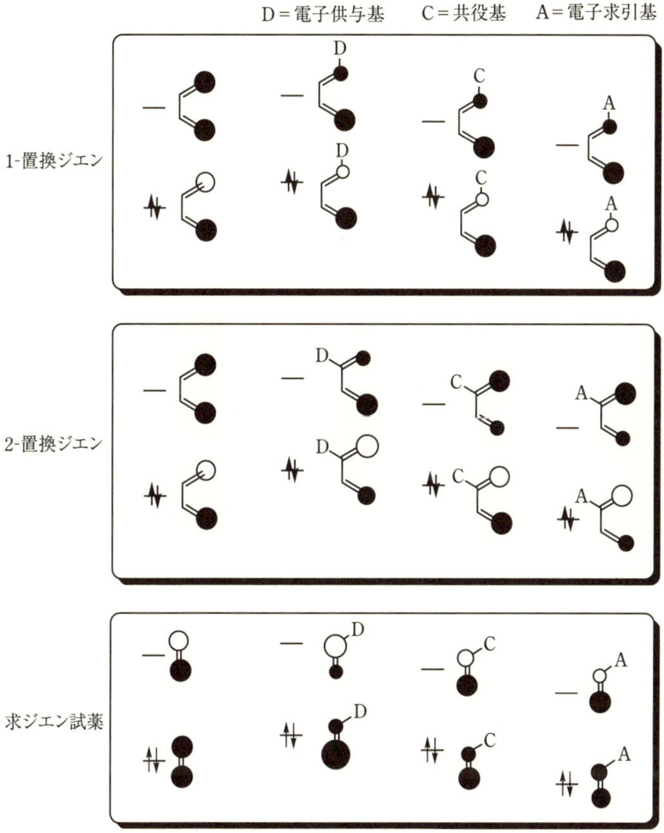

11.10 Diels-Alder 反応　245

D＝電子供与基　C＝共役基　A＝電子求引基

図11.22　置換ジエンと求ジエン試薬のフロンティア軌道の係数の大小関係

向に分極する．

　配向選択性は，図11.22に示すルールに従って，フロンティア軌道の係数が大きいもの同士が結合する配向性の遷移状態が安定化される．

Biography　福井謙一（ken'ichi Fukui 1918.10.4-1998.1.9） 
　奈良県の田舎に生まれる．幼少時から豊かな自然に触れたことが科学への関心と感性を育んだと後年述懐している．ファーブルの昆虫記に熱中し，母なる大自然の懐の深さと生命の神秘に感動する日々の生活のなかで科学者になる決意をしたという．叔父の喜多源逸（当時京都大学工学部教

授）の勧めもあって京都大学工学部石油工学科に進学，実験を含む理論研究を始めた．Schrödinger方程式が提出されて約20年後，量子力学を独学で学び，戦後，手回し計算機で分子軌道計算を行ってフロンティア軌道理論を提唱した．

生涯で出した280篇もの英語論文のうち220篇は有機反応性に関するものである．1952年はMullikenの電荷移動相互作用の論文が出された記念すべき年でもある．同年，芳香族炭化水素のフロンティア軌道のπ電子密度と反応性の間に直線関係があるという論文を報告し世界の化学者を震撼させた．

福井教授の理論化学分野での活躍はフロンティア軌道論にとどまらない．1970年に出したIRC反応座標（intrinsic reaction coordinate）の理論も福井の創造的な数学的才能を示す反応速度論における偉大な業績である．この理論によって遷移状態のMO計算が初めて可能になった．これらの業績により1981年，Cornel大学のR. Hoffmannと共同でノーベル化学賞を受賞している．Hoffmannもそうであるが，福井もノーベル賞受賞講演で，「科学を研究するには自然に対する感性が重要である」と述べており，偉大な業績を残す科学者の専門分野に偏らない幅広い教養が窺われる．学生時代に「化学をやるにしても数学の基礎をしっかり身に付けておけ」と，叔父の喜多源逸に言われ，その助言に素直に従うなかで幅広い学問に関心を寄せて勉学に励んだことがよかったと後年福井は著書で述べている．1940年代のあの情報の乏しい時代に量子力学を独学でマスターし，孤独にひるまず研究に邁進した精神と気迫は研究者の模範である．

参考文献

フロンティア軌道理論
- 『化学反応と電子の軌道』，福井謙一，丸善（1976）．
- 『フロンティア軌道論で化学を考える』，友田修司，講談社サイエンティフィク（2009）．
- 『フロンティア軌道法入門』，I. フレミング著，福井謙一監訳，竹内敬人・友田修司訳，講談社サイエンティフィク（1978）．
- 『基礎量子化学』，友田修司，東京大学出版会（2007）．

カルボニル化合物のヒドリド還元の面選択性
- "*The Exterior Frontier Orbital Extension Model*", S. Tomoda, *Chemical Review*, **1999**, *99*, 1243-1263.

第12章 軌道概念で化学現象を俯瞰する

　第4章ではMOの組立て技法の基礎となる軌道相互作用の原理についてまとめた．第5章以降，主にこの技法をMOの組立てに使ってきた．組み立てたMOをもとにして，さまざまな化学現象の説明に応用してきた．電子間反発をあらわに考慮することもなく，MOの形（係数）とおおよそのエネルギーだけを使った議論が大きな矛盾もなく展開された．このような定性的議論の正当性は歴史的にもヒュッケル則，フロンティア軌道理論，Woodward-Hoffmann則で実証済みである．本章では，イオン結合・共有結合・電荷移動相互作用（CT相互作用）・結合解離エネルギー・立体配座支配因子などを含め，軌道相互作用モデルに基づく軌道概念で化学現象の全貌が俯瞰できることを学ぶ．

12.1　軌道相互作用モデルで化学現象を俯瞰する

12.1.1　相互作用系の安定化エネルギー

　じつは，第4章で述べた軌道相互作用の原理は，第5章以降で述べた化学現象だけでなく，あらゆる化学現象を説明するための普遍的な軌道概念（orbital concept）として使えることがわかっている．化学の面白さがこの単純なモデルに隠されているということである．話の詳細に入る前に，2軌道相互作用系に電子が2〜4個入って生まれる安定化エネルギー（SE; stabilization energy）について整理しておこう．

　2軌道相互作用系の安定化エネルギー（SE）は関与する電子数によって決まる．第4章（軌道相互作用の原理）での議論に従って，相互作用する2つの軌道をχ_1, χ_2とし，χ_1はχ_2よりエネルギー準位が低く，そのエネルギー差をΔEとする（図12.1）．相互作用系に関与する電子数と電子配置によって表12.1に示す安定化エネルギー（SE）が生まれる．ΔやΔ^*の定義は第4章で述べたとおりで，それぞれ安定化量（Δ）と不安定化量（Δ^*）である．表12.1を図示したものが図12.1である．この表と図を見ながら，関与する電子数と

表 12.1 2 軌道相互作用系における電子配置と安定化エネルギー[a]

ケース	関与電子数 (ne)			安定化エネルギー (SE)[a]	半占軌道の数
	合計 (ne)	n_1	n_2		
	0	0	0	0	0
(a)	1	1	0	$\Delta > 0$	1
(b)	2	2	0	$2\Delta > 0$	0
(c)	2	1	1	$2\Delta + \Delta E > 0$	2
(d)	3	1	2	$\Delta E + 2\Delta - \Delta^* > 0$	1
(e)	3	2	1	$2\Delta - \Delta^* > 0$	1
(f)	4	2	2	$2\Delta - 2\Delta^* < 0$	0

[a] Δ＝相互作用後の χ_1 の安定化量. Δ^*＝相互作用後の χ_2 の不安定化量.

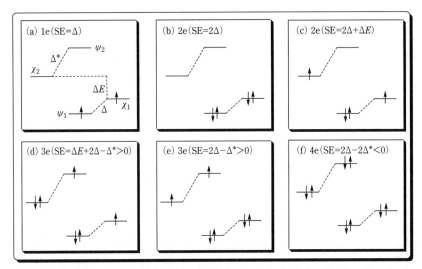

図 12.1 軌道相互作用による系の関与電子数 (ne; $n=1\sim 4$) と安定化エネルギー (SE)
(表 12.1 参照)

電子配置によって, 相互作用系の全電子エネルギー（安定化エネルギー; SE) がどのように変化するかまとめてみよう.

電子が χ_1 に n_1 個入り $(0 \leq n_1 \leq 2)$, χ_2 に n_2 個入れば $(0 \leq n_2 \leq 2)$, 関与電子数 $ne = n_1 + n_2$ となり;

① 電子が系に無ければ $(n_1 = n_2 = 0)$, 系のエネルギーは変化せず SE＝0 である.

② 電子が1個関与するケース(a)では $(n_1 = 1; n_2 = 0)$, 基底状態では低準

位の軌道 χ_1 に入るので SE＝Δ となる．
③　電子が2個関与する場合は(b) $(n_1=2; n_2=0)$ と(c) $(n_1=n_2=1)$ である．(b)の場合には χ_1 に2個入るので SE＝2Δ となるが，(c)の場合には χ_1 と χ_2 に1個ずつ入るので SE＝$2\Delta+\Delta E$ となる．
④　電子が3個関与する場合は(d) $(n_1=1; n_2=2)$ と(e) $(n_1=2; n_2=1)$ である．(d)では低い軌道（χ_1）に1個，高い軌道（χ_2）に2個入るので SE＝$\Delta E+2\Delta-\Delta^*$ となる．(e)では逆に，高い方に1個しか入らないので SE＝$2\Delta-\Delta^*$ となる．
⑤　電子が4個入る場合が(f) $(n_1=2; n_2=2)$ である．この場合のみ SE＝$2\Delta-2\Delta^*<0$ となるので系が不安定化する（交換反発）．

12.1.2　軌道相互作用モデルで化学を考える

以上の6つのケースのうち，安定化量が最大なのは(c)のケースである．その次が(b)である．半占軌道が関与する4つのケース (a, c, d, e) ではすべて安定化する．そして不安定化するケースは唯一つ，(f)のケースだけである．これらのことと化学現象には深い関係があることを示そう．

単純な議論なのですぐに納得して見過ごしてしまいそうだが，この結論は化学結合と反応性のほとんどすべてを語り尽くせるほどに重要なので，その意味するところを以下の議論で吟味してみよう．

(i)　**半占軌道が存在する系では相互作用して必ず安定化する**（(a), (c), (d), (e)）．ラジカルなどの半占軌道を持つ化学種が反応性が高い理由の1つがここにある．ラジカルは相手が半占軌道でも被占軌道でも空軌道でもかまわず相互作用して安定化するので反応性が非常に高くなっている．多くの原子は半占軌道を持つので反応性が高く分子を作る．原子が単独では存在しにくく，安定化して分子を作る理由がここにある．半占軌道が関与する4つの各ケースについて安定化の大きさ（SE）を比べてみよう．
①　(a)：電子1個が空軌道と相互作用している（SE＝Δ）．
②　(c)：半占軌道どうしの相互作用（SE＝$\Delta E+2\Delta$）．これは下記（ii）に相当する．(a)〜(e)の5つのケースのうち，(c)は安定化が最大である．ラジカル同士が結合する反応が非常に速い理由はここにある．
③　(d)：半占軌道が自分よりエネルギー準位が高い被占軌道と相互作用する．SE（$\Delta E+2\Delta-\Delta^*$）は(e)のケースより ΔE 分だけ大きい．

④ (e)：半占軌道が自分よりエネルギー準位が低い被占軌道と相互作用する．SE $(2\Delta-\Delta^*)$ は(d)のケースより ΔE 分だけ小さい．

⑤ 安定化 SE の順序は $\Delta<\Delta^*$ を考慮して；
$$(c) > (b) > (a) > (d) \geq (e)$$
となる．もちろん ΔE の大きさによってこの順序は少し変わる．

⑥ (d)と(e)より，ラジカルは被占軌道と相互作用して安定化するので，ラジカルの安定性はラジカル中心の原子が第3級 > 第2級 > 第1級の順に低くなると予想される．より多数の被占軌道と相互作用すると安定化が増すからである．

(ii) 安定化が最大になるのは電子が2個関与する(c)の場合である．これは化学結合（共有結合とイオン結合）の形成機構に相当する．すなわち，(c)は化学結合のモデルになっている．安定化エネルギー（SE＝$2\Delta+\Delta E$）の2項のうち，

① 第2項（ΔE）がゼロになれば完全な共有結合のモデル系となる．通常の共有結合では適当な軌道間エネルギー差（ΔE）があり，安定化エネルギーが 2Δ だけでなく，ΔE が加わるので，軌道間エネルギー差が開いて軌道相互作用が小さくなって Δ 自身が小さくなっても ΔE で補われるので結合強度はそれほど低下しない．ΔE は相互作用系のイオン性を表すと考えられている．たとえば，C-H, N-H, O-H, F-H の結合エネルギーは 439, 453, 498, 569 kJ mol^{-1} である．イオン性は FH が最大である．

② 第1項（2Δ）がゼロになれば完全なイオン結合のモデル系である．このときの安定化エネルギー ΔE がイオン結晶の格子エネルギーに生まれ変わる．

(iii) (c)の次に安定化が最大になるのは電子が2個関与する（b）の場合である．この型の相互作用をドナー・アクセプター相互作用（donor-acceptor interaction; **DA 相互作用**と略称），または**電荷移動相互作用**（charge transfer interaction; **CT 相互作用**と略称）とも言う．種々の化学現象において重要であり共有結合の次に強い．たとえば，次のようなものが挙げられる．

① 酸と塩基の相互作用によって生じる配位結合

②　超共役相互作用（hyperconjugative interaction）＝分子内で起こるCT相互作用
③　カルボカチオンの安定化機構
④　π錯体などの分子化合物の形成と安定化機構
⑤　水素結合
⑥　金属錯体の配位結合

(iv)　不安定化が起こるのは関与する電子数が4個の場合(f)だけである．この場合にのみ，系に斥力が作用して相互作用系に反発力が生じて系が崩壊する．これを**交換反発**（exchange repulsion）または**パウリ斥力**（Pauli repulsion）という．また，**ファンデアワールズ反発**（van der Waals repulsion）も同じ斥力を意味する．この斥力は**立体反発**（steric repulsion）とも呼ばれる．この力の特徴は；
①　斥力の大きさは単独では小さい．しかしその集積はかなり大きな力になる．小さな分子ではほとんど作用しないと考えられるが，大きな分子になると集積反発力はかなりの大きさになり，化学反応などで立体反発や立体障害などの力の起源として反応の進行を妨害する重要な役割を演じるようになる．
②　化学結合や水素結合が形成されると被占軌道どうしの交換反発がかならず生じるが，この反発に抗して化学結合や水素結合が形成されている．

以上の結論は，ほとんどすべての化学現象の起源に関係する非常に重要な結論である．

12.2　イオン結合をMO法で考える

「イオン結合はMO法で取り扱えないし，MO法を適用しても意味が無い」という考え方が基礎化学の「常識」となっている．かつて，この「常識」のもとに有機化学と無機化学の分野に境界線が引かれ，基礎化学の教育も大学の研究室も有機と無機に分かれていることが多い．しかし，このような人工的分割は，量子化学がこれだけ発達した現在，そろそろ終わりにしなければならない．ここでは，敢えてイオン結合にMO法を適用してみると，無機化合物の意外な側面が見えてくることを示そう．驚いたことに，イオン性分子でも弱いなが

ら共有結合性が残っている．MO法の普遍性を物語る話である．

12.2.1 ハロゲン化アルカリは共有結合性を保持している

イオン結合性分子は結晶しか作れず分子として存在できないと考えてしまいそうだが，これまでに得られた実測データを解析してみると，気相では立派な（孤立）分子として存在していることがわかる．イオン結合性分子の構造や性質はかなり詳しく研究されている．表12.2に示したのは，ハロゲン化アルカリ（MX）の結晶状態における格子エネルギー（U）と最近接イオン間距離（d_c），および気体状態における原子間距離（d_g）と結合解離エネルギー（D_e）である．

格子エネルギーは式（12.1）に示すように，「1モルの気体状態のイオン（M^+ と X^-）を結晶（MX）にする際に放出されるエネルギー（内部エネルギー）」として定義される．

$$M^+(g) + X^-(g) \longrightarrow MX(s) \tag{12.1}$$

格子エネルギーの主要な部分はイオン間のクーロン引力（90%程度）とファンデアワールズ反発（交換反発; 10%程度）である．表12.2に示すように，アルカリ金属のハロゲン化物（MX）の格子エネルギー（U）は600〜1000 kJ mol^{-1}程度の範囲であり，この値は結合解離エネルギー（D_e）304〜577 kJ mol^{-1}に比較すると約2倍大きい[1]．結晶を形成したほうがファンデアワール

表12.2 ハロゲン化アルカリ（MX）の結晶および気相における実測データ

MX	結晶		気相		MX	結晶		気相	
	U^a	d_c^b	d_g^c	D_e^d		U^a	d_c^b	d_g^c	D_e^d
LiF	1049	2.001	1.564	577	KF	829	2.674	2.172	489.2
LiCl	864	2.565	2.021	469	KCl	720	3.147	2.667	433.0
LiBr	820	2.750	2.170	418.8	KBr	691	3.300	2.821	379.1
LiI	764	3.000	2.392	345.2	KI	650	3.533	3.048	322.5
NaF	930	2.310	1.926	477.3	RbF	795	2.820	2.270	494
NaCl	790	2.820	2.361	412.1	RbCl	695	3.290	2.787	427.6
NaBr	754	2.987	2.502	363.1	RbBr	668	3.427	2.945	380.7
NaI	705	3.236	2.712	304.2	RbI	632	3.671	3.177	318.8

M=アルカリ金属; X=ハロゲン．$^a U$=格子エネルギー（kJ mol^{-1}）．$^b d_c$=結晶状態でのM-Xイオン間距離（Å）．$^c d_g$=気相でのM-X分子の原子間距離（Å）．^{d} 気相での結合解離エネルギー（kJ mol^{-1}）．

[1) この比較は，正確には，イオン解離エネルギー D_e（ion）と比較しなければならない．

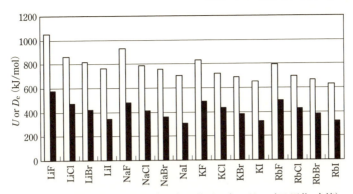

図 12.2 ハロゲン化アルカリ (MX) の格子エネルギー (U; 固体; 白棒) と結合解離エネルギー (D_e; 気体; 黒棒) (表12.2)

ズ引力や凝集によるクーロン引力の増加によって全体として安定になることを示している．図12.2に示すように，格子エネルギー（U; 白棒）の周期表上での変化は，結合解離エネルギー（D_e; 黒棒）の傾向とほぼ一致する．すなわち，格子エネルギーも結合解離エネルギーも，アルカリ金属Mが同じ場合，周期表の下に行くほど小さくなる（たとえば，LiF＞LiCl＞LiBr＞LiI）．ハロゲン原子Xが同じ場合には，格子エネルギー（U; 白棒）は，周期表の下に行くほど小さくなるが（たとえば，LiI＞NaI＞KI＞RbI），結合解離エネルギーは第2周期以降ほぼ一定である（たとえば，LCl＞NaCl≒KCl≒RbCl）．これらの事実は，共有結合の強さの傾向（第6章の図6.2参照）とほとんど同じであり，気相でも結晶状態でもMXの共有結合性は完全には失われていないことを強く示唆している．

図12.2の気相での結合解離エネルギーのMXによる変化は少し変則的である．同じアルカリ金属シリーズでは高周期で単調減少しているが，同族比較では一定の傾向が見られない．最大はLiF（577 kJ mol^{-1})，最小はNaI（304.2 kJ mol^{-1}）である．

結合距離について言えば，気相でのMX分子の結合距離（d_g）と，結晶におけるM⋯Xの最短距離（d_c）がきれいな直線関係を示す（相関係数 R^2＝0.99; 図12.3)．

表12.2から，M, Xの種類によらず，常に d_c＞d_g である（気体のほうが平均0.500 Å短い; d_c＝d_g+0.5)．結晶状態では，分子の状態からほんの少し結晶場による摂動を受けて解離した状態（結合が約0.5 Å伸びた状態）になっ

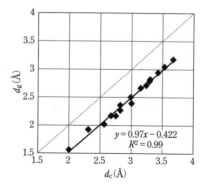

図 12.3 気相と結晶における MX 距離の
直線関係（表 12.2）

ている以外は，あまり変わらないと考えられる．軌道相互作用を強めて分子を形成したいのだが，分子の極性が強く，強いクーロン引力によって集合し，原子間距離を伸展してクーロン引力を分散させ，イオン結晶になって落ち着くものと考えられる．図 12.3 の見事な直線性が示しているように，結晶状態でも MX は分子としての性質（気相の傾向）を保持しようとしていることは興味深い．

【発展学習 12.1】　ハロゲン化アルカリ（MX）の光吸収に見る共有結合性

　ハロゲン化アルカリ（MX）が共有結合性分子としての振舞いを示す証拠をもう 2 つ挙げておこう．1 つは光吸収波長と結合解離エネルギーとの関係である．表 12.3 に示すように，ハロゲン化アルカリの結晶は紫外線を吸収する．その吸収波長の逆数（HOMO-LUMO エネルギー差に比例する量）は格子エネルギー U と良好な相関を示す（図 12.4 の(a)）．U が大きければ LUMO-HOMO エネルギー差が大きくなり，短波長の光を吸収する．図 12.4 の(b)に示すのは，その理論的証拠である．フロンティア軌道準位と格子エネルギーの相関はかなり良い．LUMO-HOMO エネルギー差が大きいほど U が大きい．U が大きいと HOMO が低く LUMO が高い．共有結合性の AH 型分子とまったく同じ挙動（AH 結合が強いと，LUMO-HOMO エネルギー差が大きい）を示していることは，結晶内部においてハロゲン化アルカリが共有結合性をもつ分子としての性質を失っていないことを強く示唆している．イオン結合性分子でもわずかながらも分子軌道が形成されている可

能性を示す.

表 12.3 ハロゲン化アルカリ（MX）の結晶状態における光吸収関連データ

MX	U^a (kJ mol^{-1})	λ_{max}^b (nm)	HOMO^c (eV)	LUMO^c (eV)	MX	U^a (kJ mol^{-1})	λ_{max}^b (nm)	HOMO^c (eV)	LUMO^c (eV)
LiF	1049	96	−11.69	0.05	KF	829	127	−9.54	−0.12
LiCl	864	144	−10.12	−0.32	KCl	720	161	−8.65	−0.44
LiBr	820	177	−9.26	−0.20	KBr	691	188	−7.93	−0.40
LiI	764	183	−8.44	−0.32	KI	650	220	−7.37	−0.50
NaF	930	118	−10.50	−0.10	RbF	795	133	−9.48	−0.01
NaCl	790	157	−9.42	−0.02	RbCl	695	166	−8.51	−0.34
NaBr	754	191	−8.66	−0.37	RbBr	668	192	−7.77	−0.31
NaI	705	228	−8.00	−0.47	RbI	632	224	−7.23	−0.42

^{a}格子エネルギー. ^{b}結晶の紫外線吸収波長. ^{c}HF/3-21G*.

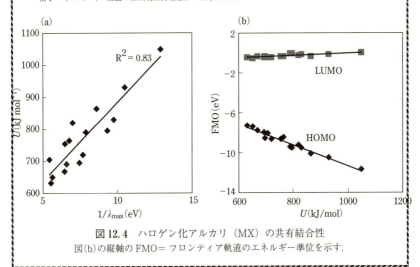

図 12.4 ハロゲン化アルカリ（MX）の共有結合性
図(b)の縦軸の FMO＝フロンティア軌道のエネルギー準位を示す.

12.2.2 イオン結合性分子で MO が形成されにくい理由

前述の事実は，結合形式（イオン結合，共有結合）によらず「化学結合は統一的に軌道相互作用の原理で理解できる」ということを強く示唆している．イオン結合は「共有結合が形成不可能な（または困難な）元素同士で形成される共有結合の極端な場合」と見なすことができる．イオン結合の特徴は化学結合形成時の軌道相互作用において次の2つに要約できる．

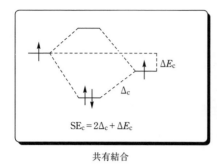 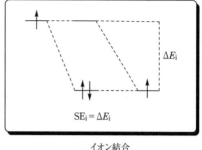

図 12.5 軌道相互作用の原理で眺めた共有結合とイオン結合の差

(a) 関与する原子軌道の間のエネルギー差（ΔE）が大きい．
(b) 関与する 2 元素のうち，1 つの元素の広がりが小さい（エネルギー準位が低いために広がりが小さくなる）ため，重なり積分の値が小さい．

そのため軌道間相互作用が小さくなり分子軌道が形成されにくい．その様子を図 12.5 に示す．

イオン結合はこのような 2 つの理由により，軌道相互作用がほとんど不可能な原子間のみに形成される．ほとんど原子軌道間の相互作用がなく（$\Delta_i \fallingdotseq 0$, $\Delta_i^* \fallingdotseq 0$），集合系の分子軌道が形成されにくいので，低い軌道の元素の方へ電子移動が起こり，結果として，2 個の電子は電気陰性度が高い原子の周りを運動するようになり，$M^{\delta+}X^{\delta-}$ の分極が起こり，クーロン引力が作用するようになる．このクーロン引力の大きさは，軌道間エネルギー差（ΔE_i）の大きさに近い．これらの諸点を拡張ヒュッケル法の計算で検証してみよう．

① **重なり積分が小さい**

代表的なイオン化合物であるフッ化リチウム（LiF）と塩化ナトリウム（NaCl）について重なり積分を計算してみた．図 12.6 に破線で示すように，LiF では Li2s-F2p_x，NaCl では Na3s-Cl3p_x の重なり積分が，どの距離においてもゼロに近く，結晶格子におけるイオン間距離（それぞれ 2.001, 2.820 Å）においても 0.1 程度であり非常に小さいことがわかる．この程度の重なりでは，共有結合性の程度は非常に小さいがゼロではない．

② **分子軌道が形成されにくい**

図 12.7 に，LiF の軌道相互作用で生じる MO の図を示す．Li の座標を原点にとり，x 軸上 2.001 Å のところに F があるとして，拡張ヒュッケル分子軌

12.2 イオン結合を MO 法で考える 257

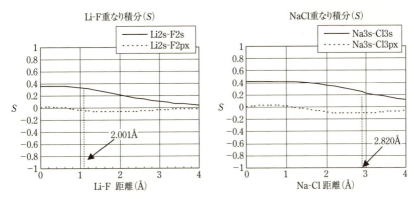

図 12.6 イオン結合の重なり積分
左; LiF, 右; NaCl.

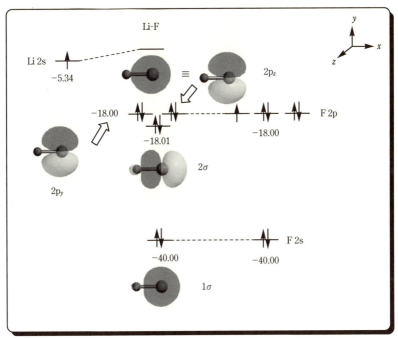

図 12.7 LiF の分子軌道
拡張ヒュッケル法; MO エネルギーの単位は eV.

道法（extended Hückel MO Method; EHMO法）で計算した結果である．Liは2s軌道に1個電子を持っている．Fの電子配置を$(2s)^2(2p_x)^1(2p_y)^2(2p_z)^2$とすると，相互作用はLiの2s（−5.34 eV）とFの2s（−40.00 eV）またはLiの2s（−5.34 eV）と$2p_x$（−18.00 eV）の間で起こると予想される．F-$2p_y$, $2p_z$はLi-2sとの重なりがないので相互作用せずにそのまま残る．結果はLi-2sとF-$2p_x$間でほんのわずかに相互作用が生じて被占分子軌道2σが生まれる（−18.01 eV）．Li-2sとF-2s間の相互作用で生まれるMO（1σ）は，2軌道間のエネルギー差が大きく前述のように重なり積分も小さいためにLi-2sの寄与がほとんどないので，エネルギーもF-2sのままである（−40.00 eV）．

Liから1個（Li 2s; −5.34 eV），Fから1個（F $2p_x$; −18.00 eV）の外殻電子が相互作用してMOが出来るが，2σはほとんどF-$2p_x$で出来ているので，いずれの電子もほとんどフッ素の原子核の周りで過ごす．結局，Li-2s（−5.34 eV）からF-$2p_x$（−18.00 eV）へ電子が1個流れ，LiFの結合は共有結合でなく，Li^+F^-のイオン構造で表すのが適当ということになる．このエネルギー差はLiFのイオン結晶の安定化エネルギー（格子エネルギー）に匹敵する．

12.3 共有結合強度の支配因子を考える

化学者は原子間に1本の線を引いてボンドがあると考え，ボンドに結合エネルギーがあると仮定し，結合解離エネルギーなる物理量を定義して実験的に測定して便利に使っている．結合解離エネルギーの大きさは，主として関与する原子の原子軌道（AO）のエネルギー準位によって決まる．ここでは同じ種類の結合でも強弱があるのはなぜかという問題も含めて，結合強度について考えてみよう．

12.3.1 結合解離エネルギーの定義と測定

結合R-Xの結合解離エネルギー$D_e(R-X)$は，式（12.2）で定義される．分子（ラジカルなどの反応性中間体を含む）の任意の結合R-Xが**均等開裂**（ラジカル的にR・およびX・に開裂; homolysis）するとき，式（12.2）の標準状態（1気圧，298℃）でのエンタルピー変化を**結合解離エネルギー**$D_e(R-X)$と定義する．この定義式によれば，同じR-X結合でも，ラジカルR・とX・の安定性（生成熱; ΔH_f°）によって強さ（D_e）が変わる．

12.3 共有結合強度の支配因子を考える

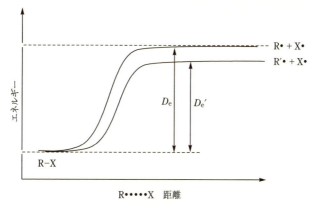

図 12.8　結合解離エネルギー曲線

$$R-X \longrightarrow R\cdot + \cdot X \qquad D_e(R-X) \qquad (12.2)$$

つまり，R・，X・および R-X の標準生成熱を，それぞれ，$\Delta H_f^\circ(R\cdot)$，$\Delta H_f^\circ(X\cdot)$，$\Delta H_f^\circ(R-X)$ とすると，式 (12.2) より，

$$D_e(R-X) = \Delta H_f^\circ(R\cdot) + \Delta H_f^\circ(X\cdot) - \Delta H_f^\circ(R-X) \qquad (12.3)$$

である．実験的には，R-X の結合解離エネルギー $D_e(R-X)$ は，次の3つの熱化学方程式 (12.4〜12.6) の和 (式 (12.7)) を使って精度良く求めることができる．

$$\begin{aligned}
R^- &\longrightarrow R\cdot + e^- & A(R) & \qquad (12.4) \\
R-X &\longrightarrow R^- + X^+ & \Delta H(RX) & \qquad (12.5) \\
X^+ + e^- &\longrightarrow X\cdot & -I(X) & \qquad (12.6) \\
\hline
R-X &\longrightarrow R\cdot + \cdot X & D_e(R-X) & \qquad (12.2)
\end{aligned}$$

$$\therefore D_e(R-X) = A(R) + \Delta H(RX) - I(X) \qquad (12.7)$$

ここで，$A(R) =$ R・の電子親和力；$\Delta H(RX) =$ RX のイオン解離エンタルピー；$I(X) =$ X・の第一イオン化エネルギーである．

RX 結合が R・と・X に解離するときのエネルギー変化の曲線は図 12.8 で模式的に表される．図中，R'・が R・より安定であれば，$D_e{}'$ は D_e より小さくなる．すなわち，R・ラジカルが安定化されると D_e は減少する．同様に，X・ラ

表12.4 有機化合物のC−X結合解離エネルギー (kJ mol^{-1})[a]

X	H	CH$_3$	NH$_2$	OH	OMe	F	Cl	Br	I	CH$_3$CO	C≡N	CF$_3$
H-X	436	439	453	499	436	570	432	366	298	374	529	445
R　C-X	C-H	C-C	C-N	C-O		C-F	C-Cl	C-Br	C-I	C-C		
CH$_3$	439	377	356	385	348	460	350	294	239	352	524	429
C$_2$H$_5$	421	370	352	391	352	467	352	293	234	347	509	—
C$_3$H$_7$	422	372	356	394	359	475	353	298	237	349	507	—
i-C$_3$H$_7$	411	369	358	400	361	484	354	299	235	340	506	—
C$_4$H$_9$	421	372	356	392	346	—	354	297	—	347	509	—
i-C$_4$H$_9$	419	370	354	398	—	—	351	—	—	—	—	—
s-C$_4$H$_9$	411	368	359	396	—	—	350	300	—	—	—	—
t-C$_4$H$_9$	400	364	356	398	353	496	352	293	227	329	492	—
H$_2$C=CH	465	418[b]	—	—	—	521	384	338	259	—	560	448
HC≡C	557	527	—	—	—	518	436	411	—	—	602	513
C$_6$H$_5$	472	427	429	466	419	526	400	336	272	407	556	463
CH$_3$CO	374	352	415	459	424	512	354	292	223	307	—	—
CF$_3$	445	429	—	482	—	547	365	296	227	—	561	413
平均値	435	395	376	422	378	507	371	316	245	350	532	452

[a]データは *Handbook of Chemistry and Physics*, Lide, D. H., 87th Ed., CRC Press, **2006-2007** および *Handbook of Bond Dissociation Energies in Organic Compounds*, Yu-Ran Luo, CRC Press, **2003** より採用。[b]1-butene の C2-C3 結合エネルギーの値.

ジカルが安定化されても D_e は減少する．ラジカルの安定化は，周囲の被占軌道，空軌道，半占軌道とラジカル中心の軌道との相互作用で生まれる．ゆえに安定化の大きさは不対電子の周囲の原子または原子団（官能基）によって影響を受ける．

このような視点で，さまざまな共有結合の強さを眺めてみよう．表12.4にC−C結合の平均的な結合解離エネルギーを kJ mol^{-1} 単位で示す．

12.3.2 結合解離エネルギーのデータ

表12.4のデータは，典型的な有機分子の結合解離エネルギーをほぼ網羅している．左端の列には，種々のアルキル基，ビニル基，エチニル基，フェニル基，アシル基，CF$_3$基などがRとして示してある．これらの有機基Rと最上欄の官能基（X）の間のR−X(C−X)結合解離エネルギーの値が，この表に示された数値である．平均値を最下欄に示す．参考として，水素とXとの(H−X)結合解離エネルギーを2行目に示す．

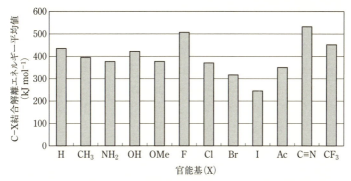

図 12.9 C－X 結合の平均結合解離エネルギー（表 12.4 の最下行の平均値）

これらの数値を見ながら，結合解離エネルギーの変化の特徴について考えてみよう．

この表から，ビニル基（$H_2C=CH-$），エチニル基（$HC\equiv C-$），フェニル基（C_6H_5）などの不飽和炭素の R 基（網掛けしたデータ）の結合解離エネルギーは飽和炭素のそれに比べて，どの X 基の場合でもかなり大きいことがわかる．また，官能基（X）が CN や F の場合に，どの R 基でも結合解離エネルギーがかなり大きい．図 12.9 に，表 12.4 の平均結合解離エネルギー（最下行）のデータを棒グラフで示す．まずその特徴をまとめておこう．

① 最も強い結合は R－CN 結合である．シアノ基の炭素は sp 混成なので，アセチレン同様，強い R－C 結合をつくる（532 kJ mol^{-1}）．一般に sp 混成または sp^2 混成炭素が関与する結合はおしなべて強い傾向がある．さらに，混成の影響に加えて，$C\equiv N$ や $C\equiv C$ が R に結合していると，これらの官能基（$C\equiv N$，$C\equiv C$）に含まれる直交した 2 対の π 結合と R との超共役による安定化効果で，R－C 結合が二重結合性を帯びて強くなる．

② 表 12.4 を見ると，R がビニル基（$H_2C=CH$），エチニル基（$HC\equiv C$），フェニル基（Ph）の場合（網掛け），それぞれの C－X 結合で比較すると，これらの結合もとびぬけて強い．たとえば C－H 結合の欄を見ると，平均値は 435 kJ mol^{-1} であるが，これらの炭素基の C－H 結合は，それぞれ 465，557，472 kJ mol^{-1} であり，かなり大きい．これは，解離して生じるラジカル（R·）が分子平面内のラジカルであるため，解離後の共役（不対電子の非局在化）による安定化が困難なためである．特に，エチニル基の

場合，ラジカルのローブはアンチペリプラナー効果【発展学習12.2】による安定化も小さいので，解離エネルギーは不飽和炭素の結合では最大である．ビニル基，フェニル基は平面ラジカルであるが，隣接CH結合やCC結合によるアンチペリプラナー効果およびシンペリプラナー効果による安定化（不対電子の非局在化）が可能なので，エチン（アセチレン；557 kJ mol^{-1}）に比べて，それほど解離エネルギーも大きくなっていない（それぞれ465, 472 kJ mol^{-1}）．

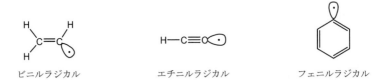

ビニルラジカル　　　　エチニルラジカル　　　　フェニルラジカル

③　しかし，アセチル基（CH$_3$CO）が関与するC−H結合（374 kJ mol^{-1}）はsp^{2}混成炭素が関与するC−H結合としては，かなり弱く変則的である．アセチルラジカルは酸素原子の非共有電子対やメチル基のπ型分子軌道との共役によってかなり安定化されているためである．

④　次に強いのはC−FとC−CF$_3$のフッ素原子が関与する2つの結合である（507, 452 kJ mol^{-1}）．フッ素原子は軌道準位が低いために共鳴積分が大きくなることが一般に強い結合を作る原因の1つとして挙げられるが，フッ素原子が近傍にあると，フッ素原子上の2対の非共有電子対の非局在化によって結合が強くなる傾向がある（詳しくは12.3.6項参照）．ハロゲンが作る結合のうちで，フッ素原子の結合が最も強い（507 kJ mol^{-1}）．

⑤　第2周期の平均値で比較すると，フッ素原子が関与する結合の次に強いのはC−H結合（435 kJ mol^{-1}），C−OH結合（422 kJ mol^{-1}）である．C−C結合（395 kJ mol^{-1}），C−N結合（376 kJ mol^{-1}）はこれらより弱い．

⑥　C−OH（422 kJ mol^{-1}）のHをメチル基（Me＝CH$_3$）に変えてメトキシル基（OMe）にすると，C−OMeの強さは減少する（378 kJ mol^{-1}）．これは，MeO・ラジカルの不対電子がMeとの共役により安定化されるためである（HO・ラジカルでは，このような安定化は起こらない）．

12.3.3　C−H結合はC−C結合より強い

表12.4のR−H結合とR−CH$_3$結合の2つのデータ（表の2列目と3列

12.3 共有結合強度の支配因子を考える 263

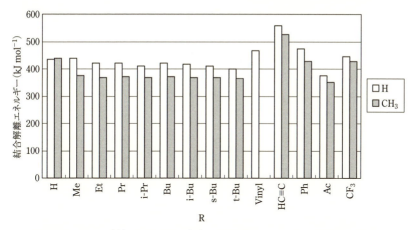

図 12.10 R−H（白）と R−CH$_3$（黒）の結合解離エネルギーの大きさの比較

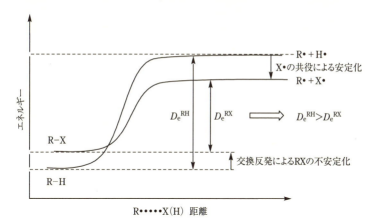

図 12.11 RX（X≠H）の結合解離エネルギーが RH より小さくなる理由

目）を種々の炭素官能基について比較したグラフを図 12.10 に示す．どの場合にも C−H 結合は C−C 結合より強いことがわかる．なぜだろうか？

図 12.10 に示すように，これは解離の式（12.2）において，解離して出来た R・と X・の安定化の差が主要な原因であろう．すなわち，R−H の場合，解離して生じるラジカルの不対電子の非局在化による安定化は R・だけにしか生まれないが，R−X の場合には，X が原子団であれば，X・にも不対電子の非局在化による安定化が生まれる場合がある．さらに，基底状態（解離前の状態）における R−X の間に作用する交換反発が R−X を不安定化させるので，解離

エネルギーを減少させる原因になっている．R–Hにはこのような交換反発は存在しない．この2つの因子によって，図12.11からも明らかであるが，R–Xの方がR–Hより結合解離エネルギーが小さくなる（$D_e^{RH} > D_e^{RX}$）．

12.3.4　X–H結合はX–C結合より強い

Xを第2周期・第3周期の典型元素とすると，一般にX–HはX–C結合よ

表12.5　X–HとX–C結合の結合距離（d）と解離エネルギー（D_e）の比較[a]

X	X–H		X–C		Δ^d
	d^b	D_e^c	d^b	D_e^c	
C	1.09	411	1.54	395	16
N	1.01	430	1.47	376	54
O	0.96	448	1.43	400	48
F	0.9169	569	1.33	507	62
Si	1.4798	385	1.87	375	10
P	1.42	349	1.85	310	39
S	1.34	364	1.82	308	56
Cl	1.2746	431	1.77	371	60
Br	1.4145	366	1.94	316	50
I	1.6090	298	2.15	245	53
Se	1.48	332	1.95	274	58

[a]データは *Handbook of Chemistry and Physics*, Lide, D. H., 87th Ed., **2006-2007** より採用．[b] X–H結合距離（Å）．および *Handbook of Bond Dissociation Energies in Organic Compounds*, Yu-Ran Luo, CRC Press, **2003**．　[c] X–H結合解離エネルギー（kJ mol^{-1}）．[d] X–H結合とX–C結合の解離エネルギー差．

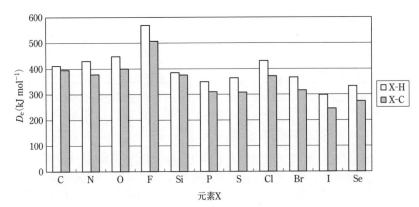

図12.12　X–H結合とX–C結合の強さの比較（表12.5のデータ）

り強い．表12.5 に，これらの結合の解離エネルギーの平均値（D_e）を示す．表の右端欄にこれらのエネルギー差（Δ）を示す．どの元素 X の場合でも，X－H は X－C 結合より強いことが明らかである（$\Delta > 0$）（図12.12）．Δ の値が最大なのは，X＝F の場合である（$\Delta = 62$ kJ mol^{-1}）．14族元素（C, Si）を除いて，Δ はだいたい 50〜60 kJ mol^{-1} 程度である．これも前 12.3.3 項と同様の理由による．

12.3.5　X－X 結合はなぜ弱いか？

一般に，非共有電子対や結合電子対には反発による不安定化効果があると言われている．この効果は，古典的には電子間クーロン反発によるものと考えられていたが，現在では交換反発（exchange repulsion）で起こると考えられている．交換反発は図 12.1 (f) に示したように，2 個の被占軌道の重なりによって生じる斥力（パウリ斥力）であり，分子において普遍的に存在する不安定化効果である．

最も大きい交換反発を生むと考えられている軌道は，非共有電子対の軌道である．非共有電子対は，空間的広がりが大きく，共有結合を形成していない孤立した電子対なので，なるべく他の原子核と相互作用して安定になろうとする傾向がある（**非局在化傾向**）．その典型的な現象が水素結合である．非共有電子対は，近隣の（分子内または他の分子の）水素原子を捕まえて電子を非局在化させてわずかに安定になり，水素結合を形成する．しかし，他の非共有電子対や結合電子対とも相互作用して，交換反発力を生んで分子系を不安定化させている．このような不安定化相互作用が，結合解離エネルギーの減少に効いてくる場合がある．

表 12.6 に典型元素 X の等核結合（X－X 結合）の解離エネルギーのデータ（D_e; kJ mol^{-1}）と結合距離（d_{XX}; Å）を示す．

まず，この表の第 2 周期元素（C, N, O, F）の 4 つのケースを見てみよう．表 12.6 のデータと図 12.13 のグラフに示すように，C→N→O→F の方向に解離エネルギー D_e が 377 から 159 kJ mol^{-1} まで大きく減少している．通常の解離エネルギーの傾向と明らかに逆の傾向を示している．同時に，結合距離があまり減っていないどころか，O－O (1.475 Å) は N－N (1.449 Å) より少し長くなっている．この傾向も軌道半径の傾向を考えると変則的である（通常，同じ周期では右に行くほど結合距離は減少）．F－F の距離も 1.4119 Å であり，N－N の結合距離（1.449 Å）に近い．

表12.6 X–X結合解離エネルギー (D_e) の比較と交換反発の証拠

X-X 結合	$D_e{}^a$	d_{XX} (実測)[b]	$r_{FAO}{}^c$	d_{XX} (計算値)[d]	Δ^e
H_3C-CH_3	377	1.5351	0.907	1.814	−0.279
H_2N-NH_2	282	1.449	0.746	1.492	−0.043
HO-OH	213	1.475	0.652	1.304	0.171
F-F	159	1.4119	0.574	1.148	0.264
$H_3Si-SiH_3$	321	2.331	1.456	2.912	−0.581
H_2P-PH_2	256	2.281[f]	1.229	2.458	−0.177
HS-SH	271	2.055	1.091	2.182	−0.127
Cl-Cl	242	1.9878	0.975	1.95	0.038
$H_3Ge-GeH_3$	280	2.403	1.517	3.034	−0.631
$CH_3Se-SeCH_3$	280	2.326	1.217	2.434	−0.108
Br-Br	194	2.2811	1.118	2.236	0.045
I-I	152	2.6663	1.324	2.648	0.018

[a]データは Handbook of Chemistry and Physics, Lide, D. H., 87th Ed., **2006-2007** および Handbook of Bond Dissociation Energies in Organic Compounds, Yu-Ran Luo, CRC Press, **2003** より採用(単位:kJ mol^{-1}).
[b]XX結合距離の実測値(単位:Å). [c]r_{FAO}=元素 X の最高被占原子軌道の軌道半径(単位:Å). [d]r_{FAO} の2倍の値(単位:Å). [e]$\Delta=d_{XX}$(実測)$-d_{XX}$(計算)(単位:Å). [f]F_2P-PF_2 の P-P 結合距離.

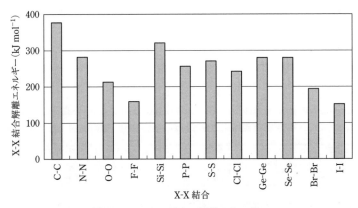

図12.13 X–X結合の解離エネルギー

第3周期 (Si, P, S, Cl) ではS–S (271 kJ mol^{-1}) がP–P (256 kJ mol^{-1}) より少し強くなっている以外は第2周期の傾向と同じであり,高周期になると減少し,結合距離は長くなる.ハロゲンの場合,F (159 kJ mol^{-1})→Cl (242 kJ mol^{-1}) で強くなり,Cl→Br (194 kJ mol^{-1})→I (152 kJ mol^{-1}) の順に減少している.これらの場合,結合距離は高周期になるほど長くなる.

第2周期,第3周期の解離エネルギーの変則的な傾向と小さな解離エネル ギ

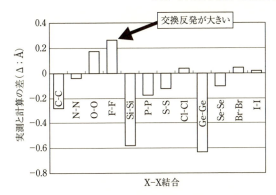

図12.14 X−X結合の交換反発による結合伸長の大きさの比較

ーは非共有電子対どうしの交換反発のためである．これらの典型元素のフロンティア原子軌道（エネルギー準位が最も高い原子軌道; frontier atomic orbital; FAO）の軌道半径（r_{FAO}）の2倍の値（d_{XX}（計算値））と，結合距離の実測値（d_{XX}（実測））との差（交換反発による結合伸長の程度：Δ））を計算した結果が表12.6の右端の欄に示してある．

図12.14に示すように，Δの値がゼロ付近または正の値の場合，明らかに交換反発による結合の伸長がみられると判断してよい．O, F, Cl, Br, IなどのX−X結合では結合の伸長がある．特に，O−O，F−Fの結合伸長はかなり大きく（$\Delta=0.171, 0.264$ Å）結合エネルギーも弱くなっている（それぞれ213, 159 kJ mol^{-1}）．第3周期以降（S→Se; P; Cl→Br→I）の場合には結合伸長がほとんどなく，結合解離エネルギーは，むしろ，第二周期の場合と比較して，大きくなっている場合もある．これは，結合距離が長くなって，非共有電子対どうしの交換反発が低下するためであろう．

12.3.6　C−F結合はなぜ強いのか？

フッ素が関与する共有結合は異常に強い．この問題は古くから物理有機化学の難問として論争が展開された．この論争で挙げられた理由として，① X−F結合のイオン性，② フッ素原子の非共有電子対の非局在化傾向，の2つが挙げられる．

表12.7に，有機フッ素化合物のC−F結合の解離エネルギーと結合距離を示した．多くのC−F結合が，500 kJ mol^{-1}前後の異常に大きな解離エネルギ

表 12.7　X−F 結合の解離エネルギーと結合距離

Entry	分子	D_e (kJ mol^{-1})	Entry	分子	D_e (kJ mol^{-1})
参考	H−F	569.7	13	F−CF$_2$Cl	489.5
参考	C−F	513.8	14	F−CFCl$_2$	460.2
1	CH$_3$−F	460.2	15	H$_2$C=CH−F	517.6
2	FCH$_2$−F	496.2	16	F−C≡CF	518.8
3	F$_2$CH−F	533.9	17	F−CN	469.9
4	F$_3$C−F	542.2	18	F−C$_6$H$_5$	525.5
5	F−CH$_2$CF$_3$	457.7	19	F−COH	497.9
6	F−CF$_2$CH$_3$	522.2	20	F−COCH$_3$	511.7
7	F−CF$_2$CF$_3$	532.2	21	F−COF	535.1
8	F−C$_2$H$_5$	473.1	以上の平均値		499.2
9	F−C$_3$H$_7$	474.9	参考	F−F	159
10	F−i-C$_3$H$_7$	482.8	参考	F−NO	235.4
11	F−t-C$_4$H$_9$	489.5	参考	F−NO$_2$	221.3
12	c-C$_6$H$_{11}$−F	491.2	参考	F−OCF$_3$	182.0

ーを示す．強いと言われる C−H 結合（平均 435 kJ mol^{-1}）と比較しても，C−F 結合（表 12.7 の平均値＝499.2 kJ mol^{-1}）のほうが断然強い．

C−F（513.8 kJ mol^{-1}）や H−F（569.7 kJ mol^{-1}）は強いが，表 12.7 の参考値として出ている N−F, O−F, F−F は非共有電子対どうしの交換斥力が大きいので決して強くない（159〜235 kJ mol^{-1}）．C−F 結合が強いのはなぜだろうか？　このテーマに関しては長期に亘って論争があり，前記①の「C と F の電気陰性度の大きな差（C; 2.5; F : 4.0）によって結合が高度なイオン結合性を有しているため」という意見が主流であった．

しかし，フルオロカーボンポリマー（分子式：C$_n$F$_m$）は炭化水素ポリマーに比べて強度，撥水性，耐熱性，低い粘性などの点で格段に優れているため，人工血液，鍋のこげ防止剤などの機能性材料（商品名テフロン）として使われている．テフロンのこのような異色の機能は，C−F 結合がイオン結合的ではなく，共有結合的で強く，ポリマーの表面張力が極めて小さいことに起因している．C と F の電気陰性度の差から考えると C−F 結合はイオン性が強く，F には非共有電子対（lp）が 3 対あるので解離しやすく，表面も他の分子と相互作用しやすいと予想される．しかし，テフロンの性質はまったくこの予想と逆である．つまり，電気陰性度で化学結合の極性予測がはずれてしまう典型的な例外である．

次に考えられることは F の原子軌道準位が非常に低いことである．フッ素

原子の第一イオン化エネルギー I は 17.423 eV であり，これは F の 2p 軌道のエネルギー準位（−19.87 eV）に近い．一方，F の 2s 軌道の準位は −42.79 eV であり，希ガス原子を除くと元素のうちで最も低い．共有結合の強さは関与する軌道のエネルギー準位が低いと強くなる．これが一因で C−F 結合は強くなるものと考えられる．

しかし，有機フッ素化合物の場合には，原因はそれだけではない．C−F 結合が異常な強さを示すのはフッ素原子の非共有電子対の特殊な非局在化傾向が原因であることが，非共有電子対の非局在化の定量評価でわかった．表 12.7 に戻って Entry 1～4 の網掛けデータに着目しよう．メタンの水素原子を 1 個ずつフッ素原子に置換していくと（$CH_4 \rightarrow CH_3F \rightarrow CH_2F_2 \rightarrow CHF_3 \rightarrow CF_4$），C−F 結合エネルギーは増大し（439→460.2→496.2→533.9→542.2 kJ mol^{-1}），C−F 結合距離は縮む（1.383→1.357→1.332→1.320 Å）．これは奇妙な現象として，研究者の間で白熱論争が続いていた．すでに述べたように，主に 2 つの考え方があった．

① 静電相互作用説：C−F 結合は電気陰性度の差が大きいのでイオン性が大きく，フッ素置換により分子のイオン性が増大して C−F 結合が強くなる．
② 非共有電子対の非局在化説：フッ素原子上の非共有電子対の非局在化により，C−F 結合が二重結合性を帯びるので強くなる．

①は従来の古典的説明である．しかし，有機フッ素化合物は水に溶けず，表面張力が大きく撥水性があるので，この静電相互作用説には問題がありそうだと言われていた．最近，②の説が正しいことが，定量解析で裏付けられている．Wiberg は上記①の C−F 結合の極性を強調したが（上記の F 置換で F の負電荷が順次増加する），Weinhold は上記②の C−F 結合の二重結合性の増大説を提唱した．

F には，C−F 結合の延長線上に n_σ，この結合と直交する 2 つの等価な非共有電子対 lp (lone pair; F の 2p 軌道; n_π) の，合計で 3 つの lp がある（図 12.15 (a)）．C−F 結合は，F の lp (n_σ, n_π, n_π) の分子内における非局在化（$n \rightarrow \sigma_{CH}^*$ または $n \rightarrow \sigma_{CF}^*$ の相互作用）によって，二重結合性を帯びて強度を増している．これらのうち，σ 結合との共役に加わるのは，主に n_π であり，この共役では (b) $n_\pi \rightarrow \sigma_{CH}^*$ より (c) $n_\pi \rightarrow \sigma_{CF}^*$ のほうが 2 倍大きく（C−F 結合

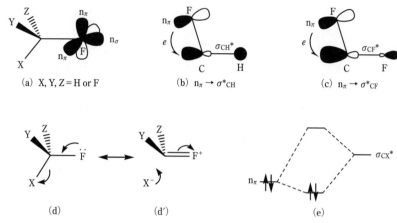

図 12.15 フッ素原子の非共有電子対の非局在化による結合強化機構

の極性により F 上の σ_{CF}^* の係数が大きくエネルギー準位が低いので，F 置換により分子全体が大きく安定化して，C−F 結合が二重結合性を帯びて（(d)↔(d′)）強くなるものと考えられる（e）．

非共有電子対（lp）は分子内でしっかり非局在化して分子を安定化している（lp の非局在化傾向；第 9 章【発展学習 9.1】）．

12.4 エタンの立体配座

12.4.1 エタンの回転障壁の起源はアンチペリプラナー効果

エタン（ethane; mp −182.79℃; bp −88.6℃）の C−C 結合周りの回転障壁（energy barrier of internal rotation＝12 kJ mol^{-1}）に関しては歴史的にも多くの議論がなされた．1936 年に Kemp と Pitzer が発表した「エタンの C−C 結合の回転障壁は，隣接する 2 個の C−H 結合の立体反発により生じる」という説は長い間「有機化学の常識」として信じられ，学部レベルの教科書には例外なくこの説が書かれている（VSEPR モデル；Valence Shell Electron Pair Repulsion model）．しかし，F. Weinhold（米 Wisconsin 大学）は 2001 年の *Nature* 誌（F. Weinhold, *Nature*, **2001**, *411*, 539-541）で，この常識の変革（new twist）が必要だと説いている．それによるとエタンの C−C 結合周りの回転障壁が生じる原因は，**ねじれ配座**（staggered conformation）（図 12.16 の(b)）の安定化の方が**重なり配座**（eclipsed conformation; 図 12.16 の(a)）の

12.4 エタンの立体配座

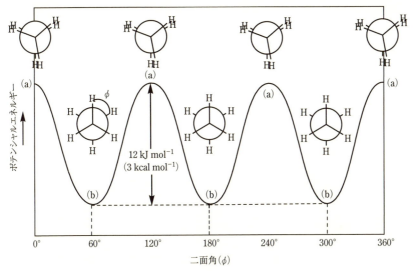

図 12.16 エタンの立体配座とポテンシャルエネルギー変化

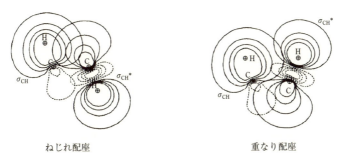

図 12.17 エタンの配座異性体の安定化機構
実線は位相が ＋，破線は位相が －．

CH 結合間の反発より大きいことである．ねじれ配座の安定化の原因は，隣接 CH 結合のアンチペリプラナー効果（【発展学習 12.2】）であり，**エタンの回転障壁の本質はアンチペリプラナー効果にある**ことが種々の計算で結論されている．アンチペリプラナー効果は，空軌道と被占軌道の相互作用による安定化効果で，超共役（hyperconjugation）＝電荷移動相互作用（charge-transfer interaction）の一種である．

図 12.17 に，エタンのねじれ配座と重なり配座における，2 個の隣接 C-H 結合の間の超共役相互作用（$\sigma_{CH} \rightarrow \sigma_{CH}^*$）を示す．この表示は高精度 MO 計算

の MO の係数から組み立てられた自然結合軌道（natural bond orbital; NBO）を使っている．NBO は第 1 章で述べた VB 法で使う結合軌道（bond orbital; BO）の一種であるが，MO から構築（翻訳）されるので，MO の情報を失うことなく，生の情報をそのまま含んでいる．実線は位相が + で，破線は位相が − を表す．ねじれ配座では，同位相（in-phase＝bonding; 結合性）の大きな重なりがあるが（$\sigma_{CH} \to \sigma_{CH}^*$ 相互作用による安定化エネルギー＝2.6 kcal mol^{-1}; 10.8 kJ mol^{-1}），重なり配座では一部に逆位相（out-of-phase＝antibonding; 反結合性）の重なりがあり（$\sigma_{CH} \to \sigma_{CH}^*$ 相互作用による安定化エネルギー ＝0.78 kcal mol^{-1}; 3.3 kJ mol^{-1}），ねじれ配座の方が系のエネルギー安定化の効果が大きいことがわかる．その差は 1.8 kcal mol^{-1}（7.5 kJ mol^{-1}）に及び，エタンの回転障壁の大きさ（3 kcal mol^{-1}; 12.6 kJ mol^{-1}）を十分説明できることがわかった．

【発展学習 12.2】 アンチペリプラナー効果

　分子の 3 次元構造（立体構造または立体化学; stereochemistry）を支配するきわめて重要な因子として**アンチペリプラナー効果**（antiperiplanar effect; 略して AP 効果と呼ぶ）がある．アンチペリプラナー効果は，種々の構造異性現象や化学反応の過程に関与し，エネルギー安定化を生む電子の非局在化効果である．結合軌道を使って説明しよう．

　3 つの累積 σ 結合系 A−B−C−D において，中央の結合（σ_{BC}）を介した 2 つの共有結合（σ_{AB}, σ_{CD}）の分子内ドナー・アクセプター（電荷移動）相

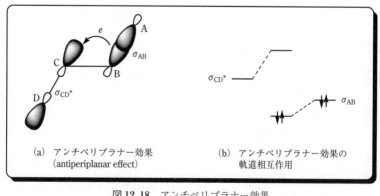

(a) アンチペリプラナー効果　　(b) アンチペリプラナー効果の
　　（antiperiplanar effect）　　　　軌道相互作用

図 12.18　アンチペリプラナー効果

互作用による安定化（(a), (b)）は結合 A−B と C−D のなす二面角が 180°
のときに最大となる（図 12.18 (a)）．この安定化効果を**アンチペリプラナ
ー効果**という．すなわち，A, B, C, D の 4 原子が同一平面内にあり，σ_{AB} と
σ_{CD} が逆向き（アンチペリプラナー配座）のときに，この 2 個の σ 結合間の
軌道相互作用による系のエネルギー安定化が最大となる（図 12.18 (b)）．

　結合 C−D が電子受容軌道（electron acceptor orbital; σ_{CD}^*；C−D 結合の
空の σ 軌道＝原子 C と原子 D の 2 つの sp^3 混成軌道の反結合性の結合軌
道）として作用し，結合 A−B は電子供与軌道（electron donor orbital; σ_{AB}；
A−B 結合の σ 軌道＝電子が 2 個入った sp^3 混成軌道の結合性の結合軌道）
として作用する場合を考える（この逆も考えられる）．これら 2 個の軌道
（σ_{AB} と σ_{CD}^*）が相互作用して A−B−C−D 系がエネルギー的に安定化し
（σ_{AB} のエネルギー準位が安定化し，σ_{CD} を僅かに取り込んで新しい分子軌道
に生まれ変わる），結合 A−B（σ_{AB}）にある電子の一部が結合 C−D
（σ_{CD}^*）に移動する．アンチペリプラナー効果は，機構的には分子内の電荷
移動（CT）相互作用であり，**超共役**（hyperconjugation）とも呼ばれる．

12.4.2　パウリ反発は重なり配座よりねじれ配座のほうが大きい

　VSEPR モデルでは，パウリ反発（交換反発，立体反発）が，重なり配座の
ほうが，ねじれ配座より大きいので，エタン分子の安定構造はねじれ配座であ
ると予想される．Goodman は，パウリ反発を除いてエタンの全電子エネルギ
ーの二面角依存性を計算した．図 12.19 において，黒丸の曲線はパウリ反発を
除いて計算したもの，白丸の曲線は，通常の構造最適化計算の結果である．
　驚いたことに，パウリ反発があるなしにかかわらず，ねじれ配座が最安定で
あることがわかった（図 12.19）．すなわち**パウリ反発（立体反発）**が，エタン
の最安定配座の決定的因子になっていないことが明らかである．VSEPR モデル
は，構造支配因子として本質的でないことが証明された．
　さらに，パウリ反発がない条件下では，重なり配座がねじれ配座より不安定
化していることもわかる．すなわち，パウリ反発を除いたグラフ（図 12.19）
の曲線（黒丸プロット）に着目して，パウリ反発を含めた通常の曲線（白丸プ
ロット）と比較すると，パウリ反発がない状態（黒丸プロット）では，それがあ
る状態（白丸）よりも，重なり配座がねじれ配座より相対的に不安定化が大きく
なっている．パウリ反発を除くと，重なり配座が相対的に最安定配座（ねじれ

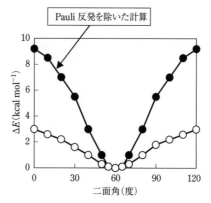

図 12.19 エタンの全電子エネルギーの二面角依存性（HF/6-311G(3df, 2p)）．白丸（○）：パウリ反発を含む計算; 黒丸（●）：パウリ反発を除いた計算．

配座）より不安定化するということは，エタンでは，**最安定配座のほうが，不安定な重なり配座より，パウリ反発による不安定化が大きい**ことを意味する．VSEPR モデルに明らかに矛盾する．

　エタンの最安定配座において立体反発（パウリ反発）が大きくなっていることをどのように解釈すればよいだろうか？　この謎を解く鍵は，2つの配座の安定構造のC−C結合距離にある．高精度 MO 計算（HF/6-311G(d)）では，ねじれ配座と重なり配座のC−C結合距離はそれぞれ，1.526 Å，1.540 Å であり，安定配座のほうが，0.014 Å 短くなっている．この結合短縮は，前述のアンチペリプラナー効果による安定化のためである．ねじれ配座では，強いアンチペリプラナー効果のために，エネルギー的に最安定を実現すべく，C−C結合距離が短くなるが，2個のメチル基が接近するため，立体反発が大きくなる．つまり，ねじれ配座は，立体反発による不安定化を犠牲にして，アンチペリプラナー効果によって安定化を実現しているのである．

12.4.3　エタンの安定配座を支配するフロンティア軌道

　エタンの配座変化のポテンシャルエネルギー曲線はアンチペリプラナー効果の大きさ（エタンの回転障壁 12 kJ mol^{-1} の約 6 割 = 7.5 kJ mol^{-1}）で説明できることがわかった．ここでは，それを別の視点で考えてみよう．エタンのど

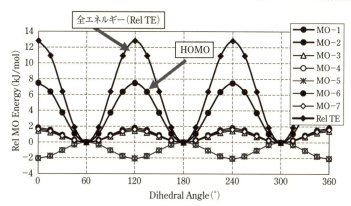

図 12.20 MO エネルギー準位の二面角依存性 (HF/6-31G(d))

の分子軌道 (MO) が，回転障壁に最大の寄与をしているだろうか？

図 12.20 に，エタンの外殻被占軌道のエネルギー準位の（ねじれ配座を基準（ゼロ）にとった）二面角依存性を示す (HF/6-31+G(d) レベルの計算). 図中，最も高い曲線が（ねじれ配座を基準にとった）エタン配座のエネルギー曲線 (Rel TE) である．回転障壁の計算値は 12.8 kJ mol^{-1} であり実測値 (12 kJ mol^{-1}) に近い．エタンの合計電子数は 18 個であるから 9 個の被占軌道があるが，このうち 2 個は内殻軌道である．7 個ある外殻軌道に，準位の高いものから番号をつける．MO-1 と MO-2 は，縮重したフロンティア軌道 (HOMO) である．HOMO の曲線のエネルギー変化は，全エネルギー曲線の変化に呼応しており，他の MO の曲線のエネルギー変化 ($-2.0\sim+1.8$ kJ mol^{-1}) に比べて最大である (7.4 kJ mol^{-1}). HOMO は二重に縮重しているからその 2 倍，すなわち 14.8 kJ mol^{-1} の障壁を生み出す．他の MO の曲線のエネルギー変化 ($-2.0\sim+1.8$ kJ mol^{-1}) の和は 0.7 kJ mol^{-1} でありゼロに近い．すなわち，**HOMO が回転障壁を生み出している**と考えられる．

このように，フロンティア軌道は σ 結合の回転に際して障壁を生み出す重要な MO になっているということができる．なぜだろうか？ 答えは意外に簡単である．回転のモーメントの大きな MO が回転障壁を生み出す．それは，分子表面に広がるフロンティア軌道である．

フロンティア軌道が回転障壁に重要な役割を果たしているもう 1 つの証拠として，図 12.21 に示すように，ハードネスとポテンシャルエネルギー曲線の相補的関係を指摘しておこう．ハードネス (η: フロンティア軌道間のエネルギ

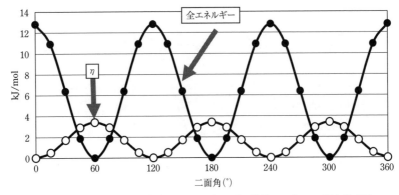

図 12.21 全エネルギー（●）とハードネス（η; 単位：eV）の二面角依存性（HF/6-31G(d)）

ー差の半分）が最大になる点で全エネルギーが極小になる．

以上，エタンのねじれ配座が重なり配座より安定な理由は，①重なり配座が不安定化していることより，ねじれ配座がアンチペリプラナー効果によって安定化されている効果のほうが大きいこと，および②2つの配座の安定性を支配しているのは，エタンの MO の中で，フロンティア軌道（HOMO）の寄与が大きい，ということがわかった．

②の原因として，C–C 結合の回転において，重要な役割を演じる MO は，回転によるモーメント（動き）の変化が大きい分子表面の MO であることが考えられる．

12.4.4 エタン型分子の回転障壁

エタンの隣接 CH 結合間の立体反発が回転障壁の本質でないことは，炭素類縁体を用いた種々の実験結果からも支持されている．ケイ素原子を含む分子 1 と 2 に示すように，エタンの炭素原子の 1 つまたは 2 つをケイ素（Si）原子に変えると，隣どうしの H の立体反発は解消されるが，回転障壁は依然として存在するので，ねじれ配座を安定化させるアンチペリプラナー効果（ポテンシャルの谷を形成する効果）が回転障壁に効いていることがわかる．これらの分子の回転障壁は，C–C (12 kJ mol^{-1})→C–Si (7.1 kJ mol^{-1})→Si–Si (5.1 kJ mol^{-1}) の順に減少している．これは，中心の結合が長くなると，アンチペリプラナー効果による安定化が減少すること，および隣接結合間の交換反発の減少による不安定化の減少，という 2 つの因子に起因していると考えられる

(ポテンシャルの谷が浅くなる).

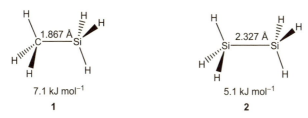

さらに，Si−Si 結合回転障壁の場合，**3** に示すように，すべての H をメチル基（CH_3; Me）に変えても，ほとんど回転障壁に変化がない（4.4 kJ mol^{-1}）．ただし，ヘキサメチルエタン（**4**）の C−C 結合の回転では，隣接位の CH_3 同士が激しくぶつかるので回転障壁が 35.8 kJ mol^{-1} と非常に大きくなっている．

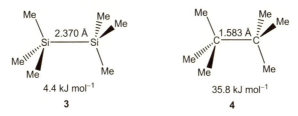

表 12.8 に炭素以外の典型元素を含む H_nX-YH_m 型分子（X, Y=C, O, N, B, S, P, Si; n, m=1, 2, 3）の X−Y 結合周りの回転障壁の実験データと計算値を示す．Entry 1〜3 のエタン，メチルアミン，メタノールでは，この順に回転障壁が低下する（12→8.4→4.6 kJ mol^{-1}）．高周期元素が関与しても回転障壁はあまり変化していないことに注意しよう．高周期元素が関与すると結合が長

表 12.8 H_nX-YH_m 型分子の XY 結合軸の回転障壁

Entry	分 子 H_nX-YH_m	X−Y 結合距離	回転障壁 実測値（kJ mol^{-1}）	回転障壁 計算値（kJ mol^{-1}）*
1	CH_3-CH_3	1.535	12	13.0
2	CH_3-NH_2	1.471	8.4	10.9
3	CH_3-OH	1.425	4.6	6.3
4	BH_3-NH_3	1.714	13.0	8.9
5	BH_3-PH_3	2.008	10.5	7.1
6	CH_3-SiH_3	1.867	7.1	5.9
7	CH_3-PH_2	1.858	8.4	8.4
8	CH_3-SH	1.819	5.4	5.9
9	CH_3-CHO	1.515	5.0	4.6

*MP2/6-31G(d) による計算値．

くなって反発が解消されポテンシャル曲線の山が低くなって回転障壁が減少するように思われるが，アンチペリプラナー効果が増大してポテンシャルの谷が深くなることもあり，全体として障壁の大きさはあまり変化しない場合があると予想される．

実際，CH_3OH と CH_3SH の回転障壁を比較してみると，それぞれ 4.6, 5.4 kJ mol^{-1} であり，さほど違わない．CH_3NH_2 と CH_3PH_2 の回転障壁は同じである（8.4 kJ mol^{-1}）．電荷移動錯体の BH_3NH_3 と BH_3PH_3 では後者の方が少し小さい（それぞれ，13.0, 10.5 kJ mol^{-1}）．Entry 9 のアセトアルデヒドの C-C 結合の内部回転障壁は 5.0 kJ mol^{-1} であり，エタンの場合よりかなり小さい．

12.5　過酸化水素（H_2O_2）の立体構造

過酸化水素（hydrogen peroxide; mp $-0.43°$; bp 150.2°）の立体構造は，2つの酸素原子が sp^3 混成軌道を作っていると考えると，説明不可能な例である．O-O 結合距離は 1.475 Å，2 個の OH 結合の二面角 ϕ は 119.8° である．sp^3 混成モデル（VSEPR モデル）では，下右端の図に示すように，4 個の非共有電子対（lp）と 2 つの OH 結合が 3 ヵ所で重なり型となり，交換反発（lp-lp 間 1 ヵ所および lp-H 間 2 ヵ所の反発斥力）によって，実測構造は大きく不安定化されることになる．

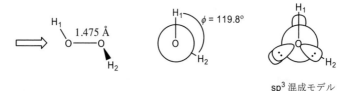

sp^3 混成モデル

sp^3 混成モデルは，酸素原子上の 2 個の非共有電子対の電子分布を，等価な非共有電子対（兎の耳の形）で表現する．しかし，水分子の構造を考察した第 8 章で見てきたように，水の分子表面に存在する 2 つの非共有電子対は分光学的には非等価であり，分子面内の n_σ と分子面に垂直な n_π の 2 つの表面 MO として存在する（【発展学習 8.1】）．

過酸化水素の分子では，これらの 2 個の非共有電子対（n_σ と n_π）が，それぞれの酸素上に存在し，二面角 ϕ が 90° の配座になって，相手の OH 結合とアンチペリプラナー効果を最大限に実現しようとする（図 12.22 (a)）．しかし，互いの非共有電子対どうしの反発相互作用（repulsive interaction; RI）が

あり，二面角が少し開いて119.8°になって安定化していると考えられる（図12.22 (b)）．つまり，アンチペリプラナー効果による安定化と交換反発による不安定化との均衡点で安定構造を実現しているのである．過酸化水素は，VSEPRモデルが主張する交換反発（立体効果）が分子構造を微妙に変形させる因子（副因子）となっている典型的な例である．

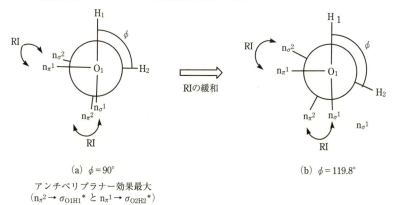

(a) $\phi = 90°$
アンチペリプラナー効果最大
($n_\pi^2 \rightarrow \sigma_{O1H1}^*$ と $n_\pi^1 \rightarrow \sigma_{O2H2}^*$)

(b) $\phi = 119.8°$

1. 非共有電子対間の反発（Repulsive Interaction ; RI）を最小にして，
2. アンチペリプラナー効果（$n_\pi^2 \rightarrow \sigma_{O1H1}^*$ と $n_\pi^1 \rightarrow \sigma_{O2H2}^*$）を最大にする．

図12.22 アンチペリプラナー効果と交換反発（RI）の拮抗安定化による説明

過酸化水素と同族の分子の構造を表12.9に示す．原子Xが硫黄，セレンの場合，X-X結合が長くなって交換反発が減少すると，二面角がほぼ90°になる．過酸化水素の場合はO-O結合がかなり短いので交換反発がS, Seの場合より強く作用して二面角が約120°に広がると考えられる．

表12.9 RXXR型分子の構造

分子（RXXR）	構造式	X-X結合距離（Å）	XXR結合角（°）	二面角 ϕ（°）
過酸化水素	HOOH	1.475	94.8	119.8
過硫化水素	HSSH	2.055	91.3	90.6
ジメチルジスルフィド	MeSSMe	2.029	103.2	85
ジメチルジセレニド	MeSeSeMe	2.326	98.9	88

12.6　ブタンの立体配座とゴーシュ効果

12.6.1　ブタンの回転異性

　ブタン（butane; mp $-138.3°$, bp $-0.5°$）の C^2-C^3 結合周りの回転異性現象は興味深い．室温，気相においては，隣接する2個のメチル基の距離が近い回転異性体（ゴーシュ体; *gauche* conformation）28%，メチル基が180°離れた異性体（アンチ体; *anti* conformation）が72%平衡状態にある．興味深いのは，ゴーシュ体が28%も存在することである．CH_3 は立体的にかなり大きく，ゴーシュ体のメチル基間の距離（3.03 Å）ではファンデアワールズ反発（立体反発）がかなり大きいと推察される．立体反発を克服してゴーシュ体が28%も存在することはゴーシュ体を安定化させる何らかの効果が作用していることを示唆している．この効果のことをゴーシュ効果（*gauche* effect）と呼ぶ．ゴーシュ効果の本質は明らかにされていないが，タンパク質や核酸など生体分子や種々の人工ポリマーのらせん構造（ヘリックス構造; helix structure）を支配し，生命現象にも関連する非常に重要な効果である．

ゴーシュ(+)	アンチ	ゴーシュ(-)
14%	72%	14%

　ブタンのゴーシュ体がらせん構造の原型とみなせるのは，2つのゴーシュ体が互いに鏡像異性体になっているからである．C^2-C^3 結合の回転を止めてみると，2つのゴーシュ体（（+）と（−））は互いに重なることはないので鏡像異性体として存在する．ブタンのゴーシュ体の炭素を手前から辿ると，ゴーシュ（+）は右回り，ゴーシュ（−）は左回りになるので，いずれも立派ならせん構造になっている．らせんの回転方向が互いに異なるだけである．

　ゴーシュ体とアンチ体の安定性はそれぞれ1個ずつの安定性を比較しなければならない．ゴーシュ体は2種類存在するので1個につき 28/2＝14%，アンチ体は72%として，2つの回転異性体のエンタルピー差（ΔH）を求めると，気体定数 $R=8.314 \times 10^{-3}$ kJ mol^{-1} K^{-1}，$T=298$ K として，

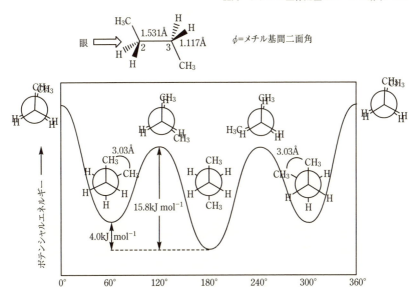

図12.23 ブタンのC^2-C^3周りの回転異性ポテンシャル曲線

$$\Delta H = -RT \ln\left(\frac{14}{72}\right) = 4.0 \text{ kJ mol}^{-1} = 0.9 \text{ kcal mol}^{-1}$$

12.6.2 ブタンの配座変換

図12.23にブタンの内部回転（C^2-C^3結合周りの回転）のポテンシャルエネルギー曲線を示す．横軸はϕ（C^1-C^2/C^3-C^4結合間（メチル基間）の二面角）である．最高エネルギーの配座は2個のメチル基が重なった配座である（$\phi = 0°, 360°$）．実験によると，ゴーシュ体とアンチ体の間の回転障壁は15.8 kJ mol^{-1}である．この障壁はエタンのそれ（12 kJ mol^{-1}）とあまり違わない．

12.6.3 ゴーシュ効果の例

ゴーシュ効果はポリマーのらせん構造を支配する重要な効果である．ブタンの2個のメチル基の1個または2個を他の置換基に変えると回転異性体の平衡はどのように変化するだろうか．すなわち，XH_2C-CH_2Y系（X, Y = 水素およびメチル基以外の置換基）において，置換基XやYが非共有電子対やπ結合をもつ置換基になると，ゴーシュ体とアンチ体の平衡状態での割合はどのよ

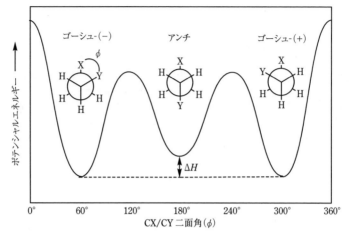

図 12.24 XH$_2$C－CH$_2$Y 系における C－C 結合の回転異性ポテンシャル

うに変化するだろうか．

図 12.24 に CX/CY 二面角（ϕ）に対する回転異性体のポテンシャルエネルギー（エンタルピー）曲線を示した．これが，ブタンの場合（図 12.23）と異なるのは，XH$_2$C－CH$_2$Y 系ではアンチ体とゴーシュ体の相対的安定性が逆転していることである．多くの場合，ゴーシュ体が安定になるのである．X と Y の間の立体反発を克服して，ゴーシュ体がアンチ体より安定になっている（表 12.10）．

表 12.10 に実験的に決められたアンチ－ゴーシュ配座異性体の安定性を ΔH (kJ mol^{-1}) で示す．ΔH が負の場合にはゴーシュ体が相対的にアンチ体より安定であることを示す（entry 2, 3, 4, 5, 12, 13, 14, 15, 16, 18）．これらの系ではすべて非共有電子対をもつ原子（団）が含まれている．F や CN のような電子求引性置換基など，双極子モーメントが大きな極性置換基が入った場合でも（entry 2, 6, 12, 16），双極子反発による不安定化を凌駕してゴーシュ体が安定になる．ブタンの場合より，ゴーシュ効果が強く効いているのである．

一般に，(X, Y) として非共有電子対を含む原子または置換基が導入されるとゴーシュ効果により，ゴーシュ体が安定になる傾向が強くなる．ゴーシュ効果の本質は単純ではなく，アンチペリプラナー効果，非共有電子対の非局在化，ファンデアワールズ引力などの諸因子が複雑に絡み合った結果であると考えられる．「原子，原子団，分子はなるべく集合して安定になろうとする」という物質の世界の基本原理からも，ゴーシュ効果を理解できるだろう．タンパク質

表 12.10　XH$_2$C-CH$_2$Y 系の配座異性体の熱力学的安定性（ΔH; kJ mol^{-1}）

entry	X	Y	ΔH	entry	X	Y	ΔH
1	CH$_3$	CH$_3$	4.0	10	Cl	Br	6.0
2	CH$_3$	F	-2.0	11	Br	Br	7.4
3	CH$_3$	Cl	-0.2	12	F	OH	-8.7
4	CH$_3$	Br	-0.4	13	Cl	OH	-5.0
5	CH$_3$	OH	-1.2	14	Br	OH	-5.2
6	F	F	0.0	15	OH	OH	-2.9
7	F	Cl	0.8	16	CN	CN	-1.5
8	F	Br	1.3	17	F	CN	0.0
9	Cl	Cl	5.0	18	Cl	CN	-1.8

の3次元構造に見られるように，分子の世界の本質は，「集合」で貫かれているようである．

　前述のように，ゴーシュ効果はポリマーのらせん構造の原型である．生体分子にはN, Oなどの多数のヘテロ原子が含まれており，ゴーシュ効果が強く作用して，らせん構造をとる場合が多い．ゴーシュ体とアンチ体のエネルギー差はさほど大きくなく，回転障壁もブタンやエタン程度と考えられるので，タンパク質分子の構造がらせん構造からシート構造へ簡単に変化することもうなずける．

12.7　幾何異性

12.7.1　トランス効果とシス効果

　表12.11（左欄）に示すように，アルケン（R^{1}HC=CHR^2）ではアルキル基（R^1, R^2）のサイズの大小にかかわらず，例外なく，トランス体（E体）がシス体（Z体）より熱力学的に安定となる（ΔHが負）．この効果を**トランス効果**と呼ぶ．トランス効果はアルキル基どうしの立体反発（交換斥力）が原因であるとされる．実際，アルキル基がかさ高くなると（Me→Et→t-Bu），トランス体が次第に安定になる（ΔH; $-3.97 \rightarrow -7.11 \rightarrow -39.2$ kJ mol^{-1}）．Meの場合には（2-buteneの場合），室温で約85%がトランス体である（光照射条件などの特殊な条件ではシス体とトランス体が平衡状態に達する）．2個のアルキル基がきわめてかさ高いt-Bu基（(t-C$_4$H$_9$=$-$C(CH$_3$)$_3$）になるとΔHが-39.2 kJ mol^{-1}にもなり，ほぼ100%トランス体となる．フェニル基（Ph）の場合，-23.7 kJ mol^{-1}であり，やはり立体反発がかなり大きく，トランス体が圧倒

表 12.11 幾何異性体の安定性

XHC=CHY					
X	Y	ΔH (kJ mol^{-1})	X	Y	ΔH (kJ mol^{-1})
CH$_3$	CH$_3$	-3.97	CH$_3$	Cl	2.9
CH$_3$	i-C$_3$H$_7$	-3.93	CH$_3$	OC$_2$H$_5$	0.67
CH$_3$	t-C$_4$H$_9$	-17.9	F	F	3.89
C$_2$H$_5$	C$_2$H$_5$	-7.11	Cl	Cl	2.72
i-C$_3$H$_7$	i-C$_3$H$_7$	-7.82	Cl	OC$_2$H$_5$	2.76
t-C$_4$H$_9$	t-C$_4$H$_9$	-39.2	OCH$_3$	OCH$_3$	6.06
Ph	Ph	-23.7	CH$_3$	C≡N	0.71

i-C$_3$H$_7$=−CH(CH$_3$)$_2$; t-C$_4$H$_9$=−C(CH$_3$)$_3$; Ph=C$_6$H$_5$. ΔHが正であればシス体が安定.

的に安定である.

ところが，アルキル基の少なくとも一方がヘテロ元素（X, Y＝非共有電子対を持つ原子または原子団; F, Cl, OCH$_3$ など）に置換されると（表 12.11（右欄）），シス体（Z 体）がトランス体（E 体）より安定（ΔH が正）になる．この効果を**シス効果**と呼ぶ．1-chloropropene や 1-ethoxypropene では，立体反発が緩和されるため，それぞれ 2.9, 0.67 kJ mol^{-1} シス体（Z 体）が安定になる．興味深いのは 1, 2-difluoroethene や 1, 2-dichloroethene の幾何異性体でも，それぞれ 3.89, 2.72 kJ mol^{-1} ほどシス体（Z 体）が安定になっていることである．しかも，フッ素の場合の方がシス体の割合が大きくなっている．電気陰性度から考えると，C−F 結合は C−Cl 結合より極性が強いので，フッ素原子どうしの静電反発で，シス体がより不安定になると予想されるが，実際には逆になっている（ΔH=3.89 kJ mol^{-1}）．さらに興味深いのは，2 個の置換基が共にメトキシ基になると，立体的にはかなり不利と予想されるのに，さらにシス体が安定になることである（ΔH=6.06 kJ mol^{-1}）．

このように，非共有電子対を持つ原子が直接 C=C に結合すると，シス効果が作用してシス体が安定になる．

cis ⇌ *trans*

12.7.2 ジアゼンの幾何異性

N=N 結合を持つ安定な分子として知られているジアゼン（diazene）の場合も興味深い．置換基が無い HN=NH（**1**）の場合にはトランス体しか存在しないが，1,2-difluorodiazene（FN=NF; **2**(X=F)）ではシス体がトランス体より 13 kJ mol^{-1} も安定であり，フッ素原子が入ると明らかにシス効果が作用している（G. T. Armstrong, S. Marantz, *J. Phys. Chem.*, **1963**, *38*, 169）．他のハロゲン原子が入った場合でも（**2**; X=Cl, Br），シス体がトランス体より優勢であり，非共有電子対の分子内非局在化が関係していることが高精度計算で示唆されている．

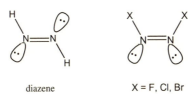

diazene   X = F, Cl, Br

参考文献

結合解離エネルギーのデータ
- *Handbook of Bond Dissociation Energies in Organic Compounds*, Yu-Ran Luo, CRC Press, **2003**.

エタンの C-C 結合の回転障壁の起源
- *A New Twist on Molecular Shape*, F. Weinhold, *Nature*, **2001**, *411*, 539-541.
- *Hyperconjugation not steric repulsion leads to the staggered structure of ethane*, V. Pophristic, L. Goodman, *Nature*, **2001**, *411*, 565-568.

おわりに——電子論から軌道論へ

　本書では，定性的 MO 法を使ってさまざまな分子の MO を組み立てる中で，従来の基礎化学のパラダイム（paradigm; 枠組み）で説明されている多様な化学現象を取り上げ，定性的 MO 法から誘導された新しい量子化学的概念——**軌道概念**——で現象を理解する必要があることを示した．フロンティア軌道理論はじめ，軌道概念確立の歴史を振り返りながら，今後の基礎化学教育のあるべき姿を考えてみる．

◆ 基礎化学のパラダイムシフトは 64 年前に起こった

　ある分野の学問の枠組み（パラダイム）がある時点で劇的に変化することを「パラダイムシフト」という．たとえば，物理学の分野で Newton 力学から相対論・量子力学への革命ともいうべき飛躍的変化の歴史が有名である．量子力学の発祥は，A. Einstein（1879-1955）の相対性理論（1905～1915 年），N. Bohr（1885-1962）の水素原子模型（1913 年）などが発表された頃である．この頃，ヨーロッパでは，物理学者の間で量子論に関する白熱論争が展開されていた．1920 年頃になると，量子力学が化学の分野に影響し始めた．この時代が量子化学の黎明期に当たる．

　このような量子力学の影響下で，物理化学者であった G. N. Lewis（1875-1946）のオクテット則が提出された（1923 年）．化学という学問の枠組みがつくられたのは，この時代に遡るが，Lewis のオクテット則は，分子軌道法などの量子化学理論の影響を受けていた可能性がある．W. E. Pauli（1900-1958）の原理が発表されたのが 1925 年であり，Schrödinger 方程式が提出されたのは，その翌年の 1926 年であるから，この時代は，量子化学が開花する前の時代であったとはいえ，原子物理学分野では，原子に関する量子論的知識は，ある程度蓄積されていた．

　その後，L. Pauling（1901-1994）の電気陰性度，共鳴理論，混成軌道理論（1939 年），VSEPR モデル（1939 年；槌田龍太郎，Gillespie）などに基づいて，すぐれた基礎化学の教科書が欧米で出版された．ヒュッケル則が出されたのが 1931 年であり，Pauling が名著『化学結合論』（Cornell University Press,

1939)を著したのが,その8年後である.R. S. Mulliken(1896-1986)の分子軌道法が発表されたのがこの頃である(1927年).さらに,1932年には,イギリスのR. Robinson(1886-1975)とC. K. Ingold(1893-1970)が「電子論(electronic theory)」を提唱し,この理論は有機化学反応の説明に応用され,「有機電子論(organic electronic theory)」として確立された.その功績によりRobinsonは1947年ノーベル化学賞を受賞している.

当時,「有機電子論」は,実験有機化学者の間で広く流布して使われていた.この理論は,共鳴理論を使って2つの反応分子の共鳴構造のプラスとマイナス(電荷の偏り)を考え,2つの反応分子の間の電荷が引き合う性質で反応の方向が決まると説明するものである.この理論が化学全体に与えた影響は大きく,今日でも物質合成の実験指針となっており,基礎有機化学の教科書のメインテーマとして語られている.第1章で述べたように,この「理論」の利用価値は,あまりに狭く,発表当初より,深刻な矛盾・限界が随所に見られた.例外があまりに多かった.

この「有機電子論」に異を唱えたのが,1950年当時京都大学教授だった福井謙一である.電荷の偏りがないナフタレンなどの芳香族炭化水素分子のニトロ化反応などで,圧倒的にα位で位置選択的に反応が起こる問題が有機電子論ではまったく説明できなかった.ナフタレンは炭化水素であり,そのα位においては,共鳴構造を描いても電荷の偏りが特に認められず,立体的にも不利である.1952年,福井はフロンティア軌道理論によって,この位置選択性が説明できることを発表し,世界の化学者を震撼させた.このとき,化学のパラダイムシフトが始まったと言えるであろう.Lewis-Robinson-Pauling流の化学の枠組みに対する疑問が呈され,量子化学理論による新しい基礎化学の枠組みの必要性が認識されたのである.福井は1981年のノーベル化学賞受賞講演でも,その必要性を説いている.

◆ **基礎を重視した京都学派──喜多イズム**

20世紀後半,このパラダイムシフトの中心となったのは,当時の京都学派の研究者たちである.福井の指導教室の長であった喜多源逸(きたげんいつ;1883-1952)が京都大学工学部でその学派を率いていた.当時理化学研究所の研究員も兼務していた喜多の哲学は,工業化学科にありながら,応用ではなく理学部さながらの「基礎重視」であった.1981年福井のノーベル賞受賞に際して,東京大学物性化学研究所長の長倉三郎は喜多源逸の基礎重視の学風に触

れ「故喜多源逸先生以来,京都大学工学部の応用化学教室には,基礎を重視し,それを育む優れた伝統が確立されていたと聞いているが,そうした伝統が,第二次世界大戦後の荒廃した研究環境の中にも研究者の精神的バックボーンとして生き続け,今回の福井教授の受賞につながる1つの要因になったのではないかと考える」(朝日新聞, 1981年10月21日夕刊) と述べている. 喜多の研究室運営の哲学は「喜多イズム」と呼ばれて,東京大学においても高い評価を受けていたことがわかる.

Biography 喜多源逸 (Gen'itsu Kita 1883-1952)
京都学派を築いた不撓の研究者

喜多源逸は奈良に生まれ,京都の第三高等学校を経て東京帝国大学応用化学科を卒業した.

喜多は「数学が得意なら化学をやりなさい」と,福井謙一の父君を通じて当時進路に悩んでいた若き福井に助言したという. 喜多家は福井家と姻戚関係にあったとはいえ,喜多のこの助言は,当時の京都大学工学部工業化学科に数学が得意な人材が必要だったという状況もあったのだが,喜多の強力な基礎重視の学科運営方針によるものであったと考えられる. この運営方針は,当時,「喜多イズム」と呼ばれた. 福井の愛弟子の著書[†]から喜多の驚くべき先見性をのぞいてみよう.

現在でこそ,化学は量子化学を基礎に,数学と密接に関連した学問として育ちつつあるが,当時の化学は経験科学として,実験から帰納される仮説だけで成り立つ学問であったから,京都大学の基礎重視の「喜多イズム」は,化学の未来を見据えた卓見であったといえよう. 化学における数学の重要性をいち早く認めた喜多の先見性には驚くほかない. 当時,欧米の物理学の世界で進行していた量子物理学の目覚しい発展を眺めながら,いずれは化学の世界もこの大波の影響によって大きく変わっていくだろうことを喜多は早くから予見していた.

喜多は工業化学科の学生時代,物理学の講義にもぐり,物理学科の量子論の講義を聴講するなど物理学の勉強に力を入れていた.「喜多のことばに感応した福井も,当時としてはおよそ普通とはかけ離れた学生だった」と福井の弟子たちが語っている. 自分の信ずるところに従って,孤独にひるまず研究を続け,フロンティア軌道理論に到達しノーベル化学賞に輝きながら,独

> 自の立場を貫いた福井の知力と執念は，異端を恐れない勇敢で思慮深い多くの理論化学研究者を育てた喜多イズムの尊い京都学派の遺伝子の賜物である．
>
> † 『ノーベル賞の周辺——福井謙一博士と京都大学の自由な学風』，米澤貞次郎・永田親義，化学同人（1999）

◆ 大学の基礎化学教育——電子論から軌道論へ

　化学のパラダイムシフトは1952年，福井のフロンティア軌道論の発表によって生まれたと考えてよいだろう．注目すべきは，これが，欧米ではなく，わが国の京都学派の先鋭的理論化学者福井謙一によって起こされたことである．フロンティア軌道理論は，福井自身が「有機電子説（論）」に疑問を感じて成し遂げた前人未到の成果であった．1941年有機電子説の提唱者であったRobinsonがノーベル賞を受けた約10年後であった．以来，70年が過ぎた．しかし，大学前期の基礎化学の教科書・参考書は，分子軌道法こそ取り上げられているが，オクテット則・共鳴理論・混成軌道などの1940年以前に提唱され，現在では，その教育的価値が疑問視されているテーマが中心である．

　欧米の基礎化学の教科書・参考書が，Paulingの「化学結合論」やIngold-Robinsonの「有機電子論」などの名著＝「化学の古典」をもとに書かれ，その多くがわが国に導入されている．しかし，それらの内容を見ると，分子軌道法にも触れられてはいるが，古典的概念が中心である．たとえば，エタンの回転障壁，水分子やメタンの構造，シス効果，ゴーシュ効果，アンチペリプラナー効果などの問題に見るごとく，量子化学の発展的成果が十分に取り入れられているとは言いがたい古い概念が展開されている．さらに言えば，これは驚くべきことなのだが，古典的概念と矛盾する現象や事例が排除され，多くの例外的真実が無視されて，概念が構築され教科書が執筆されていることは看過できない．初学者に例外的真実を開示しないのは，初学者の頭の混乱を避けるための配慮と考えて済ませることは，量子化学がここまで進歩した現在，難しいのではないだろうか．

　ベンゼンが安定な理由を，「2つの等価なKekulé構造が描けるから」と教えるのは，いくらなんでも良心が咎める（本当の理由については第5章参照）．誤解を恐れずに言えば，幼児の頭を混乱させないために，「赤い鳥はなぜ赤い」という理由を「赤い実を食べたから」と説明しているようなものである．

それはさておき，現在では「量子化学，とりわけ分子軌道論が未発達な時代には仕方がなかった」と言って，済ませられない状況が生まれ，かつての古典的概念の枠組みでは説明不可能であった「例外的真実」をも包含する新しい概念が，定性的 MO 法から誘導される「**軌道概念**」として生まれている．福井がフロンティア軌道理論を発表して 64 年，基礎化学の教育分野において，定性的 MO 法の有用性が，これまで以上に強調されてよい時代となっている．

索引

[あ行]

アクリル酸エチル　242
アセチル基　262
アセチレン　261
アニリン　195
アミン　225, 233
アリル系　84
アルカリ金属　24
アルカン　223
アルキル基　230
アルキルハロゲン化物　232
アルキン　225
アルケン　225, 227, 228
　　――の反応　226
アルコール　225, 233
アルデヒド　236
アンチ体（anti conformation）　280
アンチペリプラナー効果　262, 270-272, 274, 278
アンチペリプラナー配座　232
安定化量　53, 57
アントラセン　226
アンモニア　183, 195
　　――分子　161, 193, 195
イオン化エネルギー　25, 175
イオン結合　3, 250, 251
イオン結晶　254
イオン反応　218
一酸化炭素　158
1対1軌道相互作用　51, 60
　　――の原理　51
1電子近似　36
1電子ハミルトニアン　36
永年行列式　39, 79
永年方程式　79
エクステリア電子密度（EED）　76

エステル　236
エタン　270
　　――型分子　276
　　――の安定配座　274
　　――の回転障壁　272
エチニル基　261
エチレン　75, 81, 237, 239
エチン　262
エーテル　225, 233
エテン（エチレン）　75, 81
エナミン　225
エネルギー準位　22
　　――変化則　61
エネルギー変化則　53, 55, 64
エノラート　225
エノール　225
エポキシ化反応　228
塩化物　225
エンド則　242
オルト則　243, 244

[か行]

外殻軌道　22, 24
　　――準位　25
外殻分子軌道　47
回転異性　280
回転障壁　270
解離エネルギー　268
ガウス型関数　9, 18
ガウス型軌道　18
化学結合　137
　　――力　2
　　――論　7
化学的相互作用力　2
化学反応推進力　213
化学反応生起条件　219
拡張ヒュッケル法（Extended Huckel

294　索引

Method; EHMO 法）　15, 123, 131
重なり積分　38-42, 144, 256
重なり配座　270, 273
過酸化水素　278
活性化エネルギー　216
活性化エントロピー（$\Delta S^{\ddagger}$）　239
活性化体積（$\Delta V^{\ddagger}$）　239
活性酸素　225
下方軌道　48, 115
カルバイン　133
カルビン　133
カルベン（carbene）　178, 180
カルボカチオン　251
カルボニル　235
　　——化合物　225, 234
　　——化合物の反応　234
　　——酸素　225
カルボン酸　236
環式共役 π 電子系　97
官能基　223
幾何異性　283
規格化　37
　　——条件　39, 54, 55, 79
希ガス　157, 221, 222
気相塩基性（GB）　233, 234
喜多源逸　289
基底関数　18
軌道間エネルギー差　57
軌道混合則　58, 61, 65
軌道指数　18
軌道相互作用　9, 53, 247
　　——の原理　9, 24, 49
軌道半径　30
逆位相　51, 61, 62
　　——混合　55, 66, 68, 71, 92, 133, 150
求核試薬　229, 231
求核性　220, 231
求核置換反応　235
求核反応性　225, 234
求核付加反応　235
求ジエン試薬　237, 242
求電子性　220

求電子置換反応　225
求電子反応性　235
球面調和関数　13, 15, 16
協奏機構（concerted mechanism）　237
協奏反応　239
共鳴積分（resonance integral）　38, 43, 45
共鳴理論　4, 5, 7
共役 π 電子系　75, 76
共役ポリエン　75, 114
　　——の HMO　96
共有結合　2, 250
　　——強度の支配因子　258
　　——半径　30, 31, 33
極限構造　6
金属結合半径　32
空間充填模型　33
空軌道　47
グルタチオン　25
　　——ペルオキシダーゼ　25
　　——レダクターゼ　25
クロロフィル　77
クーロン積分（Coulombic integral）　38, 45, 46, 125
クーロン場　17
結合解離エネルギー　126-128, 153, 252, 258, 260, 266
結合距離　126
結合数　156
結合性（bonding）　67
　　——軌道　83
　　——相互作用　71
　　——分子軌道　54, 55
結合領域　54, 59, 61, 62, 137, 140, 150
ケトン　235
原子価殻電子対反発モデル　4, 7, 161, 179, 195, 198, 273, 278
原子価結合法　7
原子軌道　13, 20
　　——関数　9, 13
　　——の広がり　30
原子の大きさ　30
原子半径　30

索引　295

交換斥力　3
交換反発（exchange repulsion）　180, 251, 265, 266
格子エネルギー　252
高周期典型元素　198
甲状腺ホルモン　25
構成原理　20
剛体回転子　16
光電子スペクトル　176
光電子分光法　175
ゴーシュ体（gauche conformation）　280
ゴーシュ効果　280, 281-283
混合係数　50

[さ行]

最高被占軌道（Highest Occupied Molecular Orbital; HOMO）　75, 208
　　──半径　33
最小エネルギー差の原理　57, 61, 219
最小共鳴積分の原理　219
最大重なりの原理　54, 57, 61, 219
最大共鳴積分の原理　61
最大交換積分の原理　57
最大ハードネスの原理　98-100, 103, 107, 112, 116, 119, 173, 191, 196, 205
最低空軌道（Lowest Unoccupied Molecular Orbital; LUMO）　208, 212
鎖式共役ポリエン　81, 96, 97
鎖式ポリエン　116
酸アミド　236
酸塩化物　236
3次元調和振動子　16
三重項状態　152
酸素分子　150, 156
ジアゼン　285
　　──の幾何異性　285
シアニン色素　77
シアノ基　261
ジエノフィル　237
ジエン　239
　　──の反応性　239
磁気量子数　14

シクロオクタテトラエン　117
シクロノナテトラエニルアニオン　117
シクロブタジエン　102, 104
　　──ジアニオン　104, 116
シクロプロピルアニオン　101
シクロプロペニウム　116
シクロプロペニルカチオン　101
シクロプロペニル系　99
シクロヘキサノン　236
シクロヘプタトリエニルカチオン　117
シクロヘプタトリエン　117
シクロペンタジエニルアニオン　108
シクロペンタジエニルカチオン　108
シクロペンタジエニル系　105, 108
シクロペンタジエン　239, 242
シス効果　283
システイン　25
シス付加　241
自然結合軌道（natural bond orbital; NBO）　272
ジボラン　197
臭化物　225
周期性　128
臭素化反応　227
縮重系　53
縮重度　14
縮約係数　18
主量子数　14
常磁性（paramagnetic）　151
シンペリプラナー効果　262
水素化リチウム　130
水素結合　251
水素原子　24
水素分子　143
　　──アニオン　145
　　──カチオン　143
スルホン化反応　226
スレーター軌道　123, 124
静電相互作用　3
　　──説　171, 269
静電定理　137
正方形構造（メタンの）　205

正方形メタン　204
摂動　49
　　――論　68
セレン　25
遷移金属　22
遷移状態（transition state; TS）　216
全電子波動関数　37
双極子モーメント　132
相互作用領域　54, 59, 61, 62, 66, 88, 91, 150
総電子数条件　220

[た行]

第一イオン化エネルギー　26, 127, 209
多電子原子　19
炭素　24
　　――の2原子分子　155
段違い相互作用則　57, 61, 67
タンパク質　236
チオエステル　236
窒素分子　156
超共役（hyperconjugation）　3, 271, 273
　　――相互作用（hyperconjugative interaction）　251, 271
チロキシン　25
定性的分子軌道（MO）法　1, 8, 9, 37
テトラシアノエチレン（TCNE）　239
テフロン　268
電荷移動相互作用（charge transfer interaction; CT 相互作用）　3, 218, 250, 271
電気陰性度　27, 158, 160
電気双極子モーメント　127
典型元素　22
電子移動　213, 216
電子間クーロン反発　180
電子間反発　10, 35
　　――項　36
電子供与軌道（electron donor orbital）　273
電子受容軌道（electron acceptor orbital）　273
電子親和力　26, 210
電子説（electronic theory）　225
電子相関　3
電子配置　19, 21
電子論　5
同位相　51, 61
　　――混合　66, 68, 71, 72, 91, 133, 150
　　――の原理　219
動経関数　13, 15, 17
導電性プラスチック　77
ドナー・アクセプター相互作用（donor-acceptor interaction; DA 相互作用）　3, 250
トランス効果　283
等核2原子分子　146, 153, 155

[な行]

内殻分子軌道　47
ナフタレン　225
2原子分子　143
2対1軌道相互作用　50-71
ニトロ化合物　225
ニトロ化試薬　236
ニトロ基　224
2分子求核置換反応　229
2分子脱離反応　232
ねじれ配座　270, 273

[は行]

配位結合　251
π 結合次数　81, 90, 92, 95
配向選択性（regiochemistry）　6, 7, 243, 244
配向力　3
配座異性体　271
π 錯体　251
π 電子密度　80, 92
パウリ　4, 7, 27, 29
　　――斥力　3, 251
　　――の排他原理　21, 146
　　――反発　273
ハードネス（hardness）　98, 275
ハミルトニアン　35, 36

索引　297

パラ則　243
ハロゲン化アルカリ　142, 212, 252
　——（MX）の光吸収　254
ハロゲン化アルキル　230
　——の反応　229
ハロゲン化水素　142
ハロゲン分子　156
反結合性（antibonding）　67
反結合性軌道　83
反結合性相互作用　71
反結合性分子軌道　55
反結合領域　55, 60, 62, 137, 140, 150
反磁性（diamagnetic）　151
半占軌道　115, 249
反相互作用領域　62
反応推進力（driving force of reaction）　216
反芳香族的　101, 114
非共有電子対　136, 139, 174, 175, 195, 223, 265, 270, 278
非局在化傾向　174, 195, 265, 269, 270
非局在化説　269
非経験的分子軌道（MO）計算　18, 19, 123
非経験的分子軌道法　9
非結合性分子軌道（non-bonding MO；NBMO）　87, 96
ビシクロ芳香族性　118
非縮重系　55, 58
被占軌道　47
ヒドリド還元　236
　——反応　236
ビニル基　261
非ベンゼン系芳香族　114
ヒュッケル
　——近似　35, 36, 78
　——則　76, 97, 113, 114
ヒュッケル分子軌道法（HMO法）　8, 76, 78
ヒュッケル法　15
表面軌道　2
表面現象　1

ファンデアワールズ斥力　33
ファンデアワールズ半径　30-34
ファンデアワールズ反発（van der Waals repulsion）　3, 251, 252, 280
ファンデアワールズ力　3, 157
不安定化量　53, 57
フェニル基　261
フェノールフタレイン　76
付加環化反応　237
福井謙一　8, 207, 245
ブタジエン　87, 237, 239
ブタン　280
　——の立体配座　280
フッ化物　225
フマル酸ジメチル　241
フルオロカーボン　268
プロトン親和力　234
ブロモエタン　232
フロンティア軌道　47, 75, 96-98, 115, 128, 153, 159, 173, 208, 219, 223, 275
　——の実在性　209
　——理論　207, 219
　——論　5, 226
フロンティア原子軌道　33
分散力　3
分子軌道　46
　——法　4
フント則　21, 115, 153
平均ポテンシャル近似　36
ヘキサトリエン　93, 109
ペプチド結合　236
ヘリックス構造　280
ベンゼン　109
　——のMO　112
ペンタジエニル　91
変分原理　37
方位量子数　14
芳香環　224
芳香族化合物　225
　——の反応　225
芳香族性　8, 75, 97, 113, 114
芳香族的　101

ポテンシャル場　16
ボラン　196
ポリアセチレン　77
ホルムアミド　195

[ま行]

マレイン酸ジメチル　241
三重項状態　156
水分子　171
無水マレイン　239
メタン　161, 199, 205
　——のジカチオン（CH_4^{2+}）　205
メチオニン　25
メチルアニオン（CH_3^-）　193, 197
メチルアミン　195
メチルカチオン（CH_3^+）　161, 197
メチル基　183
メトキシル基　262
面選択性　236

[や・ら行]

有機化合物の反応性　223
有機臭化物　225
有機電子論　7
有機分子のフロンティア軌道　224
有機ヨウ化物　225
誘起力　3
ヨウ化メチル（CH_3I）　230
ヨウ素　25
らせん構造　280
立体効果　218
立体反発　3, 273
領域選択性　244

[欧文]

ab initio 法　9
AB型2原子分子　160
AB型分子　158
AH型分子　129
AH_2型分子　161, 166, 176
AH_3型分子　183, 196

AH_4型分子　199
AH_4分子　205
AH分子　126, 127
all-*cis*-シクロデカペンタエン　116
Allen, L. C.　27, 29, 180
Allenの電気陰性度　29

B_2　155
Be_2　154
BeH_2　177
Bell-Evans-Polanyi（BEP）ダイアグラム　215
Berlinダイヤグラム　137
BH_2　177
BH_3　200

C−C結合　262
C−F結合　267
CH_2　178
CH_3　188
　——ラジカル　197
C−H結合　262
CH分子　133
Cieplakモデル　236
CT相互作用　→　電荷移動相互作用

D-A相互作用　→　ドナー・アクセプター相互作用
Diels-Alder反応　6, 237-249
　——の立体化学　241

EHMO法　→　拡張ヒュッケル法
Felkin-Anhモデル　236

gerade　148

Gimarc, B. M.　180
H_2　153
H_3^+分子　161
HF分子　139
HMO法　→　ヒュッケル分子軌道法
Hoffmann, Roald　8, 73, 123, 180, 211

HOMO → 最高被占軌道
　——の空間的広がり　208
　——の実在性　209
　——の直接観測　5
Hückel, E　8, 121

Ingold　225

Kekulé 構造　117
Klopman-Salem の式　216

LCAO　37
Lewis 塩基　233
Lewis 酸　196, 233, 240
Li_2　154
LUMO → 最低空軌道
　——の影響　240
　——の実在性　210

MO の呼称　47
MO の実在性　4
MO 法　4, 7
Mulliken, R. S.　27, 180
Mulliken の電気陰性度　27

NBMO → 非結合性分子軌道
NBO → 自然結合軌道
NH_2　177
NH_2^-　177

Pauling　4, 7, 27, 29

rabbit-ear model（兎耳モデル）　175
Robinson　225

Schrödinger 方程式　35

SHMO 法　78

ungerade　148

VB 法　4, 7
VSEPR 説　171
VSEPR モデル → 原子価殻電子対反発モデル

Walden 反転　230
Walsh, A. D.　180
Walsh ダイアグラム　170, 178, 190, 191, 203, 204
Wolfsberg-Helmholz の共鳴積分近似式　147
Wolfsburg Helmholz の近似式　44, 45, 125
Woodward-Hoffmann 則　5, 6, 9, 73

X−C 結合　264
X−F 結合　268
X−H 結合　264
X−X 結合　265

1, 1-dicyanoethene　240
1, 2-difluorodiazene　285
1, 3, 5-ヘキサトリエン　109
1, 3-butadiene　239
1, 3-cyclohexadiene　240
1, 3-cyclopentadiene　239
1, 3-ブタジエン　87
2-bromooctane　230
3 次元調和振動子　16
3 次元芳香族性　118
$4n+2$ 則　97, 115
9, 10-dimethylanthracene　240

著者略歴
1968 年　東京大学理学部化学科卒業
1970 年　東京大学大学院理学系研究科化学専攻修士課程修了
1975 年　コーネル大学大学院修了　Ph.D.（物理有機化学）取得
1979〜1981 年　プリンストン大学理学部化学科博士研究員
1983 年　東京大学教養学部助教授
1984 年　マールブルク大学客員教授
1991〜2009 年　東京大学大学院総合文化研究科教授
2009 年　東京大学名誉教授
現在　学習院大学を経て，民間研究所顧問

主要著書・訳書
『不安定化合物操作法』（廣川書店，1972，共訳），『C-13 NMR スペクトル』（廣川書店，1978，共訳），『有機合成化学』（講談社サイエンティフィク，1979 年，共訳），『C-13 NMR スペクトルの解釈』（廣川書店，1980，共訳），『有機合成反応』（講談社サイエンティフィク，1981 年，共訳），『有機化学の総復習』（講談社サイエンティフィク，1987 年，訳書），『フロンティア軌道法入門』（講談社サイエンティフィク，1978，共訳），『実例パソコン──分子設計支援基礎システム』（講談社サイエンティフィク，1990），『基礎量子化学』（東京大学出版会，2007），『フロンティア軌道論で化学を考える』（講談社サイエンティフィク，2007），『はじめての分子軌道法』（講談社サイエンティフィク，2008）

分子軌道法　定性的 MO 法で化学を考える

2017 年 1 月 27 日　初　版

［検印廃止］

著　者　友田修司（ともだしゅうじ）

発行所　一般財団法人　東京大学出版会

代表者　古田元夫

153-0041　東京都目黒区駒場 4-5-29
電話　03-6407-1069　Fax 03-6407-1991
振替　00160-6-59964

印刷所　株式会社三秀舎
製本所　牧製本印刷株式会社

© 2017 Shuji Tomoda
ISBN 978-4-13-062511-1　Printed in Japan

JCOPY　〈(社) 出版者著作権管理機構 委託出版物〉
本書の無断複写は著作権法上での例外を除き禁じられています．複写される場合は，そのつど事前に，(社) 出版者著作権管理機構（電話 03-3513-6969，FAX 03-3513-6979，e-mail : info@jcopy.or.jp）の許諾を得てください．

| 基礎量子化学　軌道概念で化学を考える | 友田修司／A5判／432頁／4200円 |

| 分子熱統計力学　化学平衡から反応速度まで | 高塚和夫・田中秀樹／A5判／232頁／2800円 |

| 化学結合論入門　量子論の基礎から学ぶ | 高塚和夫／A5判／244頁／2600円 |

| 化学の基礎77講 | 東京大学教養学部化学部会編／B5判／192頁／2500円 |

| 生命科学のための基礎化学 | 原田義也／A5判／320頁／3400円 |

| 生命科学のための有機化学Ⅰ　有機化学の基礎 | 原田義也／A5判／280頁／2500円 |

| 有機化学 | 村田　滋／A5判／258頁／2500円 |

新しい量子化学　上・下　電子構造の理論入門
　　　　　　ザボ，オストランド著／大野公男・阪井健男・望月祐志訳
　　　　　　A5判／平均300頁／各巻4400円

化学実験　第3版
　　　　　　東京大学教養学部化学教室化学教育研究会編／A5判／216頁／1600円

放射化学概論　第3版　　　富永　健・佐野博敏／A5判／256頁／3000円

ここに表示された価格は本体価格です．ご購入の際には消費税が加算されますのでご了承下さい．